·重金属污染防治丛书·

场地重金属污染土壤资源化利用处置技术及应用

刘承帅　李芳柏　吴　非等　著

科学出版社

北　京

内 容 简 介

本书围绕场地污染土壤重金属长效固定与资源化利用的实际需求，从基于矿物晶体结构的重金属固定理论入手，介绍高温和常温下重金属晶体结构化固定技术，系统阐述场地污染土壤重金属固化处置的工艺流程，并详细分析结构化固定修复后土壤的再利用情景，以及再利用过程环境风险评估。此外，本书还具体展示实际地块土壤修复和资源化利用的案例。

本书兼具土壤修复的理论与实践，可作为高等院校和科研院所环境科学与工程、土壤学、环境矿物学、材料科学与工程等专业本科高年级学生、研究生和教师的参考书籍，也可供相关领域技术人员和管理人员阅读参考。

图书在版编目（CIP）数据

场地重金属污染土壤资源化利用处置技术及应用 / 刘承帅等著. -- 北京：科学出版社, 2025.6. -- (重金属污染防治丛书). -- ISBN 978-7-03-082080-8

I. X53

中国国家版本馆 CIP 数据核字第 2025Y27E41 号

责任编辑：徐雁秋 / 责任校对：高 嵘
责任印制：彭 超 / 封面设计：苏 波

科学出版社 出版

北京东黄城根北街 16 号
邮政编码：100717
http://www.sciencep.com

武汉精一佳印刷有限公司印刷
科学出版社发行 各地新华书店经销

*

开本：787×1092 1/16
2025 年 6 月第 一 版　　印张：13 3/4
2025 年 6 月第一次印刷　　字数：330 000
定价：219.00 元
（如有印装质量问题，我社负责调换）

"重金属污染防治丛书"编委会

主　编：柴立元

副主编：（以姓氏汉语拼音为序）

　　　　高　翔　　李芳柏　　李会泉　　林　璋

　　　　闵小波　　宁　平　　潘丙才　　孙占学

编　委：

　　　　柴立元　　陈思莉　　陈永亨　　冯新斌　　高　翔

　　　　郭华明　　何孟常　　景传勇　　李芳柏　　李会泉

　　　　林　璋　　刘　恢　　刘承帅　　闵小波　　宁　平

　　　　潘丙才　　孙占学　　谭文峰　　王祥科　　夏金兰

　　　　张伟贤　　张一敏　　张永生　　朱廷钰

"重金属污染防治丛书"序

重金属污染具有长期性、累积性、潜伏性和不可逆性等特点，严重威胁生态环境和群众健康，治理难度大、成本高。长期以来，重金属污染防治是我国环保领域的重要任务之一。2009 年，国务院办公厅转发了环境保护部等部门《关于加强重金属污染防治工作的指导意见》，标志着重金属污染防治上升成为国家层面推动的重要环保工作。2011 年，《重金属污染综合防治"十二五"规划》发布实施，有力推动了重金属的污染防治工作。2013 年以来，习近平总书记多次就重金属污染防治做出重要批示。2022 年，《关于进一步加强重金属污染防控的意见》提出要进一步从重点重金属污染物、重点行业、重点区域三个层面开展重金属污染防控。

近年来，我国科技工作者在重金属防治领域取得了一系列理论、技术和工程化成果，社会、环境和经济效益显著，为我国重金属污染防治工作起到了重要的科技支撑作用。但同时应该看到，重金属环境污染风险隐患依然突出，重金属污染防治仍任重道远。未来特征污染物防治工作将转入深水区。一方面，环境法规和标准日益严苛，重金属污染面临深度治理难题。另一方面，处理对象转向更为新型、更为复杂、更难处理的复合型污染物。重金属污染防治学科基础与科学认知能力尚待系统深化，重金属与人体健康风险关系研究刚刚起步，标准规范与管理决策仍需有力的科学支撑。我国重金属污染防治的科技支撑能力亟需加强。

为推动我国重金属污染防治及相关领域的发展，组建了"重金属污染防治丛书"编委会，各分册主编来自中南大学、广州大学、浙江工业大学、中国地质大学（北京）、北京师范大学、山东大学、昆明理工大学、南京大学、东华理工大学、华中农业大学、华北电力大学、同济大学、武汉科技大学等高校和生态环境部华南环境科学研究所（生态环境部生态环境应急研究所）、中国科学院地球化学研究所、中国科学院生态环境研究中心、广东省科学院生态环境与土壤研究所、中国科学院过程工程研究所等科研院所，都是重金属污染防治相关领域的领军人才和知名学者。

丛书分为八个版块，主要包括前沿进展、多介质协同基础理论、水/土/气/固多介质中重金属污染防治技术及应用、毒理健康及放射性核素污染防治等。各分册介绍了相关主题下的重金属污染防治原理、方法、应用及工程化案例，介绍了一系列理论性强、创新性强、关注度高的科技成果。丛书内容系统全面、案例丰富、图文并茂，反映了当前重金属污染防治的最新科研成果和技术水平，有助于相关领域读者了解基本知识及最新进展，对科学研究、技术应用和管理决策均具有重要指导意义。丛书亦可作为高校和科研院所研究生的教材及参考书。

丛书是重金属污染防治领域的集大成之作，各分册及章节由不同作者撰写，在体例和陈述方式上不尽一致但各有千秋。丛书中引用了大量的文献资料，并列入了参考文献，部分做了取舍、补充或变动，对于没有说明之处，敬请作者或原资料引用者谅解，在此表示衷心的感谢。丛书中疏漏之处在所难免，敬请读者批评指正。

柴立元

中国工程院院士

前　言

重金属污染土壤的修复与资源化利用是当前环境科学与工程领域面临的重大挑战之一。随着城市化进程的加速，建设用地的重金属污染问题及其修复需求愈发紧迫。重金属稳定固化后填埋或再利用是场地重金属污染土壤最经济可行的修复技术手段，传统的重金属稳定化后填埋方法在一定程度上缓解了污染，但在长效稳定性和土壤资源化利用方面仍存在明显不足，在长期的填埋或再利用过程中存在较高的释放风险。因此，发展能够实现重金属深度固定与污染土壤修复后资源化利用的协同技术已成为亟待解决的关键课题。

本书围绕场地污染土壤中重金属的深度长效固定与资源化利用的实际需求，深入探讨基于矿物晶体结构的重金属固定理论；详细论述在高温和常温条件下，重金属晶体结构化固定的原理和技术方案；系统阐述场地污染土壤重金属固化处置的工艺流程，进一步分析结构化固定修复后土壤的再利用场景，并提供环境风险评估方案。结合具体实施的工程案例，本书对重金属高温结构固化技术的方案设计和具体工艺流程进行深入剖析，力求为读者提供全面而深入的行业知识介绍和应用技术指导。

本书共分为 8 章。第 1 章介绍场地重金属污染土壤的修复技术及进展，第 2 章详细论述重金属矿物晶体结构化固定的理论与过程，第 3 章介绍重金属晶体结构化固定技术的分类及研究进展，第 4 章探讨常温结构固化技术的原理及处理工艺，第 5 章具体介绍工业场地重金属污染土壤高温结构化固定处置，第 6 章分析结构化固定修复后土壤的再利用情景，第 7 章介绍污染场地修复后土壤再利用过程的环境风险评估，第 8 章展示场地重金属污染土壤资源化利用技术的两个案例。本书由刘承帅、李芳柏、吴非、廖长忠、宁增平、谢绍文、周影、吕亚辉、华健、刘宇晖、周继梅等共同撰写，由刘承帅和吴非统稿，由刘承帅定稿。

本书的研究工作得到了多项国家重大科研项目的支持，包括国家重点研发计划项目"场地土壤阳离子态重金属活性钝化新型功能材料研发"（2020YFC1808500）、国家杰出青年科学基金项目"元素环境地球化学"（42025705）、中国科学院前沿科学重点项目"基于结构分异的喀斯特矿区土壤重金属污染行为机制"（QYZDB-SSW-DQC046），以及国家自然科学基金-广东省联合基金重点项目"南岭矿区土壤重金属结构分异特征与污染来源解析"（U1701241）等项目的资助。

在本书即将出版之际，我们清楚地认识到场地重金属污染土壤的修复与资源化利用是一个不断发展的研究领域。希望本书能够为相关领域的研究者、工程师和政策制定者提供有价值的参考，并激发更多关于重金属固化与土壤资源化利用的深入研究。同时，由于作者水平有限，书中难免存在不足之处，恳请各位同仁给予批评与指正，以便我们不断完善和提升研究工作。

作 者

2024 年 12 月

目 录

第 1 章	绪论	1
1.1	工业污染场地现状及其危害	1
1.2	场地重金属污染土壤修复技术概述	5
	1.2.1 固化/稳定化技术	5
	1.2.2 化学氧化/还原技术	8
	1.2.3 热解析技术	9
	1.2.4 土壤淋洗/萃取技术	10
	1.2.5 植物修复技术	13
	1.2.6 微生物修复技术	16
	1.2.7 动物修复技术	18
	1.2.8 电动修复技术	18
	1.2.9 联合修复技术	19
1.3	国内外场地修复技术现状	20
1.4	污染土壤修复工厂	22
1.5	场地重金属污染土壤修复存在的问题	25
1.6	场地重金属污染土壤资源化利用技术进展	27
第 2 章	重金属矿物晶体结构化固定理论与过程	29
2.1	含重金属矿物及其晶体结构化固定理论	29
	2.1.1 含重金属矿物及其结构特性	30
	2.1.2 重金属晶体结构化固定理论	33
2.2	优选特定矿物的晶体结构化固定理论	34
	2.2.1 尖晶石矿物相	34
	2.2.2 铝基和铁基相关矿物相	35
	2.2.3 硅基和磷基相关矿物相	36
2.3	重金属矿物晶体结构化固定过程	39
	2.3.1 固定过程中矿物相结构的演变	39
	2.3.2 固定过程中矿物相微观形貌的变化	41
2.4	矿物晶体结构化固定重金属的浸出行为	42
	2.4.1 尖晶石结构的浸出行为	43

2.4.2　长石结构的浸出行为 ·· 44
　　2.4.3　磷灰石结构的浸出行为 ·· 44
　　2.4.4　其他矿物相结构的浸出行为 ··· 45

第3章　重金属晶体结构化固定技术 ·· 46
3.1　重金属固化技术 ··· 46
3.2　重金属高温固化 ··· 48
　　3.2.1　玻璃固化 ··· 49
　　3.2.2　水泥窑协同处置 ·· 49
　　3.2.3　陶粒固化 ··· 50
　　3.2.4　高温结构固化 ·· 51
3.3　重金属双重固定（玻璃陶瓷固化） ··· 51
　　3.3.1　玻璃陶瓷固化研究进展 ·· 52
　　3.3.2　天然矿物双重固定 ·· 52
　　3.3.3　铬渣双重结构固定 ·· 53
3.4　重金属高温结构化固定技术参数 ·· 55
　　3.4.1　原料组成及比例 ·· 55
　　3.4.2　处理温度 ··· 55
　　3.4.3　保温时间 ··· 56
　　3.4.4　高温处理氛围 ·· 57
3.5　土壤多金属复合污染的固定 ··· 57
　　3.5.1　尖晶石同步结构化固定 ·· 58
　　3.5.2　锌铬协同固定 ·· 59
　　3.5.3　土壤多金属协同固定 ·· 63

第4章　常温结构固化技术 ·· 64
4.1　矿物结构转变耦合重金属固化 ·· 64
　　4.1.1　矿物结构转变概述 ·· 65
　　4.1.2　矿物结构转变固化重金属 ·· 69
4.2　重金属的沉淀与共沉淀固定 ··· 73
　　4.2.1　酸性矿山废水中重金属的沉淀与共沉淀 ··· 73
　　4.2.2　常见土壤矿物作用下重金属的沉淀与共沉淀 ····································· 77
4.3　常温压制钝化技术 ·· 79
　　4.3.1　免烧砖主要使用材料 ·· 80
　　4.3.2　处理过程及工艺 ·· 81
　　4.3.3　成型压力的影响 ·· 83
　　4.3.4　重金属的钝化机理 ·· 83
　　4.3.5　产物结构及重金属浸出性能 ·· 84

第5章 场地重金属污染土壤高温结构化固定处置 … 88

5.1 高温结构化固定处置工艺 … 88
5.1.1 污染土壤组分分析 … 89
5.1.2 重金属结构化固定理论可行性试验 … 90
5.1.3 重金属结构化固定小试试验 … 91
5.1.4 污染土壤挖掘运输 … 92
5.1.5 固化处理场建设要求 … 93
5.1.6 所需设备要求 … 94
5.1.7 以黏土为基质的污染土壤重金属高温结构化固定制砖技术路线 … 95

5.2 高温结构化固定处置技术参数 … 97
5.2.1 原料混合 … 97
5.2.2 陈化过程 … 98
5.2.3 成型方式 … 99
5.2.4 坯体干燥工艺 … 99
5.2.5 高温处理过程 … 100

5.3 场地重金属污染土壤固定处置效果评价 … 101

5.4 资源化处置产品的应用 … 103

5.5 重金属污染土壤高温结构化固定制砖过程安全控制 … 104
5.5.1 挖掘与运输过程中的安全控制 … 104
5.5.2 煅烧制砖过程中污染土壤的储存管理 … 105
5.5.3 煅烧处理过程中排放物的分析与监测 … 105

第6章 结构化固定修复后土壤再利用情景 … 107

6.1 污染场地修复后土壤再利用概述 … 108
6.1.1 修复后土壤再利用现状 … 109
6.1.2 修复后土壤的特点 … 112
6.1.3 修复后土壤再利用方式分析 … 113

6.2 修复后土壤建材再利用 … 115
6.2.1 水泥窑协同处置 … 115
6.2.2 修复后土壤制备陶粒 … 119
6.2.3 修复后土壤制砖 … 121

6.3 修复后土壤下填再利用 … 123
6.3.1 国内外研究现状 … 123
6.3.2 我国下填土再利用相关标准 … 124
6.3.3 下填土再利用技术难点 … 125
6.3.4 修复后土壤下填利用的安全性 … 125

6.4 修复后土壤绿化土再利用 … 127

6.4.1 园林绿化再利用难点 127
　　6.4.2 园林绿化再利用相关建议 130

第7章 污染场地修复后土壤再利用过程环境风险评估 132
7.1 重金属污染土壤修复后风险评估研究进展 132
　　7.1.1 国际常用浸出毒性评估方法 133
　　7.1.2 国内常用浸出毒性评估方法 136
　　7.1.3 现有浸出毒性评估方法存在的问题 137
7.2 重金属污染土壤修复后风险评估程序 137
　　7.2.1 修复后土壤风险评估的基础理论 138
　　7.2.2 修复后土壤风险评估的工作程序 139
　　7.2.3 修复后土壤风险评估的概念模型 140
7.3 修复后土壤建材化利用环境风险评估案例 141
　　7.3.1 修复后土壤建材化利用环境风险产生情景模拟 141
　　7.3.2 修复后土壤建材化利用环境风险评估模型构建 143
　　7.3.3 修复后土壤建材化利用的生态风险和人体健康风险 149
7.4 修复后土壤路基下填利用环境风险评估案例 154
　　7.4.1 修复后土壤路基下填利用环境风险产生情景模拟 154
　　7.4.2 修复后土壤路基下填利用环境风险评估模型构建 156
　　7.4.3 修复后土壤路基下填利用的地下水风险 160

第8章 场地重金属污染土壤资源化利用技术案例应用 163
8.1 广东某地块重金属污染修复工程 163
　　8.1.1 污染概况 163
　　8.1.2 处置方案简介 164
　　8.1.3 重金属结构化固定理论可行性试验 164
　　8.1.4 基于黏土的重金属固定小试试验 166
　　8.1.5 工程实施流程 167
8.2 某废弃电镀工业场地重金属污染修复工程 173
　　8.2.1 污染概况 174
　　8.2.2 目标地块概况 174
　　8.2.3 重金属结构化固定理论可行性试验 175
　　8.2.4 工程实施流程 176
8.3 小结 178

参考文献 179

第1章 绪　　论

土壤作为陆地生态系统重要组成部分，是人类居住和动植物生存的重要环境介质，也是食品安全与人体健康的基本保障。我国城市化进程的持续加快促进了区域经济的平稳快速发展，但也导致了城市环境污染、用地紧张、交通拥堵等系列问题（刘松玉 等，2016；Xie et al.，2010）。随着我国产业布局调整及"退二进三"政策的实施，原来处在主城区的大批污染企业被迫搬迁、改造或关闭停产，导致城市及其周边地区出现大量遗留、遗弃的"棕地"（污染场地）。2014年发布的《全国土壤污染状况调查公报》明确指出，从污染分布来看，长江三角洲、珠江三角洲、东北老工业基地等部分区域土壤污染问题较为突出。上述区域原有化工厂、钢铁厂、金属冶炼厂、电镀厂、蓄电池厂等企业历史生产时期存在不同程度的环境安全管理模式粗放、工业废水排放无序、泄漏，以及废渣违规堆放等问题，导致大量有毒有害重金属、有机污染物侵入厂区及周边区域土壤和地下水，致使企业原址场地成为具有复合污染（铅、锌、铜、镉等共存）、浓度高（超过土壤质量标准数百倍）、污染深度大（深度可达数十米）等特点的高风险重金属污染场地，已对食品及饮用水安全、区域生态环境、人居环境健康、经济社会可持续发展甚至社会稳定构成了严重威胁与挑战，带来的环境及社会问题已成为推进环境友好型城市可持续发展的巨大障碍。我国城市化过程不断加快导致城市用地紧缺，大多数污染场地面临用地功能转换和二次开发的问题，主要以新兴产业、新城建设与环境风光带建设为主（陈云敏 等，2012）。美国"超级基金"关于地块二次开发类型的相关统计同样表明，1982—2005年，美国"超级基金"工业污染场地进行二次开发的460项案例中，修复后的场地多作为商业、工业、游憩、生态及居住用地等用途。综上所述，采取适当措施修复此类污染场地，并使其达到再次开发利用的功能，是污染场地安全再利用的根本途径（谢剑和李发生，2012）。

1.1　工业污染场地现状及其危害

目前，我国尚未对污染场地做出明确的法律定义。在2016年12月环境保护部发布的《污染地块土壤环境管理办法（试行）》中，对疑似污染地块的定义为"从事过有色金属冶炼、石油加工、化工、焦化、电镀、制革等行业生产经营活动，以及从事过危险废物贮存、利用、处置活动的用地"。根据该办法，污染地块是指依据国家技术规范确认超过相关土壤环境标准的疑似污染地块。污染场地环境不仅涉及场地内部的土壤和地下水，还包括车间墙体、设备及各种废弃物，甚至影响到场地周边的土壤、地表水、地下水、空气、生物群体及居民生活区域。因此，在修复治理、搬迁和监管这些遗留污染场地时，必须兼顾系统性和整体性。

过去二十年来，我国土壤环境问题日益严峻。据行业调查报告不完全统计，我国每年因城市工业场地污染造成的用地缺口约500万亩（1亩=1/15 hm²）。2005年4月～2013年12月，环境保护部与国土资源部联合开展了首次全国土壤污染状况调查。调查结果显示，全国土壤环境状况总体不容乐观，部分地区土壤污染较重，尤其是耕地土壤环境质量堪忧，工矿业废弃地土壤环境问题尤为突出。2014年4月17日发布的《全国土壤污染状况调查公报》指出，全国土壤总的超标率为16.1%，其中轻微、轻度、中度和重度污染点位比例分别为11.2%、2.3%、1.5%和1.1%。污染类型以无机型为主，有机型次之，复合型污染比重较小，无机污染物超标点位数占全部超标点位的82.8%。在重污染企业用地、工业废弃地、工业园区、固体废物集中处理处置场地、采矿区等工业相关典型地块，污染超标点位占比分别为36.3%、34.9%、29.4%、21.3%和33.4%。其中重金属污染尤为突出，镉、汞、砷[①]、铜、铅、铬、锌、镍8种无机污染物点位超标率分别为7.0%、1.6%、2.7%、2.1%、1.5%、1.1%、0.9%、4.8%。我国工业园区、工业废弃地中的超标点位为三分之一左右，重污染企业用地的土壤点位超标率更是高达36.3%。这些地块主要涉及黑色金属、有色金属、金属制品、矿物制品、石油煤炭、化工医药、化纤橡塑、皮革制品、造纸、电力等工业生产活动，污染物种类繁多。从区域分布上看，我国工业发达地区如长江三角洲、珠江三角洲，以及东北老工业基地等是土壤污染的重灾区，而西南和中南地区土壤重金属超标范围也较大。整体而言，全国土壤环境状况不容乐观，工矿业企业用地土壤环境问题尤为突出。人为生产活动是造成土壤污染或超标的主要原因。

随着"退二进三""退城进园"及"产业转移"等城镇发展策略的实施，一些大中城市中的工业企业逐渐完成搬迁工作，为城市扩容和发展提供了大量土地资源，缓解了城市建设用地紧缺的局面。然而，正如《全国土壤污染状况调查公报》所示，搬迁遗留场地存在不同程度的有机物和无机物污染，被称为城市建设的"定时炸弹"。工业污染场地中的重金属浓度高且难以被土壤中的微生物降解，若不及时处理，将导致土壤环境质量退化（范拴喜，2011）。重金属通过沉淀/溶解、氧化/还原、络合作用、胶体形成、吸附/解吸附等物理、化学及生物过程进行运移转化，参与并干扰环境生物活动、地球化学过程与物质循环，并长期滞留在土-水-生物圈中，造成持续危害（魏明俐，2017；陈蕾，2010）。

据报道，我国每年受重金属污染的粮食高达1 200万t，造成直接经济损失超过200亿元，这些粮食本可以养活超过4 000万人。在全国140万hm²的污水灌溉区中，64.8%的土地受到重金属污染，导致"汞鱼""重金属蔬菜""镉米"等问题频发。这种污染不仅影响饲料和食物，还渗透至化妆品、儿童用具、家具和食具等日常生活必需品，覆盖了人们生活的方方面面。在湘江下游沿岸，土壤样品和蔬菜样品的重金属分析表明，土壤中多种重金属元素含量超标2.7%～68.7%，呈现出多种重金属复合污染的状况，蔬菜中重金属元素含量超标率为10.4%～95.8%（郭朝晖 等，2008）。深圳市典型工业区受金

注：① 砷为非金属，在环境污染和毒性上与重金属类似，在环境领域视为重金属。

属加工、电镀等行业生产活动影响，土壤中铜、铅、铬、锌、镍等重金属富集含量远超当地背景值（冯乙晴 等，2017）。

重金属污染不仅带来环境危害，还影响土体的工程力学特征。研究表明，工业污染场地中的重金属污染物进入周围土层后，会改变地基土的力学性能，降低承载力，导致地基土工程特性劣化甚至破坏失稳（Saeed et al.，2015；Du et al.，2014a；查甫生 等，2012）。例如，化工部南京勘察公司老厂房地基土受废液侵蚀（陈先华 等，2003），广西柳州某镀锌公司地基土受 $ZnSO_4$ 渗漏污染（蓝俊康，1995），均导致地基大幅度沉降和建筑物结构破坏。此外，污染土的压缩性、凝聚力、摩擦角数值均出现大幅度改变（董祎挈 等，2015；查甫生 等，2012）。

工业场地重金属污染很大一部分是历史遗留问题，来源于工业化进程与城市化进程在发展上的高度耦合。《全国土壤污染状况调查公报》显示，重污染企业用地及工业废弃地的土壤超标率分别为 36.3%、34.9%，土壤环境问题突出。据不完全统计，全国需要搬迁或关闭的企业有 10 万余家（廖晓勇 等，2011）。仅珠三角地区，已经和即将要搬迁的企业就高达 2 000 家以上。根据《中国环境年鉴》（2002—2009），2001—2008 年，我国关停并搬迁的企业数量由 6 611 家快速增长到 22 488 家，增速为每年 1 984 家（图 1.1）（廖晓勇 等，2011）。表 1.1 简要示意了我国几个主要城市及地区的企业搬迁情况。企业搬迁后产生了大量污染场地（罗启仕，2015）。这些企业大部分为从事电镀、印染、化肥、农药等高污染型企业，由于企业设备陈旧、工业"三废"排放及长期以来环保意识的薄弱，大量的有毒有害物质进入土壤和地下水，企业原址土壤和地下水成为高污染区和高风险区。虽然企业已搬迁或关停，但这些企业对原址的环境污染并未完全消除。企业原址土壤和地下水中积累的污染物质在短期内难以自然降解，尤其是重金属污染物。如果不及时对企业原址进行治理修复，污染物将会通过地下水、空气等途径进入人体，势必威胁人体健康，制约城市土地资源的安全再利用，阻碍城市建设和发展。因此，对我国城市工业污染遗留场地进行修复，确保人居环境安全迫在眉睫。

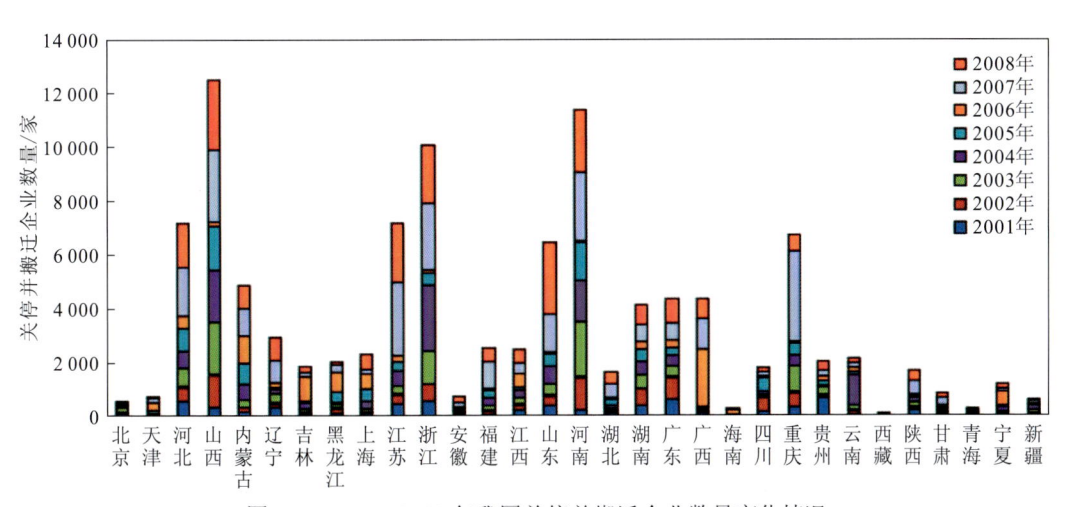

图 1.1 2001—2008 年我国关停并搬迁企业数量变化情况

调查未包含香港、澳门、台湾数据

表 1.1　我国几个主要城市及地区的企业搬迁情况

城市/地区	企业搬迁情况
北京	四环路内 200 多家污染企业搬迁，置换 800 万 m^2 工业用地再开发
沈阳	2008 年，56 家污染企业搬迁；2009 年，搬迁改造城区所有重污染企业
重庆	2010 年主城区的 112 家污染企业实施"环保搬迁"
上海	老工业区的数十家企业实施搬迁
广州	2007 年以来，147 家大型工业企业关闭、停产和搬迁
江苏	400 家化工企业搬离主城区，关停小化工企业 1 000 余家
浙江	2005 年以来有 100 家大型企业异地重建或关闭

注：引自周友亚和李发生（2013）

与有机污染物相比，重金属性质稳定，不能通过降解的形式去除，因此更容易通过食物链和环境暴露在人体中聚集，危害更为严重。《重金属污染综合防治"十二五"规划》明确规定我国需建立起比较完善的重金属污染防治体系、事故应急体系和环境与健康风险评估体系，以更好地应对重金属污染。在我国现阶段已明确的污染场地中，重金属污染占了较高的比例，主要重金属污染物包括镉、铬、汞、砷、铅、铜、锌、镍等，许多污染场地为单独的重金属污染或者重金属与有机物导致的复合污染。

早在 20 世纪 70 年代，欧美国家便开始着手治理污染场地，通过制定政策法规、编制行业标准、设立修复基金及鼓励技术创新，逐步形成了一套行之有效的环境评估、治理和监管体系。相比之下，我国对污染场地问题的关注起步较晚。2004 年，北京宋家庄地铁站中毒事件暴发，引发了公众和政府对污染场地治理与开发的广泛关注。同年，国家环境保护总局发布了《关于切实做好企业搬迁过程中环境污染防治工作的通知》（环办〔2004〕47 号），明确要求搬迁后的污染场地必须经过监测、评估和修复后方可再利用。这一事件被视为我国污染场地修复行业的起点，标志着污染场地修复与再开发开始受到环保部门和公众的重视。

随着重金属污染事件在我国不断增多，污染形势愈发严峻。我国在土壤重金属污染方面的环保政策和立法工作正在逐步完善，"绿水青山就是金山银山"的理念深入人心，相关科研工作也取得了快速进展。据中关村众信土壤修复产业技术创新联盟（简称土盟）数据库和《2015 中国土壤修复发展白皮书》的不完全统计，从 2007 年到 2015 年，全国土壤修复合同签约额从 2.05 亿元增加到 21.28 亿元，资金累计总量约为 99 亿元。在"十二五"期间，土壤修复资金累计约 80 亿元。其中，湖南、广西、广东、江苏、浙江、北京等地在项目数量上较为领先，表明长三角、珠三角及京津冀等经济发达地区对污染土壤修复和再开发的力度较大。

2016 年，《土壤污染防治行动计划》（简称"土十条"）的发布标志着我国在土壤污染防治方面迈出了重要一步。随后的 2017—2018 年，《污染地块土壤环境管理办法（试行）》《农用地土壤环境管理办法（试行）》及《工矿用地土壤环境管理办法（试行）》（生态环境部令第 3 号）陆续施行，进一步完善了相关管理框架。2019 年，《中华人民共和国土壤污染防治法》正式生效，标志着我国土壤污染防治法律法规体系的初步建立。在这些政策的推动下，土壤修复行业迅速发展，并随着相关标准体系的完善，逐步走向专业化、标准化和规范化。经过多年的努力，北京、重庆、广东、上海、江苏、浙江等地已成功完成数十个污染场地的调查与修复，总投资接近百亿元。

尽管如此，我国工业场地污染治理行业仍处于起步阶段，专业技术人员和设备尚不成熟，污染修复技术的研发和应用仍在试验阶段。目前，我国土壤污染治理产业的产值仅占环保产业总产值的 1%，而发达国家的土壤治理产业产值占其环保产业总产值的比例已超过 30%。

综上所述，工业重金属污染场地及工业废弃物的高效修复和资源化利用符合我国《国家中长期科学和技术发展规划纲要（2006—2020 年）》中"综合治污与废弃物循环利用"的主题，也是国际环境岩土工程界研究的热点、重点和难点课题之一。2016 年 5 月，国务院颁布《土壤污染防治行动计划》（简称"土十条"），进一步明确了土壤污染修复的紧迫任务。其中第四条明确规定，工业搬迁场地在开发前必须进行评估与修复。因此，本书针对我国场地土壤重金属污染现状与行动计划需求，综述相关修复技术，重点介绍场地重金属污染土壤资源化利用处置技术，以期为我国重金属污染场地修复产业发展和场地安全再利用提供支撑。

1.2　场地重金属污染土壤修复技术概述

鉴于污染场地的复杂性，其修复技术也呈现出多类型特征。目前，土壤重金属污染治理思路总体上包括两个方面：①通过物理化学反应改变重金属在土壤中的存在形态，使其稳定，降低其在环境中的迁移和生物可利用性；②减少土壤中重金属的总量，从而达到降低重金属浓度和消除重金属危害的目的。针对重金属污染场地，目前已发展较多技术模式并在不同规模上进行了应用。修复技术按照污染土壤修复处置的位置，可分为原位修复技术和异位修复技术；按照修复处置过程中的技术原理，可分为物理化学技术、生物技术、热处理技术等。对于城市工业企业搬迁遗留场地，在选择修复技术时，除了考虑场地的污染特征和不同技术的技术特点，还需考虑经济、政治、社会环境等因素。表 1.2 总结了常见应用于工业场地重金属污染土壤修复处置技术的优缺点及适应性。

1.2.1　固化/稳定化技术

固化/稳定化技术指向污染土壤中添加固化剂/稳定剂，经过充分混合，使其与污染介质和污染物发生物理、化学作用，将污染土壤固封为结构完整的、具有低渗透性的固化体，或将污染物转化成化学性质不活泼形态，降低污染物在环境中的迁移和扩散（Conner，1990）。根据美国环境保护署（Environmental Protection Agency，EPA）的定义，固化和稳定化的含义不同。固化技术指将污染物包裹在惰性材料中，或者在污染源的外表面加上渗透性较低的材料，以减少污染物的暴露面积，从而达到限制污染物迁移转化的目的。稳定化技术是从污染物的有效态出发，通过重金属形态转化，将污染物转化为溶解性低、迁移能力和毒性更小的形态来实现无害化，以降低污染物对生态系统的危害。

表 1.2 不同场地重金属污染土壤修复处置技术的比较

序号	技术名称	类型	修复条件	适用范围	估算费用/(元/t)	估算修复周期/月	优点	缺点
1	化学氧化还原	原位/异位	氧化剂/还原剂、注入装置、监测井	Pb、Cr、Cd、As、Hg	300~1 500	3~24	修复效率高、速度快	要求土壤渗透性良好
2	植物修复	原位	超富集植物	Ag、As、Cd、Co、Cr、Cu、Hg、Mn、Ni、Pb、Zn	100~500	>24	操作简便、费用低	处理深度有限，修复时间长
3	微生物修复	原位/异位	微生物、堆置设备	Cd、Hg、Pb、Zn	250~750	6~24	操作简单、效果好、环境友好	不宜处理高浓度污染物（>5%）
4	热处理	原位/异位	加热设备、废气收集装置	Hg	400~3 000	6~12	处理效率高、浓度范围适应	受土壤含水率和地质影响；随深度成本急剧增加，修复难度提高
5	固化稳定化	原位/异位	修复剂、固化设备	Ag、As、Cd、Cr、Cu、Ni、Pb、Zn	300~3 000	3~6	处理重金属效果较好	难以处理有机污染物，修复后需长期监测
6	土壤淋洗	原位/异位	水、化学溶剂；清洗设备	Pb、Zn、Cu、Cd	75~210	<12	适用于砂质土壤，费用较低	扩散过程要求准确控制
7	电动修复	原位	电极、供电系统	Pb、Cu、Zn、As	120~180	<6	适应无机/有机污染的饱和或非饱和土壤	对于污染物的选择不高

常用的固化剂有石灰、沥青、水泥等，其中硅酸盐水泥应用最为广泛（Chang et al.，1993）。水泥固化重金属的水化过程中，会对重金属产生吸附、钝化和离子交换等作用，从而使其以氢氧化物沉淀或络合物的形式停留在水泥的水化硅酸盐胶体表面，增强其稳定效应（Chen et al.，2009）。与此同时，水泥能够提高土壤pH，进而通过形成沉淀来抑制重金属的迁移。固化技术的最大优势在于其能够通过水泥基材料或碱激发火山灰类材料，以及物理包埋和化学沉淀等机制，实现对土壤污染物的长期稳定封闭。国外长达数十年的固化现场实验结果显示，尽管传统的水泥基材料可能会出现一定程度的开裂，导致水分和空气进入固化体内部破坏无机高分子长链结构，但它仍能在较长时间内有效钝化多种金属，保持重金属浸出浓度在可接受的范围内。

针对固化技术，亟须开发兼具高效能与长效性、低成本、可持续的绿色修复材料。除此之外，尽管固化技术存在操作简单、周期短、固化效率高等优点，但固化后土壤难以用于农林种植，且固化技术存在修复后土壤重金属长效稳定性差、占用体积大、对含有机污染物的复杂重金属污染工业场地修复效率差等缺点。这使得固化技术的应用率逐年下降，而稳定化逐渐衍生为近年来研究与应用最为广泛采用的风险管控技术。

稳定化技术通常不会显著改变土壤的理化结构，这使其特别适用于污染农田土壤的风险管控。在工业场地的风险管控中，化学稳定化材料常通过沉淀、络合和离子交换等作用来钝化污染物，但这些稳定化作用的长期有效性仍需进一步探讨。相比密实的固化体，松散的稳定化结构更容易受到环境因素的影响。紫外线照射、降雨淋溶和生物分解等老化过程可能导致稳定化材料的关键作用基团溶出，从而使重金属重新活化。

常见稳定化材料有石灰、磷酸盐、黏土矿物、多孔炭等（Wang et al.，2021）。稳定化材料的低剂量投加不会显著影响土壤的物理结构，因此稳定化作用的土壤尤其适合回用作以绿化用地为主要目的的工业场地风险管控。与固化作用相似的是，稳定化技术并没有将重金属从土壤中移除，因此对稳定化作用后的土壤开展长期监测、合理评判重金属的长期迁移淋溶风险是必要的。石灰是传统的重金属稳定剂，一方面可以提高土壤pH，使重金属形成氢氧化物沉淀；另一方面石灰中的Ca^{2+}与重金属之间存在拮抗作用，特别是镉（Cd）污染土壤。Naidu等（1997）采用石灰稳定化修复Cd污染土壤，发现当石灰的投加量为750 kg/hm^{2}时，土壤中Cd的有效态浓度可降低15%，同时降低了农作物对Cd的吸收。

选择固化或稳定化技术时，需要综合考虑其回用用途。固化后的土壤具有很好的力学强度，适用于路基和建筑用地回填等；而稳定化土壤则保持良好的"土壤健康"状态，更适合用于绿化用地等。因此，在选择合适的技术时，务必要考虑到其未来的应用场景和性能要求。

固化/稳定化是比较成熟的固体废弃物处置技术，美国环境保护署在20世纪80年代率先将固化/稳定化技术应用于污染土壤的修复研究。根据美国超级基金年度报告第14版，在2000—2011年的固废处置修复项目中，有22%的污染场地采用了固化/稳定化技术，其是使用最多的固废修复技术。我国从21世纪初开始研究该技术，2010年以来，该技术在工程上的应用快速增长，已成为重金属污染土壤修复的主要技术方法之一。表1.3列出了部分场地污染土壤固化/稳定化处理典型案例。

表 1.3 场地污染土壤固化/稳定化处理典型案例

序号	场地名称	目标污染物	固化/稳定药剂	规模/m³
1	马萨诸塞州军事保留地，美国	Pb	某 M 药剂	13 601
2	硫岸汞矿超级基金站点，美国	Hg	硫化物	/
3	胡椒钢铁和合金公司，美国	Pb, As, PCBs	水泥	47 400
4	道格拉斯维尔，美国	Zn、Pb、PCBs、苯酚、石油烃	水泥	191 100
5	贝辛斯托克前工业遗址，英国	重金属、石油烃	水泥、改性活性蒙脱石	1 200

1.2.2 化学氧化/还原技术

化学氧化/还原技术是向污染土壤添加氧化剂或还原剂，通过氧化或还原作用，使土壤中的污染物转化为无毒或毒性相对较低的物质。常见的氧化剂包括高锰酸盐、过氧化氢、芬顿（Fenton）试剂、过硫酸盐、臭氧等（纪录和张晖，2003）；常见的还原剂包括连二亚硫酸钠、亚硫酸氢钠、硫酸亚铁、多硫化钙、二价铁、零价铁等（Zhang，2003）。化学氧化技术适用于高价态下生物毒性较小的重金属，如砷（As）；而化学还原技术适用于低价态下生物毒性较小的重金属，如汞（Hg）、铬（Cr）、铅（Pb）。土壤和污染物的性质是影响氧化/还原技术的关键，如 pH、E_h、土壤渗透性、含水率、污染物性质、浓度等。

化学氧化/还原技术按照处理场地的不同，可划分为原位化学氧化/还原处理和异位场化学氧化/还原处理两大类。在处理受污染的地下水时，通常优先考虑采用原位化学氧化/还原处理方法。对于受污染的土壤，则更多地采用异位化学氧化/还原处理方法。原位化学氧化/还原处理系统主要由药物配置与存储单元、药物施用装置和监控装置构成。具体设施包括注射井、容器、注射泵、混合搅拌装置、流速计和压力表等；根据受污染区域的规模和污染程度来确定注射井的数量及其钻探深度。为了实时监控污染物浓度的变化，还需布置监测井。在污染面积较大的场地中，可以增设抽水井以加快修复进程。对于渗透性较差的土壤，可通过土壤混合或液压破碎技术使化学药剂均匀分布于污染区域。异位化学氧化/还原处理系统则包含土壤粉碎筛选系统、药物混合装置和防渗层等。在此系统中，常用的粉碎筛选设备包括铲斗、挖掘机和推土机；药物混合设备则通常为行走式土壤处理机和浅层土壤搅拌器。

化学氧化/还原技术以其良好的修复效果、高处理效率和相对较低的成本而受到青睐。然而，修复效果可能会受到实际场地污染状况及水文地质条件等因素的显著影响。以 Cr(VI)污染为例，化学还原技术可将毒性高、溶解性强的 Cr(VI)还原为毒性低、溶解性小的 Cr(III)，降低其毒害性。然而，由于 Cr(VI)的氧化还原电势随 pH 的升高而降低，在碱性环境下难以还原。因此，选择适当的还原剂和详尽调查污染场地情况是应用化学还原修复技术的必要准备。

目前，化学氧化/还原处理技术以其较短的反应周期和稳定的修复成效，在国际范围内已构建起成熟的技术框架。在处理地下水中的 Cr(VI)和 As(V)等污染物方面，化学还原法已经得到了广泛的实际应用（Geng et al., 2009; Kanel et al., 2006）。在美国，根据 2002 年至 2005 年的数据，在超级基金支持的 126 个污染治理项目中，有 10%的项目采用了化学氧化/还原技术，该技术的运用频率仅次于土壤气相提取和固化/稳定化技术（廖晓勇 等，2011）。在我国，该技术自 2011 年起迅速发展，并开始在多个工程项目中得到应用。当前，无论是在国内还是国外，非现场化学氧化/还原技术在处理受污染场地方面的应用正日益普及（表 1.4）。

表 1.4 化学氧化/还原技术应用案例

序号	场地	药剂	目标污染物	土方量/m³
1	美国华盛顿州某重金属污染场地	硫基专利还原剂	Cr(VI)	16 000
2	中国北方某汽车公司厂区	E 还原剂	Cr(VI)	217.8

1.2.3 热解析技术

热解析技术是一种通过加热手段，将受污染的土壤温度提升至污染物的沸点之上，通过精确控制加热温度和物料的保持时间，有目的地促使污染物蒸发，从而实现污染物与土壤的分离和清除的技术（吕雪峰 等，2013）。这项技术主要针对土壤中的有机污染物进行清除，而对于重金属污染土壤，特别是那些具有较低沸点的污染物，如 Hg 和 As，也可采用此方法进行处理。在运用热解析技术时，可以根据需要灵活调整加热温度，通常以 315 ℃作为一个关键温度界限，将热解析技术划分为高温热解析和低温热解析两种类型。在处理被 Hg 污染的土壤时，热解析技术因其高效性而被广泛采用，这得益于 Hg 的挥发性特点。研究指出，在 300~700 ℃使用热解析技术处理 Hg 污染土壤，能够达到 96%以上的 Hg 去除率（Chang and Yen，2006）。

热解析工艺自 20 世纪 70 年代起便开始在工程项目中得到应用，并随着时间的推移，逐渐成为一种广泛采用且技术成熟的解决方案。1982—2004 年，美国大约有 70 个超级基金资助的修复项目选择将异位热解析作为主要处理手段。以 1998 年加利福尼亚州一家农药厂的 Hg 污染土壤为例，通过采用热解析技术，成功完成了规模达 26 000 t 的土壤修复工程。在国内，异位热解析技术的应用还处于早期发展阶段，目前仅有少数几个实践案例。

贵州省环境科学研究院在低温热解析土壤修复技术方面进行了持续且深入的研究。邱蓉等（2014）对位于贵州清镇某化学工厂周边采集的受污染土壤进行了热解析处理的实验研究。研究发现，土壤样本中的大部分 Hg 主要以残渣形态和难以通过氧化作用降解的有机结合态存在。在综合考量 Hg 的去除效率、能耗及土壤物理化学性质的维持等因素后，确定了 350 ℃为最佳处理温度，90 min 为处理时长，以及 13.8%为土壤的最佳含水率。赖莉（2015）通过单变量和双变量实验的方差分析，揭示了对目标土壤中 Hg 去除率影响最大的 3 个因素依次是处理温度、物料停留时间和土壤湿度。该研究还发现，当加热温度达到 330 ℃时，Hg 的去除率能够超过 90%，而且经过修复的土壤可以逐渐恢复到适宜农作物生长的条件。

在实际应用中，仅使用热解析方法来处理土壤中的 Hg 污染往往存在一些难以克服的问题，但通过与其他技术结合使用，可以提高处理效果。例如，德国巴伐利亚州的 Marktredwitz 项目（1992—1995 年）采用了土壤洗涤与热解析相结合的处理技术，其中洗涤步骤有效减轻了后续处理的负担，而真空解析则有助于降低能耗并减少二噁英的生成。该项目成功处理了 77 000 t 废橡胶和土壤，并从中回收了 25 t Hg（Richter and Flachberger，2010）。意大利乌迪内大学的 Lesa 等（2009）通过实验台架测试了低频超声波辅助酸洗或热解析去除 Hg 的效果。对于受污染的疏浚淤泥等样本，超声波在酸洗过程中的作用并不明显；但在 470～520 K 的温度范围内，超声波预处理能够使总 Hg 脱附量增加超过 25%，这种提升可能与超声波导致的颗粒尺寸减小和部分腐殖质分解有关。考虑到热解析过程中细小颗粒物可能引起的扬尘问题，Careghini 等（2010）开发了一种将水泥固化与热解析相结合的技术，并进行了试验验证。研究结果表明，在 250 ℃ 条件下对固化样品进行 4 h 加热后，残留的 Hg 含量仍然较高（49 mg/kg），但浸出液中的 Hg 浓度已经降至法定标准以下，同时土壤中的烃类污染物也得到了有效去除。为了解决 Hg 与其他重金属元素的联合治理问题，台湾屏东科技大学的 Hseu 等（2014）提出了一种化学提取与热解析相结合的处理方法。针对当地一个总 Hg 含量为 180 mg/kg、且铜（Cu）、Pb、Cr 等重金属均超标的污染场地，先使用乙二胺四乙酸（ethylenediaminetetraacetic acid，EDTA）进行化学提取，然后将其加热至 550 ℃ 并保持 1 h，可以获得较为满意的综合污染去除效果。如果以热解析作为首要步骤，则会导致 Cu、Pb 等重金属在高温下固定，从而显著降低化学提取法的修复效果。

热解析技术在土壤修复中展现了明显的优势，例如其修复周期较短，最快可在一个月内完成，相较之下，其他修复技术通常需要三个月以上。此外，该技术适用范围广泛，能够有效处理低渗透性和非均质性土壤，适合去除多种有机污染物。然而，热解析技术也存在一些明显的缺点。首先，其能源消耗较大，需要将土壤加热至高温，这使得保温隔热和降低能耗成为技术实施中的一大挑战。其次，高温处理会破坏原生土壤的物理结构，导致土壤性质改变及水分蒸发，这也提示该技术在脱附工艺和设备研发方面亟须改进。此外，设备的组装和应用过程较为复杂，需要现场提供足够的设备区域，组装调试时间较长，且对污染土壤的含水率及塑性指数有较高要求。

欧美发达国家在异位热脱附技术的探索与研究方面已经走过了 30 余年的历程，并且该技术已广泛应用于实际工程中。相比之下，我国在异位热脱附技术设备的自主研发与应用方面起步较晚。自 2009 年首次引进异位热脱附设备以来，我国的相关企业和科研机构积极开展探索与研发，逐步推动技术的工程应用。目前，热脱附技术在我国的应用已初具规模。然而热脱附设备的单套处理能力并未显著提升，市场上仍以国外引进的设备为主。同时，自主研发的设备在模块化程度、稳定性及实际处理能力方面，依然存在低于设计处理量诸多问题。

1.2.4　土壤淋洗/萃取技术

土壤淋洗/萃取技术指利用特定的溶剂，通过将其与土壤接触，促使土壤中的污染物溶解或迁移至液相，再对液相中的污染物进行集中回收和处理（何岱 等，2010）。土重金属淋洗剂可以分为溶液淋洗剂、螯合剂和表面活性剂。常用的无机淋洗剂包括水（Navarro et al.，2010）、无机酸（Moutsatsou et al.，2006）（柠檬酸、硫酸、盐酸、硝酸、磷酸或碳酸）和无机盐（Maejima et al.，2007）（如磷酸二氢钾）等。其中，无机酸通过离子交换、溶解金属化合物等方式达到淋洗目的；而无机盐的作用机理是络合作用；螯合剂则是通过螯合作用与重金属离子结合形成稳定的螯合物。土壤淋洗技术通常更适用于疏松轻质土壤，而对于黏粒含量较高的土壤，其修复效果可能会受到限制或降低。例如，我国南方的红壤，由于黏土含量高，黏性较重，一般不宜采用淋洗/萃取的技术方法。另外，土壤淋洗/萃取技术会产生大量的淋洗废液，需要进一步处理。因此，未来淋洗剂的发展可能会偏向于选择廉价、环境友好型的材料，如天然有机酸和表面活性剂。

针对不同污染物处理地点的不同需求，淋洗技术可分为原位和异位两种。原位化学淋洗无须挖掘土壤，而是直接向污染土壤中注入淋洗液，利用淋洗液与污染物相互作用，将污染物提取出来。淋洗液经处理后可循环使用。原位淋洗技术操作简单，适用于水利传导系数大于 10^{-3} cm/s、渗透性良好的土壤，但若操作不当可能造成地下水污染。对于异位淋洗，则需要将土壤挖掘出来，经过筛分去除超大颗粒后与淋洗液充分混合，再分离处理后的土壤和淋洗液，以达到修复土壤的目的。异位淋洗技术操作灵活、二次污染风险小且去除率高，但处理成本相对较高，适用于污染浓度高、污染面积小、修复周期短的场地（周智全 等，2016）。

土壤的性质、污染物的性质和工艺条件等因素会影响化学淋洗的效率。土壤质地影响其与重金属的结合力，黏土比砂土更容易吸附重金属。土壤有机质中的官能团容易与重金属形成金属络合物，增加了重金属从土壤中解吸的难度。土壤中重金属阳离子交换量越大，即阳离子被吸附的数量越多，越难以将重金属从污染土壤中解吸，不利于污染物的去除（李实 等，2014）。污染物的性质包括元素的种类和含量，以有效态存在的重金属是土壤淋洗的重点。重金属的种类及含量与土壤的结合力密切相关，重金属含量越高，与土壤结合得越不紧密，从而越容易被淋洗。工艺条件包括淋洗剂种类、浓度、pH、淋洗时间及液固比等。在实际土壤的化学淋洗中，由于土壤的性质和污染物的性质是已经存在的客观性质，难以改变，所以一般通过改变工艺条件，来确保达到最佳的修复效果，同时还可以节约操作成本。淋洗剂的选择是化学淋洗的关键，需要考虑淋洗剂是否能有效地去除重金属，同时该淋洗剂的加入又不会严重破坏土壤自身的结构和理化性质。此外，淋洗剂的价格和回收利用的可行性也需要考虑。下面简要介绍目前研究中常用的淋洗剂。

1. 无机淋洗剂

无机淋洗剂主要包括一些酸、碱和盐，其作用机制主要涉及酸解、配位或离子交换等过程，从而破坏土壤表面的官能团，并与重金属形成配合物，促使重金属交换和解吸。陈春乐等（2014）针对 Cd 污染土壤进行了振荡淋洗实验，使用了三种盐溶液[氯化钠（NaCl）、氯化钙（$CaCl_2$）、氯化铁（$FeCl_3$）]，以及它们与盐酸（HCl）复合的淋洗剂。实验结果显示，$FeCl_3$ 的淋洗效果明显优于其他两种中性盐溶液，淋洗效果的排列顺序为 $FeCl_3 > CaCl_2 > NaCl$。同时，HCl 与 $FeCl_3$ 复合淋洗剂对 Cd 的淋洗效率仍高于 HCl 与 $CaCl_2$、NaCl 的复合淋洗剂。

2. 螯合剂

螯合剂的作用机制主要是通过其丰富的官能团与土壤中的重金属离子形成稳定的络合物，从而促进重金属从土壤颗粒表面解吸，为后续的淋洗处理或植物吸收提供便利条件（丁竹红 等，2009）。螯合剂在去除重金属方面表现出优异的效果。陈楠等（2015）通过实验室模拟实地化学淋洗的条件，考察了 EDTA 复合盐的浓度、淋洗时长、液固比例及复合盐种类等因素对湖南省某重金属污染农田土壤中重金属去除效果的影响。研究发现，在淋洗剂浓度设定为 5 mmol/L、液固比为 3∶1、淋洗时间为 60 min 的条件下，Ca-EDTA 对土壤中 Pb、Cd、Cu、Zn 4 种重金属的总去除率可分别达到 65.80%、75.89%、36.00%、14.74%。

3. 表面活性剂

表面活性剂作为一类具有两性特征的化合物，其分子结构中同时包含亲水和疏水两个部分，因而展现出与表/界面相关的特性。常见的表面活性剂可以分为化学合成的表面活性剂（如十二烷基苯磺酸钠）和天然来源的生物表面活性剂（如鼠李糖脂、茶皂素、单宁酸等）两大类。表面活性剂的主要作用机制是通过调整土壤的表面特性提高有机配体的水溶性，或通过离子交换作用促进金属阳离子及其配合物从固体向液体相转移。在陈锋和傅敏（2012）的研究中，他们评估了三种常用的化学表面活性剂[十二烷基苯磺酸钠（SDBS）、十二烷基硫酸钠（SDS）、失水山梨醇单油酸酯聚氧乙烯醚（Tween-80）]对 Cr 和 Cd 污染土壤的淋洗效果。研究发现，这三种表面活性剂均能有效去除土壤中的 Cr 和 Cd，其中 Tween-80 对这两种重金属的去除率分别达到 37.1%和 61.2%。Mulligan 等（2001）则研究了鼠李糖脂、莎梵婷和槐糖脂这三种生物表面活性剂在去除沉积物中的 Cu 和 Zn 方面的应用。结果揭示，0.5%的鼠李糖脂能够去除 65%的 Cu 和 17%的 Zn；莎梵婷则可分别去除 15%的 Cu 和 6%的 Zn；这两种生物表面活性剂对有机态和氧化态的金属均显示出良好的去除效果；而 4%的槐糖脂则能够去除 25%的 Cu 和 60%的 Zn，对于碳酸盐结合态的重金属同样表现出优异的去除能力。

4. 复合淋洗剂

复合淋洗技术结合了两种或更多种类的淋洗剂，旨在提升清洗效率，同时减少对土壤结构和生态环境的负面影响，展现出较为广阔的应用潜力。陶虎春等（2017）对草酸与 $FeCl_3$ 的复合淋洗体系进行研究，发现该复合淋洗剂对土壤中不同形态的 Pb 和 Zn，包括酸溶态、可还原态和可氧化态，均显示出良好的去除效果。周芙蓉等（2017）则利用柠檬酸（citric acid，CA）与 $CaCl_2$、CA 与 $FeCl_3$，以及 CA、$CaCl_2$ 和 $FeCl_3$ 的三元混合淋洗剂，通过振荡淋洗法对含 Cd 污染土壤进行处理。研究表明，与单一试剂相比，复合淋洗剂对 Cd 的去除效率更高，尤其是 CA 和 $FeCl_3$ 的组合，对土壤中 Cd 的去除效果最为显著，去除率介于 86.31%～89.61%。这些研究表明，通过合理选择和配比不同的淋洗剂，可以显著提高重金属污染土壤的修复效率，同时保护土壤的生态功能，为土壤修复领域提供了有效的技术途径。

土壤淋洗修复技术因修复效率高、周期短、工艺简单、操作性强且可与其他修复技术联用等优点，成为土壤污染治理中的重要手段。然而，该技术也存在一定的局限性。其主要挑战是对黏土等低渗透性土壤淋洗修复效果不佳，应用难度较大。此外，淋洗剂的残留可能导致土壤和地下水的次生污染，而且淋洗剂的成本通常较高。因此，该技术更适合大粒径污染土壤的修复。

在加拿大、美国、欧洲及日本等国家/地区，异位土壤淋洗修复技术已有大量应用案例。这项技术已被用于石油烃类、农药类、持久性有机污染物（persistent organic pollutants，POPs）及重金属等多种污染场地的治理，如表1.5（Mann，1999）所示。近年来，土壤淋洗/萃取技术在我国土壤污染修复中也得到广泛应用。已开展的代表性修复工程包括武汉市农药厂和广州市金融城的污染土壤处置项目等。

表 1.5　淋洗/萃取技术在场地重金属污染土壤中的应用案例

序号	场地	污染物	土方量/t	修复效果
1	美国新泽西州超级基金场地	Cr、Cu、Ni	19 200	超过90%重金属经物理分离后去除
2	加拿大蒙特利尔市棕地	Cu、Pb、Zn	22 300	—
3	加拿大蒙特利尔长足尖	Pb	150 000	重金属去除率达93%

1.2.5　植物修复技术

植物修复是一种利用植物的自然过程来处理或修复受污染介质的技术，是我国研究和应用实践最长的重金属污染土壤修复技术。植物修复技术主要是通过植物进行提取、根际滤除、挥发和固定等方式移除、转变和破坏土壤中的污染物质，从而修复污染土壤。目前，国内外对植物修复技术的研究和应用主要集中在重金属方面。

植物修复技术主要依赖超富集植物（hyperaccumulators），这些植物能够将土壤中的重金属吸收并积累到其可收获的组织中，从而达到净化土壤的目的。对于某些重金属，如As、Pb、Cd、Zn和Cu等，存在具有较高富集能力的植物，这使植物修复技术在处理这类重金属污染土壤时表现出较好的效果。

植物修复技术的效能在很大程度上取决于植物对重金属的吸收、积累和转运能力。深入理解植物体内重金属的积累和转运机制，对于优化和提升植物修复技术的效果具有重要意义。生物富集因子（bioconcentration factor，BF）是评估植物对重金属积累能力的一个重要指标。BF通常定义为植物体内某种重金属浓度与该植物生长土壤中相同重金属浓度的比值。计算公式如下：

$$BF = C_p / C_s \tag{1.1}$$

式中：C_p为植物体内特定部位（通常是地上部分）的重金属浓度；C_s为植物生长环境中土壤的相应重金属浓度。高BF值意味着植物具有较高的能力从土壤中吸收并积累重金属。

植物体转运重金属能力用转运因子（transcription factor，TF）来评价，TF定义为

$$TF = C_s / C_r \tag{1.2}$$

式中：C_s、C_r分别为茎部和根部的重金属浓度。当TF>1时，表明植物能有效将重金属

从根部转运至茎部；当 TF<1 时，则意味着重金属在植物根系优先积累。通常情况下，土壤中的重金属首先穿透根部表皮，随后通过植物体内的离子通道被转运至茎叶等组织，并最终储存于细胞壁或液泡中。

以 Cd 为例，其在植物体内的转运主要通过 Cd^{2+} 离子通道从根部向茎部转运（Li et al.，2017）。植物的生长点细胞和扩散性生长细胞通过形成较厚的细胞壁间果胶层，为重金属积累提供了额外的空间（Bae et al.，2016）。不同植物部位对重金属的积累能力存在差异，通常而言，嫩枝较难积累重金属。然而，某些植物的嫩枝能够积累少量重金属，这部分是由于植物根系分泌的有机酸、羧酸等物质能与土壤中的酸溶性、水溶性重金属形成复合物，提高了重金属的生物可利用性，从而更易于被根系吸收。例如，土壤中的 Cd 可以与植物分泌的有机酸形成复合物，进而被吸收进入植物体内，随后 Cd 被释放到植物的木质部，并最终转运至嫩枝（Sarwar et al.，2017；Brunner et al.，2008）。诸多研究表明，植物的木质部对 Cd 从根部向嫩枝的转运起着至关重要的作用（Uraguchi and Fujiwara，2012）。

根据植物对重金属的处理机制不同，植物修复技术可以分为三种主要类型：植物提取、植物固定、植物挥发。

1. 植物提取

植物提取技术是一种利用特定植物吸收和积累土壤中重金属的修复方法，它主要分为两大类：①持续型植物提取，这种方法是直接利用超富集植物的自然能力，这些植物能够将土壤中的重金属吸收并积累到其地上部分。通过定期收割这些含重金属的植物部分，可以有效地减少土壤中的重金属含量。②诱导性植物提取，在种植超富集植物的同时，通过添加一些能够活化土壤中重金属的物质，如螯合剂，来提高植物对重金属的吸收和积累效率。超富集植物指能够吸收并积累异常高含量重金属的植物，并且具备将重金属从根部向地上部分转运的能力。超富集植物的界定通常基于以下三个标准：①植物地上部分的重金属浓度超过特定临界值；②生物富集因子（BF），即地上部分重金属浓度与土壤中重金属浓度的比值大于 1；③转运因子（TF），即地上部分重金属浓度与地下部分重金属浓度的比值大于 1。

目前，全球已发现的超富集植物有 400 多种。例如，蜈蚣凤尾蕨（*Pteris vittata* L.）是首个被发现的 As 超富集植物，它对砷显示出极高的富集能力（Chen et al.，2002a，b）。通过收割其地上部分，可以增强对 As 的去除效果。在植物提取技术的研究中，一些草种也显示出了良好的修复潜力。例如，中国科学院华南植物所的 Zhang 等（2014）研究发现，杂交狼尾草（*Pennisetum glaucum*×*P. purpureum*）和热研 11 号黑籽雀稗（*Paspalum atratum* cv. Reyan No. 11）能有效修复 Cd 和 Zn 复合污染的土壤，以及 Cd 污染的土壤。

此外，研究还发现，添加某些螯合剂，如 EDTA 和乙二胺二琥珀酸（ethylenediamine disuccinic acid，EDDS），可以显著提高植物提取重金属的效率。Marques 等（2008）的研究表明，添加 EDTA 后，龙葵（*Solanum nigrum* L.）叶部、茎部和根部的 Zn 浓度分别提高了 231%、93%和 81%；而添加 EDDS 后，相应的积累浓度分别提高了 140%、124%和 104%。除了合成螯合剂，天然螯合剂如柠檬酸、草酸、酒石酸等也被证实可以提高植物提取重金属的效率。这些发现为提高植物修复技术的效率提供了重要的技术途径，有助于选择或培育更适合的植物品种，并优化土壤修复策略。

2. 植物固定

植物固定技术，也称为植物稳定化（phytostabilization），是一种利用植物根系对土壤中的重金属进行固定，以减少其移动性和生物可利用性的修复策略。这一技术的核心在于植物根系与土壤之间的相互作用，具体机制包括：①根系吸收积累，植物根系直接吸收土壤中的重金属，并将其积累在根部细胞中；②根系表面吸附，重金属通过物理吸附或离子交换作用附着在植物根系表面；③根际分泌物固定，植物通过根系分泌物，如有机酸、酶类和其他代谢产物，与土壤中的重金属形成稳定的复合物，降低其在土壤中的活性；④根际微生物作用，植物根际的微生物，包括细菌和放线菌，通过其代谢活动影响根际土壤的化学性质（如 pH 和氧化还原电位 E_h），进一步改变重金属的化学形态，降低其对植物根系的毒性（Vangronsveld et al.，2009）。植物固定技术通过上述机制，能有效降低土壤中重金属的移动性，阻止重金属向地下水和空气的迁移，以及在食物链中的传递，从而降低重金属的环境风险。值得注意的是，植物固定并不意味着从土壤中彻底去除重金属，而是通过植物和微生物的作用，将重金属固定在植物根部或根际土壤中，减少其环境风险。因此，采用植物固定技术的土壤修复项目需要进行长期的监测，以确保修复效果的持续性和稳定性。植物固定技术特别适用于干旱、半干旱地区的尾矿堆放场地，这些地区水分缺乏，其他修复技术可能难以实施。通过植物固定技术，不仅可以稳定土壤中的重金属，还可以促进植被重建，改善生态环境，对这些污染场地的修复具有重要的应用价值和广阔的应用前景（Mendez and Maier，2008）。

3. 植物挥发

植物挥发技术通过植物根系分泌物或微生物作用将土壤中的重金属转化为易挥发形态，并通过植物的蒸腾作用释放到大气中。这种技术主要应用于含 Hg、Se、As 等易挥发重金属的土壤修复。例如，烟草植物能够将土壤中的 Hg 转化为气态 Hg，从而减少土壤中 Hg 的含量（Meagher，2000）。然而，该技术可能引起二次污染问题，因为挥发到大气中的重金属可能会对大气环境和公共健康造成风险，所以需要谨慎处理。

植物修复技术因成本较低和环境友好而被广泛研究和应用。在国外，该技术已被用于重金属、放射性核素、卤代烃、汽油、石油烃等多种污染物的土壤修复。我国植物修复技术的研究起步较早，涉及 Cu、Pb、Zn、Cd、As 等多种重金属污染土壤的修复工作。自 1999 年起，国内对 As 的超富集植物筛选和植物修复技术进行了深入研究，并在农田土壤修复中有所应用。

植物修复技术成功的关键在于超富集植物的筛选和应用。据国际报道，已有 500 多种超富集植物被发现，其中大部分是 Ni 的超富集植物。这些植物通常生长缓慢，修复周期较长，且往往只能针对特定的一两种重金属，对复合金属污染土壤的修复存在局限。

中国科学院地理科学与资源研究所的陈同斌研究员团队在植物修复领域作出了显著贡献，特别是在 As 超富集植物蜈蚣草的研究和应用方面。他们开发的植物修复技术已在湖南郴州、浙江富阳和广东乐昌等地的 As、Cu、Pb 污染场地建立了示范工程。其中，湖南郴州的修复项目已稳定运行超过 5 年，有效降低了土壤中 As 含量 40%以上，为 As

污染土壤的修复提供了重要的技术指导（Chen et al.，2002a，b）。

植物修复技术的发展和应用前景广阔，目前已经有了很多应用案例（表 1.6）。但仍面临诸多挑战，如提高超富集植物的生物量、缩短修复周期、解决复合污染问题等。未来的研究需要集中于植物-土壤-微生物相互作用的深入理解，以及植物修复技术的优化和创新。

表 1.6 植物修复技术应用案例

序号	场地	污染物	植物	土方量/m³
1	特伦顿，新泽西州；迪克特堡，新泽西州	Pb	印度芥菜、向日葵、黑麦、大麦	1 594
2	帕默顿，宾夕法尼亚州	重金属	冰草、黑麦草	3 439 827
3	蓝岭山脉，弗吉尼亚州	As	蜈蚣草	80 937

1.2.6 微生物修复技术

微生物修复技术在重金属污染治理中发挥着重要作用，其核心在于利用微生物的特定代谢活动来降低重金属的生物有效性和毒性（Kotrba，2011；Singh et al.，2008）。以下是微生物修复重金属污染土壤的基本原理和作用机制。

（1）生物富集。微生物通过胞外络合、沉淀或胞内积累等方式富集重金属。胞外络合是指微生物分泌的代谢产物与重金属形成稳定的络合物，降低重金属的溶解度和迁移性。沉淀作用涉及微生物诱导的重金属矿物形成，降低其在环境中的可利用性。胞内积累则是微生物利用其细胞机制将重金属吸收到细胞内部。

（2）生物转化。微生物与重金属会发生氧化还原、甲基化/去甲基化、溶解等，改变重金属的化学形态和生物可利用性。例如，一些微生物能够通过氧化还原反应改变重金属的价态，从而降低其毒性和迁移性。甲基化是一种将甲基团添加到重金属上的过程，可以增加其挥发性并可能减轻其毒性。溶解作用涉及微生物分泌的化合物与重金属矿物反应，使重金属释放到溶液中，从而提高了重金属的生物可利用性。

（3）微生物的解毒机制。微生物通过上述生物富集和生物转化过程，形成对重金属的解毒机制。这些机制有助于微生物在重金属污染环境中生存，并可能促进植物生长，提高植物修复的效率。

土壤微生物在重金属污染修复中扮演着关键角色。它们通过多种机制与重金属相互作用，降低土壤中重金属的生物有效性和毒性（Hiroki，1992）。

（1）吸附与沉淀。微生物，尤其是细菌和真菌，可以通过其细胞壁上的官能团（如羧基和磷酸基团）吸附土壤中的金属阳离子。这些官能团带有负电荷，能够与金属阳离子形成稳定的复合物，减少重金属在土壤中的迁移。

（2）氧化还原作用。某些微生物能够通过其代谢活动改变重金属的氧化态，从而影响其溶解度和生物可利用性。例如，一些细菌能够还原六价铬[Cr(VI)]为三价铬[Cr(III)]，后者的毒性较低且在土壤中较为稳定。

（3）细胞壁的直接作用。细胞壁是微生物与重金属直接接触的初始部位，其富含的阴离子官能团对金属阳离子具有很强的吸附能力。

（4）代谢产物的间接作用。微生物的代谢产物，如有机酸和酶，可以改变土壤中重金属的化学形态。有机酸可以与金属离子形成络合物，降低其毒性；而酶则可以催化某些反应，导致重金属的沉淀或固定。

（5）微生物诱导的碳酸盐形成。一些研究表明，微生物在特定底物诱导下产生的酶可以分解产生碳酸根离子，进而与土壤中的重金属形成难溶的碳酸盐，从而降低其在土壤中的有效态含量。

Tiwari 等（2008）的研究发现，从香蒲根际中分离出的某些菌株能够钝化土壤中的 Cu 和 Cd，减少它们以可交换态存在于土壤中的含量。王瑞兴等（2007）报道了通过接种特定菌株，利用其产生的酶化作用矿化固定土壤中的有效态重金属，使其转化为稳定的碳酸盐沉淀。这些研究结果表明，微生物修复技术是一种具有潜力的生物技术，可以通过微生物的代谢活动及其与重金属的相互作用来修复重金属污染土壤。然而，微生物修复技术的成功实施需要考虑土壤的具体条件、微生物的选择，以及重金属的化学特性等因素。通过优化这些条件，可以提高微生物修复技术的效率、扩大应用范围。

根际中的菌根真菌在提高植物对重金属的抗性和提高修复效率方面发挥着重要作用。这些真菌通过分泌根系分泌物改变重金属在根际中的存在形态，从而降低了重金属的植物毒性和生物有效性。接种菌根真菌可提高蜈蚣草对土壤中 As 的提取效率。例如，丛枝菌根真菌摩西球囊霉（*Glomus mosseae*）可以改变水稻根部细胞壁的组成，减少水稻地上部分对铜的吸收积累，并增强水稻对铜的抗性（Heggo et al.，1990）。盆栽试验和田间试验的结果表明，接种丛枝真菌显著提高了鬼针草和龙珠果对污染土壤中 Cu、Pb 和 Zn 的吸收积累（Tseng et al.，2009）。不同种类的菌根真菌对植物吸收重金属的影响各异，某些菌株有助于提高植物对重金属的吸收，从而提高植物的提取效率，而某些菌株则抑制了植物对重金属的吸收，增强了植物对重金属的抗性。因此，在合理选择菌根真菌时需要考虑不同的目标。菌根修复是一种植物-微生物联合修复方法，其关键仍然是植物修复，因此筛选出优良的菌根菌种并在植物修复中应用是微生物修复发展的重要方向。

根据修复场地的不同，土壤微生物修复技术可以分为原位微生物修复和异位微生物修复。原位微生物修复是指直接向污染土壤投放氮、磷等营养物质和供氧，促进土壤中土著微生物或特定功能微生物的代谢活性，从而降解污染物。原位微生物修复技术主要包括生物通风法（改变生物降解环境条件，将空气强制注入土壤，然后抽出土壤中的挥发性有机毒物）、生物强化法（改变生物降解中微生物的活性和强度）、土地耕作法（尽可能地为微生物降解提供一个良好的环境）、化学活性栅修复法（掺入污染土壤的化学修复剂与污染物发生氧化、还原、沉淀、聚合等化学反应，从而使污染物得以降解或转化为低毒性或移动性较低的化学形态）等。异位微生物修复是将污染土壤挖掘出来，集中进行生物降解的方法。其主要包括预制床法（农耕法的延续，使污染物的迁移量减至最低）、堆制法（利用传统的堆肥方法，将污染土壤与有机废弃物等混合起来，使用机械或压气系统充氧，同时加入石灰以调节 pH，经过一段时间，依靠堆肥过程中的微生物作用来降解土壤中的有机污染物）、泥浆生物反应器法（将污染土壤转移到生物反应器，加水混合成泥浆，调节适宜的 pH，同时加入一定量的营养物质和表面活性剂，底部鼓入空气充氧，满足微生物所需氧气的同时，使微生物与污染物充分接触，加速污染物的降解，降解完成后，过滤脱水）等。

与其他修复技术相比，微生物修复技术治理污染土壤的周期相对较长且具有地域限制性。微生物遗传稳定性差、易发生变异，一般不能将污染物全部去除，很多情况下去除率也不如其他方法。此外，特定的微生物只能降解特定的化学物质，一旦化合物状态有所改变，就可能不会被同一微生物酶所降解，而在实际应用过程中，土壤中的污染物形态种类各异且可能不稳定。微生物对重金属的吸附和累积容量有限，而且须与土著菌株竞争，受环境影响显著。此外，微生物体内吸收的污染物可能会因为微生物自身的新陈代谢或死亡等原因而重新释放到环境中。

1.2.7　动物修复技术

动物修复技术是利用土壤中的动物，如蚯蚓、线虫和节肢动物甲螨等，通过食物链等方式吸收、降解或转移重金属，从而降低土壤中重金属的含量。虽然国外对动物修复技术的研究已有较长时间，但我国相关研究起步较晚，目前主要用作污染程度的指示性指标。研究表明，土壤无脊椎动物群落的多样性指数、蜱螨目和弹尾目的种群数量可以作为土壤重金属污染程度的指示性指标（孙艳芳 等，2014）。一些研究发现特定的底栖动物种群数量与土壤中重金属的含量存在相关性，因此可以作为潜在的重金属污染指示生物。蚯蚓等动物在一定范围内对重金属有一定的忍耐和富集能力，因此也具有一定的应用潜力（徐霖林 等，2011）。伏小勇等（2009）的试验结果表明，蚯蚓在一定浓度范围内对重金属具有一定的忍耐和富集能力，这为利用蚯蚓修复重金属污染土壤提供了科学依据。寇永纲等（2008）的研究表明，蚯蚓对 Pb 有较强的富集作用，可以作为检测土壤中 Pb 污染的重要生物指标。

土壤动物大规模养殖技术成熟、成本较低且操作简便，可利用农牧业产生的大量废弃物喂养，不仅能实现资源化利用，还可达到治理污染的目的。但动物吸收土壤中的重金属后，可能通过排便等方式使重金属重新回到土壤，且特定动物只能修复其耐受范围内的重金属污染土壤，一旦超出将会逃逸甚至死亡。目前国内对土壤动物修复技术研究的文献较少，但对土壤动物的环境检测研究相对较多。未来应采用动物修复辅助已经成熟的土壤修复技术，使修复的速率和效率得到提升。因此，土壤动物修复有待进一步研究与发展。

1.2.8　电动修复技术

在自然环境中，土壤颗粒表面通常带有负电荷，能够通过吸附作用捕获带正电的重金属离子，以此达到电荷的平衡。这种吸附作用使得重金属离子在土壤颗粒表面形成了稳定的双电层结构。电动修复技术是一种利用电场力驱动重金属离子从土壤中迁移出来的土壤修复方法。以下是电动修复技术的基本原理和涉及的化学反应：

$$阳极：2H_2O-4e^- \longrightarrow 4H^+ + O_2 \quad E_0 = -1.229 \text{ V} \quad (1.3)$$

$$阴极：2H_2O+2e^- \longrightarrow H_2 + 2OH^- \quad E_0 = -0.828 \text{ V} \quad (1.4)$$

电动修复技术的有效性受多种因素影响，包括土壤的 pH、缓冲能力、土壤组分、渗透性及污染金属的种类。在电动修复过程中，由于水解作用，阳极和阴极会分别形成酸性区和碱性区，导致一系列不良效应。以下是常见的 5 种不良效应。①聚焦效应：包括化学沉淀、等电位聚焦效应和导电异质性引起的聚焦效应。这些效应在 pH 突变时发生且增加了修复时间和能耗（Li et al.，2013）。②热效应：在电动修复过程中会产生欧姆热。一般情况下，阴极区域的土壤温度高于阳极区域。这可能是由于聚焦效应导致阴极区域土壤的孔隙度降低，电阻增大（Wu et al.，2012）。③结晶效应：金属盐由于聚焦效应而发生结晶沉淀，或降低土壤的孔隙度，或结晶于电极表面，从而影响电极反应。④电极腐蚀：在极酸或极碱条件下，电极容易发生腐蚀而受到破坏。因此，电极材料对电动修复的工程应用非常重要（Tsai et al.，2010）。⑤脱水作用：电渗流或热效应作用下土壤水分重新分配，导致局部土壤脱水的效应。这些不良效应需要在电动修复过程中加以考虑和控制，以确保修复效果的最大化。选择合适的电极材料、优化电场设计及合理控制电压和电流密度等都是减轻不良效应的重要策略。同时，对于每个具体的修复场地，需要进行充分的实地调查和试验验证，以了解不良效应的可能性和程度，并制定相应的控制措施。

现场修复案例显示，电动修复对 Pb 和 Cu 污染土壤的去除率分别可达 70%和 80%，能量消耗为 65 (kW·h)/m^3（Lageman，1993）。在处理 As 和 Zn 污染土壤时，As 的浓度可从 400～500 mg/kg 降至 30 mg/kg，Zn 的浓度可从 2 410 mg/kg 降至 1 620 mg/kg。席永慧等（2010）发现电动修复对 Pb、Cu、Cd 复合金属污染土壤也有非常好的修复效果。

尽管电动修复技术与其他土壤修复技术相比具有许多优势，如易于操作、成本效益高，以及可原位或非原位修复等，但它仍面临一些挑战和制约因素（Liu et al.，2018b）。实现高效的原位电动修复的最大挑战之一是实际污染土壤中存在大量金属导体和非目标污染物。导体会降低电动修复的效率，而竞争离子的存在会导致污染物的电动过程失效（Rahman et al.，2021）。电极的钻探技术（将电极引入土壤）决定了电动修复的工作深度。电解水反应在电极表面会导致土壤 pH 失衡，例如，研究发现经过一个月的电动修复后，阳极附近土壤的 pH 降低至 3.5，而阴极附近土壤的 pH 升高至 10.8。这种 pH 变化可能对土壤微生物群落产生不利影响（Kim et al.，2005）。此外，一些副反应，如氯气的产生，也可能对环境产生负面影响。为了克服这些挑战，需要进一步研究和改进电动修复技术。例如，通过优化电极设计和放置方式可以减轻金属导体和竞争离子对电动效率的影响；控制电流密度和电压，并结合其他辅助技术，如添加络合剂或表面活性剂，可以提高电动修复的效果。此外，对于电动修复过程中产生的副产物和影响，需要进行更深入的研究和监测，以确保修复过程的环境友好性和可持续性。

1.2.9 联合修复技术

采用单一修复技术治理土壤污染问题虽然能达到一定的治理效果，但效益往往难以达到最优。单一修复手段各自存在的不足限制了目标场地整体性的修复效果，因此采用联合修复技术成为当前研究的热点。目前，研究最多的联合修复技术主要包括动植物联合修复技术、化学植物联合修复技术等。

（1）动植物联合修复技术。动植物联合修复技术是目前常用的重金属污染土壤修复方法之一。在这种方法中，动物主要指能够自然生存于土壤中的无脊椎动物，而植物则是那些能够有效富集重金属离子的植物。研究表明，动植物联合修复重金属污染土壤通常能够取得比单一修复技术更好的修复效果。例如，田伟莉等（2013）利用白三叶、黑麦草和蚯蚓联合修复 Cd、Cu、Pb 等污染土壤。研究结果显示，这两种植物和蚯蚓的联合修复不仅相互促进了重金属的富集作用，而且联合修复的效果比单一修复方法的叠加效果高出 11.5%、7.2%和 5.0%。在联合修复 18 个月后，土壤中 Cd、Cu 和 Pb 的浓度分别降低了 92.3%、42.0%和 24.7%，土壤中的重金属浓度得到有效控制，同时动植物的生长发育也互相促进，改善了土壤中的微生物环境。另外，杨扬等（2020）利用吊兰和蚯蚓联合修复 Cd 污染土壤。研究结果显示，动植物联合修复的效果比单独采用植物或动物修复方法的修复率分别提高了 7.9%和 14.8%。然而，由于目前能够在高浓度重金属污染土壤中生存的动物数量有限，所以动植物联合修复重金属污染土壤的方法在重度污染场地的土壤修复中受到一定的限制。

（2）化学植物联合修复技术。化学植物联合修复技术是一种利用化学试剂辅助植物修复重金属污染土壤的方法。通过添加化学试剂可以将土壤中的重金属转化为更有利于植物吸收、转移或挥发的形态，从而提高植物的修复效率，降低土壤中重金属的浓度。目前，化学植物联合修复技术已成为国内外重金属污染土壤修复研究的热点。例如，魏忠平等（2020）研究了草酸联合东南景天修复 Cd、Pb 污染土壤的能力。研究结果显示，草酸可以显著提高东南景天对土壤中 Cd 和 Pb 的吸收和富集能力。同时，草酸还能有效阻止土壤中的重金属向土壤深层迁移，对土壤的酸碱度等性质影响较小。王雅乐（2021）利用乙二胺二琥珀酸（EDDS）联合孔雀草、龙葵和美洲商陆修复 Cd 污染土壤。研究结果表明，EDDS 能够显著提高这些植物对土壤中 Cd 的富集效率。然而，EDDS 对土壤的酸碱性等会产生一定的影响。在化学植物联合修复技术中，常用的有机酸包括柠檬酸、酒石酸、苹果酸、EDTA 等。这些有机酸可以与土壤中的重金属形成植物可吸收的金属络合物，促使重金属转移到植物体内，或者帮助重金属迁移到土壤表层，提高植物对重金属的富集能力，从而降低土壤中重金属的浓度（罗昱，2021）。然而，不同重金属与螯合剂的配位能力不同，植物对化学螯合剂的耐受性也有差异。此外，有机酸等化学试剂对土壤结构也会产生一定影响。因此，化学植物联合修复技术的推广应用受到一定的限制。在实际应用中，需要综合考虑重金属的种类和浓度、植物的耐受性、化学试剂的选择和使用量等因素，以确保修复效果的最大化并减少对环境的潜在影响。

1.3　国内外场地修复技术现状

目前，污染场地修复主要应用思路包括两个方面：①清除污染源，在污染源位置对污染物质进行萃取、清除或者改变其成分与毒性；②风险管控，通过固化稳定、阻滞隔离污染物质等方法，阻止污染物向周边环境扩散。在进行污染场地修复设计时，需要重点考虑修复标准、场地环境风险评估、场地再使用功能等因素（李云祯 等，2017）。通常采用大型机械施工，通过物理、化学和生物方法转移、吸收、降解和转化场地中的污染物，使其浓度降低到可接受水平或将有毒有害的污染物转化为无害物质。污染场地修复的技术原理包括：①改变污染物在土壤中的化学形态或与土壤的结合方式，降低其在环境中的迁移性和生物可利用性；②去除污染物或降低土壤中的污染物浓度，使其达到环境可接受的范围。根据污染场地修复工程位置，可以将修复技术分为原位修复技术和异位修复技术，原位修复又可分为原地原位修复和原地异位修复两种；根据修复原理不同又可分为物理修复、化学修复、热处理修复、生物修复、自然衰减修复等技术方法。

修复重金属污染场地的标准可以分为两类：①基于修复指南或规范（如土壤质量标准），该方案旨在将污染场地恢复至未受污染状态；②基于风险评价（风险管控），该方案通过评估污染物种类、浓度、可能的暴露途径和潜在受害者，设定特定浓度界限值作为修复目标。在美国，针对"棕色场地"的超级基金修复计划最初采用了第一种设计方法，但后来发现该方法修复成本极高且未考虑污染物自身特性和传播特点。因此，人们从污染"受体"的角度出发，提出了基于风险评价的修复设计理念。重金属污染场地的修复是一个复杂的系统工程，涉及多学科交叉的理论知识和工程经验。场地的风险受多种因素影响，包括污染物类型和含量、地下水污染程度、地下水污染扩散分布、周边居民分布、当地气候条件、选用的修复技术和工程操作，以及场地未来的开发规划等。

美国在20世纪70年代开始进行大规模的污染场地修复工作，近50年来积累了大量修复经验，这些经验对其他国家的场地修复工作具有很高的借鉴价值。拉夫运河事件作为一个引发关注的契机，推动了美国制定一系列指导污染场地修复的法规和指南，极大地推进了美国污染场地修复的进程。这些法规和指南至今在美国本土仍在使用，并为其他国家制定污染场地修复技术和管理法规提供了指导。例如，美国国会相继通过了《资源保护与恢复法案》（Resource Conservation and Recovery Act，RCRA）、《综合环境应对赔偿和责任法》(Comprehensive Environmental Response，Compensation and Liability Act，CERCLA)、《危险废弃物和固体废弃物修正法案》（Hazardous and Solid Waste Amendments，HSWA），以及《场地处置限令》（Land Disposal Restrictions，LDR）等。其中，《综合环境应对赔偿和责任法》因其环保超级基金（Superfund）而闻名，因此也被称为超级基金法。超级基金主要用于治理美国全国范围内的废弃或被弃置的危险废物处理场地，对危险物质泄漏进行紧急响应，并定期向社会发布报告，有效促进了美国国内和其他国家之间的场地修复治理工作和科研交流。自实施以来，已经积累了大量的修复工程案例。超级基金最初的基金规模为16亿美元，1996年国会修改超级基金法时将基金总额扩大到85亿美元。在20世纪末到21世纪初，美国的场地修复工作达到了顶峰。

借助超级基金法的支持，美国探索了多种不同的场地修复技术，包括固化/稳定化、客土法、植物修复、微生物修复、电动修复、化学淋洗和水泥窑协同处置等技术。根据美国超级基金在1982—2011年进行的126个污染控制修复项目的数据，固化/稳定化技术（用于无机重金属污染场地修复）和气相抽提技术（用于有机污染场地修复）是使用得最广泛的修复技术，分别占比22%和24%，远高于其他修复技术，如焚烧（12%）、生物修复（11%）、热处理（8%）和化学处理（5%）等。通过比较这些技术的特点，可以发现固化/稳定化技术在污染土壤类型、修复成本、技术可靠性、修复效果的持久性、修复土壤的工程特性和修复场地的再利用方面具有明显的优势（Burden et al., 2002；Teefy,

1997）。因此，美国环境保护署将固化/稳定化技术视为处理《资源保护与恢复法案》列出的 57 种有害物质的最佳技术示范（Best Demonstrated Available Technology，BDAT）（Razzell，1990）。

随着我国综合国力的提升，污染场地修复工作正在全国范围内逐步展开。作为发展中国家的代表，我国污染场地体量大、修复需求高，已成为全球污染场地修复工作最具活力的地区之一。根据《2014—2020 年中国土壤修复市场》的数据分析，我国污染场地修复项目逐年增长。从 2007 年到 2010 年，中国土壤修复项目增长缓慢；但自 2011 年起，土壤修复项目显著增长，修复项目数量年均增加约 50 个；2015 年，中国土壤修复项目年增加量超过 100 个；到 2017 年，我国年污染场地修复项目数量已达到 587 项。

根据国务院印发的《土壤污染防治行动计划》（国发〔2016〕31 号）的技术指标，到 2030 年，我国污染场地的安全利用率需要达到 95%以上。近年来出台的一系列政策为我国场地修复等环保产业的发展注入了强劲动力。预计我国污染场地修复产业将带来 4 500 亿元的收入，拉动 GDP 增长约 2.7 万元，中国有望成为全球污染土壤修复产业增长最快的市场，形成世界上最大的场地修复市场。然而，对于从业人员和科研工作者来说，这无疑是一个巨大的挑战。寻找适合我国污染场地特征和再利用需求的修复技术是保证场地修复工作高效推进的关键。借鉴美国超级基金项目等的经验，20 世纪 90 年代，加拿大、英国等开始在污染场地修复项目中应用和推广相关技术，随后法国、荷兰等国也相继采用这些技术。结合欧美国家在场地修复方面的经验，我国污染场地修复技术的探索和实践逐步展开。目前，相关研究和应用主要采用"国外引进+国内改进"的模式，即先借鉴先进技术，如美国超级基金项目，然后结合我国污染场地特点进行优化。然而，总体上来说，目前我国污染场地修复工作仍处于探索阶段。根据《2014—2020 年中国土壤修复市场》对 2007—2016 年实施的 136 个污染场地修复项目的统计分析，固化/稳定化技术、水泥窑协同处置技术和填埋场处置技术是我国污染场地修复中应用得最广泛的技术。其中，应用固化/稳定化技术的项目占比最高（33%），远远超过水泥窑协同处置技术（15%）和填埋场处置技术（13%）。研究表明，固化/稳定化技术是适合我国污染场地修复的绿色可持续修复技术之一（Song et al.，2018）。

1.4　污染土壤修复工厂

在当前的场地重金属污染修复工程中，常用的修复模式为原地异位修复，这一模式是在污染场地原址就地建立土壤修复中心开展修复工程。每项工程都需要搭建密闭大棚、进行地面防渗处理、设备安装与调试、修复后设备拆除，以及配套设施的安装等多项工作，导致本就短暂的施工周期变得更加紧张。此外，原址进行土壤修复工作占用了待开发土地，不利于土地的快速复垦和再利用。同时，修复场地附近往往存在居民区、学校等敏感区域，如果修复场地未配置完善的环境防护装备与技术，可能会在修复过程中对周边环境造成二次污染。面对碳达峰和碳中和背景下的环境保护需求，土壤修复的各领域正在积极探索新的思路与模式，其中土壤"修复工厂"模式便是一个典型的代表。2022

年1月,生态环境部等七部门联合发布的《"十四五"土壤、地下水和农村生态环境保护规划》(环土壤〔2021〕120号)明确提出要探索污染土壤的"修复工厂"模式。

修复工厂模式指污染土壤经过挖掘清理后,外运至专门的修复处置终端进行集中修复或处置。这种模式采用单独建厂、长期运营和服务区域的形式,有效兼顾区域土壤污染风险和地块规划布局等因素,特别适用于大型片区的退役工业地块修复。通过集中建厂修复,修复工厂避免了单个项目基础设备的重复建设,降低了整体修复费用。同时,地块挖掘完成后即可进行修复效果评估,大幅缩短了污染地块的修复周期,加快了土地流转,为政府的城市更新建设提供了支持。修复工厂模式还适用于分散型且后续开发紧迫的污染土壤,通过异地集中修复和资源化利用达到更有效的治理效果。

与现有的污染土壤修复企业不同,修复工厂模式通过转移待开发污染地块的污染土壤,连同其附带的环境风险、修复处理过程、验收检测、资源化利用及长期监测等相关责任,确保原地块在通过检测符合相关建设环境标准后即可进行开发。这不仅节约了污染地块再开发的时间成本,还通过集成应用先进的修复技术与装备实现了高效的集约化修复,从而降低了修复成本。工厂化修复模式采用长期运营的方式,为区域性的土地整治与开发提供持续的修复工程服务。该模式能够有效考虑整个开发区域的土壤和地下水污染风险、规划用地功能、区域环境条件及地块开发进程等因素。需要根据调查评估确定的区域污染底图进行规划调整和布局优化,以减少土壤修复项目在前期的基础建设时间与费用,进而有效降低污染土壤修复的整体成本。

根据国务院发布的《土壤污染防治行动计划》,土壤污染防治需要强化治理与修复工程的监督,并采取必要措施防止二次污染。在土壤修复过程中,常会产生废水、废气、废液、固体废物和危险废物等污染物,因此,在修复项目实施时,必须建立相应的二次污染防治措施。在环保工程模式下,虽然施工现场已配备了一定数量的二次污染防治设施,但这些设施往往是临时性、简易化的,防治能力有限,容易发生环境污染事故。稳定运行的修复工厂能够在二次污染防治措施上投入更多资源,配备成熟完善的设施,从而有效控制整个修复环节的环境污染物排放,极大地减少二次污染物的产生,实现全过程的有效防控,降低修复的环境风险。此外,修复工厂的服务区域覆盖整个开发区域,使其选址不再局限于污染修复场地附近,可以选择居民较少或环境非敏感区进行建厂,从而减少施工对居民生活的影响,维护社会稳定。

修复工厂还可以设立实验室、研发中心和检测中心,具备技术研发、中试和实证功能。针对不同的污染物,修复工厂能进行相关技术研发,制定最佳修复参数和条件,并开展小试和中试试验以验证方法的有效性,不断进行修正。同时,修复工厂能开发新技术以满足最新的修复效果评估要求,确保与时俱进。此外,针对厂内废水、废气、污泥和粉尘等二次污染物,修复工厂也能进行相应的研发和改进,同时开展修复后土壤资源化利用的研究。通过投入大量资金建立检测中心,修复工厂能够随时对修复效果进行自检,增加监测频率,从而更有保障地提升工程质量。环保工程模式由于是临时性办公场地且存在时间较短,通常不具备建设技术中心的条件。

在环保工程模式下,施工人员随工程项目流动,工作地点多变,与员工对稳定工作地点的需求相悖,导致离职率较高。修复工厂的稳定运营则能够确保施工人员拥有固定的工作地点与稳定收入，这有助于保持施工人员的工作稳定性，降低离职率。此外，稳定的员工组成也有利于土壤修复企业培养年轻技术人才，确保企业内新鲜血液的持续供给；同时，熟练的施工人员能够保证机械设备的稳定运行，减少安全事故的发生，从而进一步降低修复工厂的运营成本。

一般而言，环保工程模式是在原地异位进行修复操作，修复后的土壤往往被原址填埋，且修复后的土壤性质变化较大，很多已不具备再次作为土壤利用的可能，这在后续土地开发过程中造成了去除与用途方面的难题。相对而言，经过修复工厂处理的土壤若达到修复目标值后，可进行资源化再利用。经过必要的改性措施，这些土壤不仅可作为建筑用地回填土、道路设施用土和绿地用土，还可作为制作建筑用砖和陶粒的原料。稳定运行的修复工厂能够源源不断提供合格土壤，减少清洁土壤的使用量，同时修复土壤的资源化利用也能进一步增加修复工厂的收入。

按照建设目的，修复工厂大致可分为两类。一类主要服务于退役工业区的污染地块修复治理，往往根据实际区域的修复需求而设立。例如，上海宝山区的南大土壤修复工厂正是为治理南大老工业区内的污染地块而建设的；湖南株洲清水塘污染土壤集中处理中心同样是为了处理该老工业区内尚未开展修复的污染土壤。这类项目一般为非永久占用场地，项目结束后可恢复地块的使用功能。另一类则是服务于全市或辐射区域范围内所有符合接收标准的污染土壤修复治理项目，如广州市的污染土壤集中治理与资源化利用处置中心（一期）和柳州市的污染土壤无害化处置中心项目。这类工厂能够持续开展修复工程服务，并协调区域土壤污染风险防控与国土空间规划用地布局。

早在 20 世纪 80 年代，欧美国家便已开始大规模实施土壤修复，修复工厂的建设和运营也相对成熟。其中，荷兰的鹿特丹（Rotterdam）土壤修复工厂于 2002 年建成，投资总额约 5 000 万欧元，计划年处理能力达到 50 万 m^3。德国的汉堡（Hamburg）土壤修复中心投资约 7 000 万欧元，处理能力可达 80 万 m^3 污染土壤。相比之下，我国建设土壤修复工厂的研究起步较晚，工程化、集约化和市场化的修复案例较少，缺乏行业实践经验和技术规范，修复工厂模式的发展仍显薄弱。

目前，上海、湖南、广西、广东等省（区、市）均已投入建设和运营修复工厂。广州市的污染土壤集中治理与资源化利用处置中心（一期）项目位于白云区兴丰生活垃圾卫生填埋场，主要接收广州市内各污染场地的治理修复项目，项目占地面积约 1.9 万 m^2，运营期限为 5 年（2022—2027 年）。根据广州市的土壤污染状况，该中心将主要采用固化/稳定化、化学淋洗和热脱附等工艺，年处理规模约 39 万 t，其中重金属污染土壤 24 万 t、有机污染土壤 3.75 万 t、复合污染土壤 11.25 万 t。修复后符合相关标准的土壤将被批准用于填埋场作业、覆盖膜压载土和飞灰层间土。柳州市的污染土壤无害化处置中心项目位于鱼峰区里雍镇的柳州市静脉产业园，主要接收柳州市内污染场地的污染土壤，占地面积约 202 亩（13.5 万 m^2）。该项目实质上是固体废物资源化综合利用项目，已新建一条年产 10 000 万块标砖的隧道窑生产线，将污染土壤作为主要原料，通过陈化、制坯、干燥和焙烧等一系列工序生产烧结砖制品，年处置量约 22.5 万 m^3。对于不符合墙体生产线条件的重金属污染土壤，则辅助采用固化/稳定化技术进行修复处理。

目前，我国的修复工厂建设仍处于起步阶段，尚未形成可供推广借鉴的成熟范式，各方面均需进一步完善。在管理方面，需要为修复工厂模式中涉及的污染土壤性质鉴定、运输、接收、修复、验收和再利用/处置等环节制定规范高效的作业流程及监管审批流程。在技术方面，要强化自主创新，加快研发具有自主知识产权、绿色节能、低碳高效的修复技术及装备。在市场环境方面，随着模式的成熟和可行性的提高，应促进开发单位与地方政府等对修复工厂模式的广泛认可。随着条件逐渐成熟，修复工厂的发展将迎来新的机遇，实施效果也需在今后持续关注。

作为污染土壤集中治理修复中心，修复工厂能够为区域土壤环境污染提供综合解决方案，在开展高效治理的同时推动各生产要素最大化利用。这一模式不仅是探索绿色低碳修复与生态循环经济的重要途径，也是推进城市产业开发与区域更新的有效抓手。以修复工厂为代表的新兴环境服务模式的出现与发展，将有效推动生态环保产业的多元化与可持续发展，为高水平的生态环境保护和高质量的生态文明建设提供新动能。

1.5 场地重金属污染土壤修复存在的问题

《2014—2020 年中国土壤修复市场》显示，我国在土壤污染修复技术研发方面起步较晚，约始于二十世纪八九十年代，主要集中在重金属污染防治领域。直到二十一世纪初，土壤污染修复技术才开始大规模地作为独立方向进行研究。由于技术积累相对薄弱，我国多采用了"国外引进+国内改进"的方式。然而，随着时间的推移，一些经济可行且效果良好的修复技术已经应用于试点和示范工程中。我国重金属污染土壤修复技术的研发历程可以分为 4 个阶段：①20 世纪 60 年代以前，土壤治理方式主要是物理修复，通过填埋、刮土、复土等手段治理退化土地；②二十世纪七八十年代，土壤治理方式仍然是物理修复，主要侧重土地资源的稳定利用，并配套一些基本环境工程；③20 世纪 90 年代，土壤治理方式涵盖物理、化学和生物恢复，但主要的修复技术是土地复垦，使用先锋植物和耐性植物来恢复土壤特性；④21 世纪以来，土壤治理方式进一步发展，修复使用物理、化学和生物恢复技术，涵盖植物、微生物、动物、固化/稳定化、土壤气提、化学氧化还原、热解析、淋洗、化学萃取等多个方面，其中植物修复成为研发和应用的重点。

在污染场地修复领域，我国已经建立了较为完整的治理体系，主要包括污染场地修复政策体系、修复技术体系、修复管理体系和修复市场体系。首先，国家层面已出台一系列指导性政策，包括《中华人民共和国土壤污染防治法》《中华人民共和国环境影响评价法》《污染地块土壤环境管理办法》等，这些政策的推出为污染场地修复提供了法律依据和规范性支持。其次，国内在污染场地修复技术上取得了显著进展，技术创新涵盖了生物修复、化学修复、物理隔离及热处理等多种先进技术，以应对不同类型的污染情况。再次，我国已经建立了一套完整的修复管理体系，包括修复监测、修复工程设计、修复工程实施、修复成果验收及修复后监管等环节，确保修复工程的规范、科学和可持续。最后，我国污染场地修复市场也在不断发展壮大，涉及投资、设计、施工、监管、评估等多个环节，为污染场地修复提供了经济支持和市场导向。总的来说，我国在污染场地修复领域取得了一定进展，但仍存在不少挑战。

（1）污染场地量大面广，污染成因复杂。目前我国土壤污染问题日益严重，防治形势十分严峻。根据环境保护部和国土资源部2014年公布的《全国土壤污染状况调查公报》，全国土壤总的超标率为16.1%。我国土壤污染主要集中在人口和工业密集的区域。尽管西南、中南地区土壤重金属超标范围较大，但总体而言，我国污染场地土壤修复需求主要集中在长江三角洲、珠江三角洲、东北老工业基地等人口和工业密集的地区。土壤污染物类型复杂，呈现出新老污染物并存、无机和有机污染物混合的特点。

（2）污染场地的治理周期长且难度大。由于重金属的不可降解性，修复后是否会再次释放或活化重金属，对环境的长期安全性提出了挑战，使得最终处置成为最重要、最紧迫的问题。因此，需要对重金属污染场地的长期环境安全性进行监管。然而，目前国内在这方面的研究相对不足，缺乏经验，并且监测时间大多限于2年之内，缺乏对长期环境风险管控技术的规范要求。此外，法规上也未明确环境风险管控的责任主体和监管主体。

（3）目前，在重金属污染土壤修复的工程应用中，可用的技术相对有限，技术种类较为单一，主要包括填埋、固化/稳定化和土壤淋洗等技术。在我国实际的重金属污染场地修复工程中，填埋和固化/稳定化技术占据主导地位，其中稳定化技术的应用比例超过70%。其他修复技术的工程案例仍处于个别案例阶段。填埋技术有利于对重金属污染土壤进行集中统一监管，但需要占用大量宝贵的土地填埋场资源。然而，可用于填埋的场地数量有限，可供利用的填埋场地也越来越少，这一现象在东部发达地区更为明显。土壤淋洗技术可以清除土壤中的重金属，极大地降低或消除了土壤重金属污染风险。然而，土壤淋洗后的污水处理仍是一个现实性难题。尽管国内外进行了大量土壤淋洗药剂的研发，但仍未找到在工程上广泛使用、高效、经济、技术可行的淋洗药剂。目前工程中应用最广泛的是稳定化处置技术，该技术涉及稳定剂的使用。稳定化药剂能够固定重金属，但我国尚未建立科学统一的效果评估方法，稳定剂对重金属长期稳定性的影响还需要进一步考察和跟踪。此外，对于稳定化药剂本身的环境安全性及其对土壤性质的影响关注还不够。我国仍缺乏稳定化药剂污染物控制限值的标准，无法有效控制工业产品和废弃物中污染物含量较高时的使用量。一些高含盐药剂如果使用量超过5%，将会改变土壤的一些基本性质（如pH和盐分），甚至破坏其功能，导致土壤板结和盐化，对土壤造成次生危害。此外，我国自主研发的土壤修复药剂仍相对较少，迫切需要研制绿色、安全、高效的土壤修复药剂。为了解决这一问题，需要加强对不同修复技术的研发和应用，并建立科学的评估体系和标准。同时，应注重环境安全性和土壤质量的保护，加强对药剂使用量和质量的控制。此外，还需要增加对绿色、安全、高效土壤修复药剂的研发力度，以满足我国重金属污染土壤修复的需求。

（4）重金属污染土壤的固化/稳定化处理技术已被广泛应用，处理后的土壤常被用于多种工程目的，包括但不限于填埋场的填埋作业、原位或异地的阻隔性填埋、道路基础材料、河堤加固、建筑填充及绿化用土等，然而目前我国尚未建立一套完整的技术规范来保障此类处理后土壤的环境安全性，同时，也缺乏对这些利用途径的长期环境监管法规。这种现状引发了对环境风险控制有效性的关切，尤其是对已实施的风险管理措施的长期运行效果和完整性存在疑问。随着此类处置场地数量的不断增加，对风险管理和环境监管的需求也增大,这对现有的资源和监管能力构成了挑战。鉴于此,追切需要开发和完善针对场地重金属污染土壤的深度处理技术,以及推动其资源化利用的创新方法。探索这些土壤的二次安全利用途径,对于缓解我国当前重金属污染土壤问题具有重要意义。这不仅涉及技术创新,还需要政策支持、规范制定及监管体系的建立和完善。通过这些综合性措施,可以更有效地管理和利用这些土壤,减少环境污染,同时为可持续发展提供支持。

1.6 场地重金属污染土壤资源化利用技术进展

土壤资源作为地球表层系统重要的基础性资源,除了作为农业耕作用途,在许多工业领域也存在多种多样的用途。例如,土壤可以作为原料生产陶瓷和砖体等。但是由于长期以来土壤资源的不合理利用,土壤资源过度开发,造成土壤资源日益短缺。因此,为了保护土壤资源,保护农业生产中必需的营养性耕作土壤,我国多个地方制定了地方规定,如禁止采用土壤制备红砖等。但是,重金属污染土壤,尤其是重度重金属污染土壤,已失去作为农作物生长耕作的价值,同时,其较高的重金属含量,如果不经处理,会对暴露人群的健康产生直接危害。因此,对于重金属污染土壤,以污染重金属的稳定/固化为基础,结合土壤矿物结构原理,通过高温或高压等措施使重金属以矿物晶体结构成分的形式固定于成型体中。重金属由于形成了较为稳定的化学键,在长期的环境暴露中能稳定在成型体中,因此成型体可作为砖体和陶瓷等的组成,使重金属污染土壤得到资源化固定处置。这是场地重金属污染土壤,尤其是重度重金属污染土壤处置的可行性方向。

土壤重金属固化/稳定化技术是重金属污染场地土壤资源化利用的关键技术基础。该技术通过物理或化学手段,将土壤中的重金属进行固定或转化,使其变为化学性质较为稳定的形态,从而有效抑制重金属在环境中的迁移和扩散,降低其毒性。

固化/稳定化技术的常用材料可归纳为4大类:①无机黏结物质,如水泥、石灰等;②有机黏结剂,如沥青等热塑性材料;③热硬化有机聚合物,如尿素、酚醛塑料和环氧化物等,④玻璃质物质(赵述华 等,2013)。鉴于技术和经济性的考虑,无机材料如水泥和石灰在实际中应用得最为广泛,占据了94%的市场份额;有机黏结剂使用较少,占3%,无机和有机黏结剂结合使用的情况则更为罕见。固化/稳定化技术在英国、美国等国家经过长期发展,已成为一项成熟的土壤修复技术。在美国,该技术是超级基金项目中继气相抽提之后的第二大常用技术(图1.2),尤其在重金属污染土壤的修复中发挥着核心作用。常用的重金属污染土壤固化/稳定化技术是通过采用外源的重金属固化剂,使重金属固封或形成稳定态键的形式来实现对重金属的固定。但是,在固化/稳定化过程中,使用的条件相对温和且未采用针对重金属本身成键性质的工艺流程,因此固化/稳定化处置后的固态物质中重金属可能还具有一定的活性,尤其是在长期的环境暴露过程中存在一定的风险。

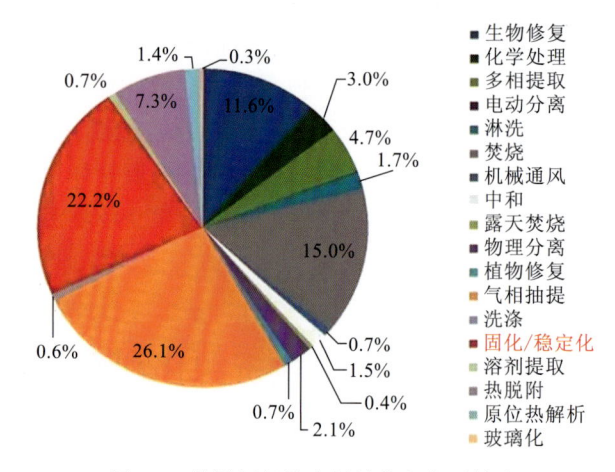

图 1.2　美国超级基金场地修复主要技术

第 2 章　重金属矿物晶体结构化固定理论与过程

近几十年来，伴随我国社会经济发展和产业结构的调整，产生了大量因工业企业搬迁而遗留的重金属污染场地，导致当前场地重金属污染问题日益严重。重金属在场地污染土壤中具有毒性大、浓度高、迁移性强、生物降解难等特性，典型的吸附法、植物修复法、淋溶法等面临修复效率低、二次污染风险高等问题。因此，亟须结合不同理论技术与方法发展更高效的场地土壤重金属污染修复技术。

针对场地污染土壤中重金属污染物的性质，降低土壤重金属的迁移性和毒性，将重金属固定于稳定的固态介质中已成为场地重金属污染治理的重要手段。污染土壤玻璃化修复技术与矿物相结构化固定技术是对污染重金属进行较高强度固定化的处置。玻璃化修复技术是指将重金属污染土壤与固化剂混合后置于高温（一般高 1 000 ℃）环境下进行热处理，冷却后形成坚硬的玻璃体物质，将土壤中的重金属固定于玻璃的三维结构中，从而固定重金属。然而，该技术能耗较高，需要高温高压来触发玻璃结构的形成及金属的嵌入。除此之外，玻璃属于亚稳相，热力学不稳定，在潮湿的环境中容易发生析晶或碎裂等结构变化，从而导致重金属的浸出速率增加，对环境造成较大的安全隐患。因此，上述玻璃化修复技术在解决土壤重金属污染方面存在一些限制，这给该技术的大规模应用带来了挑战。

玻璃化过程主要是通过形成无序的三维网络结构来固定和封装重金属离子，而矿物相结构化固定技术则主要通过矿物相有序晶体结构形成过程中的重金属嵌入作用，实现重金属污染物在目标矿物相结构中的有效固定。自然界中的矿物通常是通过各种地质作用，以及地球表层多个圈层交互作用过程形成的元素集合体。绝大部分矿物都具有稳定的晶体结构，这些矿物晶体的组成原子在结构中有序排列，即使在经历了千万年的风化侵蚀作用后，这些矿物仍能稳定地存在于自然环境中。基于自然界中某些特殊晶相结构的高度稳定性，若将重金属原子固化于这些稳定的矿物晶体的晶格中，使之成为晶体结构的一部分，那么即使在强烈的环境条件影响下，这些含重金属的矿物仍然能表现出良好的化学稳定性。通过矿物相有效结构固化的产物可进一步用作建筑材料或路基下填，实现重金属污染土壤的回用。因此，利用矿物晶体结构化固定土壤中重金属为重金属污染土壤的安全处置与资源化利用提供了一个新的思路和选项。

2.1　含重金属矿物及其晶体结构化固定理论

场地土壤重金属污染的形成主要受土壤矿物与重金属相互作用及重金属在区域内的迁移转化过程控制。重金属在土壤矿物相上的吸附、解吸及固定等行为都对重金属的赋存形态及迁移转化过程具有重要影响。通常情况下，重金属离子在矿物相表面通过范德瓦耳斯力及内/外球络合等方式实现重金属的吸附固定。土壤常见矿物相如蒙脱石、伊利石等具有层状二维结构，重金属在矿物相中的固定则主要是层间和层内的离子交换与表面吸附。然而，通过吸附等方式实现的重金属固定存在稳定化效率低的问题。重金属离子在矿物表面并未形成稳定的化学键，在酸性环境介质中已吸附的重金属容易发生脱附，重新释放到环境中，导致二次污染风险。

自然界原生矿物中的重金属结构稳定，不会形成环境污染。当在自然或人为作用下，矿物中的重金属被释放为活性态重金属并达到一定浓度后才会形成"重金属污染"。反之，在一定的外力作用下，使污染重金属回归至矿物结构中，可有效实现重金属的结构化固定，进一步控制重金属污染的形成。自然界中常见的矿物相如尖晶石、长石、磷灰石等矿物结构稳定、致密，已有多项研究表明在不同作用力驱动下重金属离子可被结构化嵌入上述矿物相的晶体结构中。在上述矿物的结构形成过程中，重金属通过在稳定矿物相中目标晶格赋存位置的取代实现重金属的结构化固定，而在此过程中重金属矿物相的晶体结构特性是实现重金属高效固化的关键。本节将主要介绍几种典型的含重金属矿物相结构（尖晶石、长石、磷灰石）及其晶体结构化固定理论，为进一步理解矿物相结构化固定重金属提供理论基础。

2.1.1 含重金属矿物及其结构特性

1. 尖晶石

尖晶石的结构通式为 XY_2O_4，是离子晶体中的一个大类，属于等轴晶系，为面心立方。尖晶石通常呈八面体晶形，有时也呈八面体与菱形十二面体或者立方体的聚形。在尖晶石结构中，氧离子按立方紧密堆积排列，再由 X 离子占据 64 个四面体空隙的 1/8，即 8 个 A 位，Y 离子占据 32 个八面体空隙的 1/2，即 16 个 B 位，因此尖晶石单位晶胞的通式为 $X_8Y_{16}O_{32}$，一般简写作 XY_2O_4。其中 X 与 Y 占据尖晶石晶格中的部分八面体和四面体空隙（Wang et al., 2019）。通常情况下，X 为二价重金属阳离子，可以为 Zn^{2+}、Cd^{2+}、Ni^{2+}、Cu^{2+} 等，Y 为三价金属阳离子，通常为 Al^{3+}、Fe^{3+}、Cr^{3+} 等。尖晶石中的氧也可被其他氧族元素（硫、硒）所替代（图 2.1）。此外，在现有的尖晶石结构（XY_2O_4）化合物中，除了 X：Y 为 2：3 的电价比，最常见的是 4：2，如 $TiMg_2O_4$、$TiZn_2O_4$、$TiMn_2O_4$ 等，其中 X 为四价阳离子，Y 为二价阳离子。

尖晶石结构中 X 和 Y 两种金属的空间分布变化使尖晶石矿物一般具有三种结构：正尖晶石结构、反尖晶石结构和混合尖晶石结构。这里提到的正/反尖晶石结构主要是通过矿物相中 X 和 Y 在不同多面体中的配位结构定义的。不论是正尖晶石结构还是反尖晶石结构，氧原子都成立方紧密堆积排列，而 X 和 Y 则分别占据氧原子所构成的四面体或八面体的空隙中。以正尖晶石结构为例，二价阳离子（X^{2+}）占据四配位的四面体空隙，而三价阳离子（Y^{3+}）则占据六配位的八面体空隙，常见的正尖晶石结构包括 $MgAl_2O_4$、$CuAl_2O_4$、$ZnAl_2O_4$ 等。与之对比，在反尖晶石结构中，所有的二价阳离子（X^{2+}）都填入八面体空隙中，一半的三价阳离子（Y^{3+}）填入四面体空隙中，而另一半的三价阳离子（Y^{3+}）则仍然填入八面体空隙中（图 2.2）。因此，反尖晶石的结构通式可以看作是 $Y(XY)O_4$，

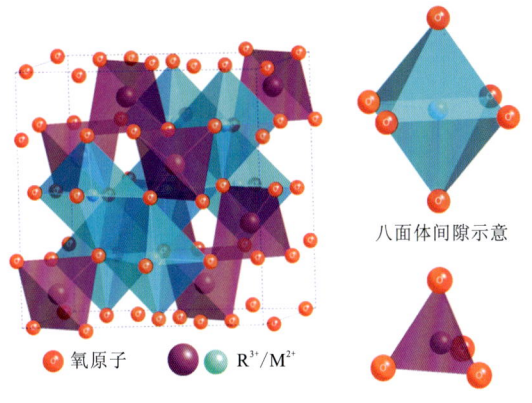

图 2.1 尖晶石结构及重金属结构位示意图

R^{3+}指三价离子如 Cr^{3+}，Fe^{3+}，Al^{3+}；M^{2+}指二价离子如 Zn^{2+}，Ni^{2+}，Cu^{2+}，Mg^{2+}

典型的反尖晶石结构包括磁铁矿[Fe^{2+}(Fe^{3+})$_2$O$_4$]、NiFe$_2$O$_4$ 及 CoFe$_2$O$_4$。除了正反两种极端条件下的阳离子分布，还存在一些混合型的中间状态分布，这一类结构被称为混合尖晶石结构。一般来说，阳离子的分布及正反型的属性对具备尖晶石型结构材料的性能有重大影响（Garcia-Munoz et al.，2020）。

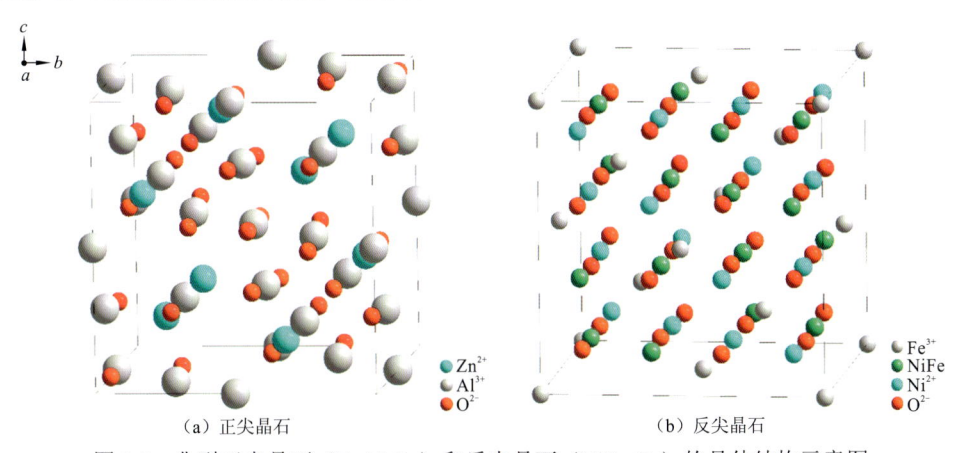

图 2.2 典型正尖晶石（ZnAl$_2$O$_4$）和反尖晶石（NiFe$_2$O$_4$）的晶体结构示意图

2. 长石

长石作为地壳中最常见的矿物之一，是一类架状硅酸盐，可分为正长石系和斜长石系两大类。长石族矿物多呈平行（010）的板状或沿 a 轴延伸的柱状生长。长石的基本结构单位是硅氧四面体，它由 4 个氧原子围绕 1 个硅原子或铝原子构成。这种硅氧四面体形成了长石的架状结构，其中每个硅氧四面体的顶点都是桥氧，将硅氧四面体连接在一起，形成了三维的骨架结构。这种骨架结构赋予了长石特殊的物理和化学性质，使其成为一种重要的岩石和矿物。作为骨架的基本单元，硅氧结构单元的化学式为[SiO$_2$]$_n$，其中 Si∶O 物质的量之比为 1∶2。当硅氧骨架中的 Si 被 Al 取代时，结构单元化学式可写成[AlSiO$_4$]或[AlSi$_3$O$_8$]。此时，长石结构中会产生多余的负电荷。一些电价低、半径大的正离子如 K$^+$、Na$^+$、Ca^{2+}会进入结构中，以维持电荷平衡。由于长石结构中不同正电离子的嵌入，长石化学组成常用 Or$_x$Ab$_y$An$_z$（$x+y+z=100$）表示，其中 Or、Ab 和 An 分别代表 KAlSi$_3$O$_8$

（orthoclase，简写为 Or）、NaAlSi₃O₈（albite，简写为 Ab）和 CaAl₂Si₂O₈（anorthite，简写为 An）三种组分。另外，由于硅氧骨架中的 Si^{4+} 被 Al^{3+} 取代，长石晶体结构中出现有序与无序的转化。其中长石的有序-无序是指在四面体中 Al^{3+} 对 Si^{4+} 的占位是有序还是无序，通常情况下有序-无序的程度直接影响长石晶体结构的对称性，也直接与长石的形成温度有关。高温条件下易形成无序长石，为单斜晶系，而低温条件下偏向于形成有序长石，为三斜晶系。长石的硬度波动于 6～6.5，比重波动于 2～2.5，性脆，有较高的抗压强度，对酸有较强的化学稳定性（Pakhomova et al.，2020）。除此之外，由于长石结构中 Si—O 键的强度很高，键力分布在三维空间比较均匀，因此长石晶体的硬度高、化学稳定性好。

3. 磷灰石

磷灰石广泛分布于自然界各种岩浆岩和变质岩中，是一种常见的副矿物，其通式为 $A_{10}(BO_4)_6X_2$。磷灰石属于六方晶系，其结构呈现六方双锥晶形。常见的晶体形状是六方柱形或六方锥状，但大多数情况下呈现不太规则的结晶颗粒。磷灰石的结构坚固致密，不含结晶水。由于磷灰石特殊的晶体结构特性，磷灰石的结构中能出现极其广泛的类质同形代替，分别出现在 A 的多面体位置、B 的四面体位置和 X 通道位置上。其中 A 是以 Ca^{2+} 为代表的二价金属阳离子，包括 Mg^{2+}、Pb^{2+}、Cd^{2+}、Zn^{2+}、Ba^{2+}、Sr^{2+}、Mn^{2+} 等。此外，一些三价的稀土元素离子如 La^{3+}、Gd^{3+}，以及一些一价的碱金属离子如 Na^+、K^+ 也可进入 A 位。通常情况下，A 位的阳离子存在两种配位结构，A^I 位的阳离子主要和 9 个氧原子发生配位，而 A^{II} 位的阳离子主要和 6 个氧原子及 1 个阴离子发生配位。B 位通常是以 PO_4^{3-} 为代表的络阴离子，如 SiO_4^{4-}、SO_4^{2-}、CO_3^{2-}、VO_4^{3-} 及 AsO_4^{3-} 等，但由于 SiO_4^{4-}、SO_4^{2-}、CO_3^{2-} 与 PO_4^{3-} 电价不同，取代过程中产生的电荷不平衡会导致富 Si、S、C 的磷灰石结构出现较大畸变，影响磷灰石结构的稳定性。X 通道一般则是被卤素（如 F^-、Cl^-、Br^- 和 I^-）、氢氧根及氧空位占据（图 2.3），当前主要是通过 X 位的占据元素对磷灰石进行分类，主要包括氟-磷灰石、氯-磷灰石、羟基-磷灰石矿物（Ogawa et al.，2018）。

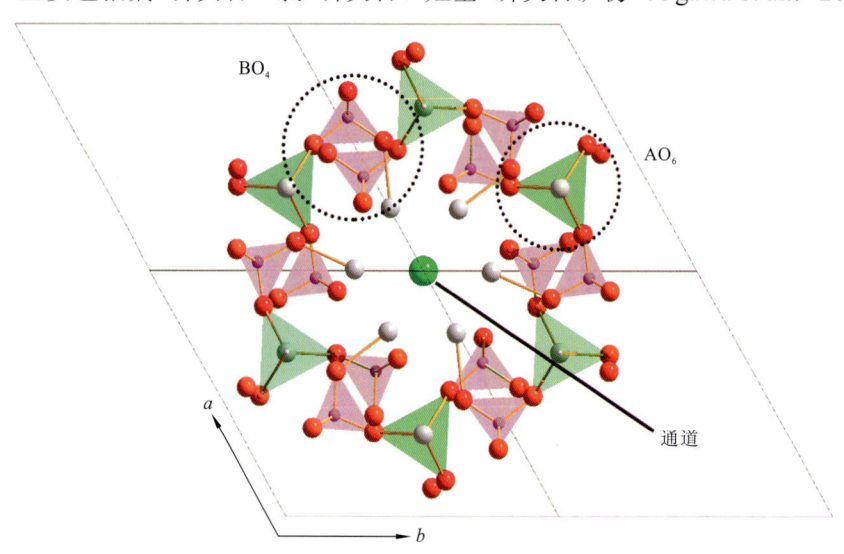

图 2.3 典型磷灰石（$A_{10}(BO_4)_6X_2$）的晶体结构图

A 位金属原子为白色小球，B 位非金属原子为粉色小球，X 位卤素原子为绿色小球，氧原子为红色小球，绿色多面体为 A 位元素与 O 形成的 AO_6 八面体，紫红色多面体为 B 位元素与 O 形成的 BO_4 四面体

2.1.2 重金属晶体结构化固定理论

场地土壤重金属的高温结构化固定是将污染重金属以晶体结构成分的形式固定于稳定矿物中，浸出风险低，可有效实现重金属脱毒处置，并实现污染土壤的资源化利用。

尖晶石、长石、磷灰石结构中分子键结合紧密、键能高，化合物结构较稳定，有的可用作高温耐火材料，有的可用作电子陶瓷材料，尤其是尖晶石，有些透明且颜色鲜艳的尖晶石甚至可作为宝石。正是由于上述矿物相晶体结构中重金属离子的结构特性，使其具有了非常稳定的性质。即使在长期低 pH 溶液浸泡条件下仍然能保持稳定的结构，重金属在长期环境暴露过程中浸出的风险极低。近年来，国内外环境材料领域研究者开始尝试以尖晶石、长石、磷灰石结构为基础，以氧化铝、氧化铁、硅酸盐和磷酸盐为基质，采用高温流程处置重金属污染土壤，使污染土壤中主要的赋重金属矿物成分转化为尖晶石或长石，游离态的毒害重金属以尖晶石或长石结构成分的形式固定（Tang et al., 2011a; Shih et al., 2006a, b）。目前，文献报道最多的是香港大学土木工程系 Kaimin Shih 研究小组和台北医科大学 Hu Ching-Yao 研究小组。当 Al_2O_3 或 Fe_2O_3 与二价重金属充分混合，并赋予一定的压力把混合物压实以促进 Al_2O_3 或 Fe_2O_3 与二价重金属充分接触，在一定温度（700 ℃以上）烧结下，压实体中通过晶相转化反应形成具有尖晶石结构 MAl_2O_4 或 MFe_2O_4（M 代表二价重金属离子）的产物，以此实现重金属结构化固定（Tang et al., 2011b），其反应原理如下：

$$MO+Al_2O_3 \longrightarrow MAl_2O_4 \tag{2.1}$$

$$MO+Fe_2O_3 \longrightarrow MFe_2O_4 \tag{2.2}$$

除了单相氧化物，自然界中的黏土也具有较高含量的 Al、Fe、Si 成分，因此，也可用作高温结构化固定重金属的原料。Lu 等（2013）的研究发现，铅泥与高岭土在热处理条件下可发生晶相转化反应，将铅离子嵌入铅长石结构中。一些其他二价重金属污染物也可通过相关晶相转化反应形成赋重金属的长石矿物相，其反应原理如下：

$$3Al_2Si_2O_5(OH)_4（高岭土）\longrightarrow 3Al_2Si_2O_7（偏高岭土）+6H_2O \tag{2.3}$$

$$3Al_2Si_2O_7 \longrightarrow 3Al_2O_3 \cdot 2SiO_2（莫来石）+ 4SiO_2 \tag{2.4}$$

$$Al_2Si_2O_7 + MO \longrightarrow MAl_2Si_2O_8 \tag{2.5}$$

$$3Al_2O_3 \cdot 2SiO_2+2SiO_2+3MO \longrightarrow 3MAl_2Si_2O_8 \tag{2.6}$$

结构化固定后的尖晶石或长石材料按照美国环境保护署 Method 1311 TCLP 标准流程进行重金属浸出实验，研究结果表明尖晶石或长石结构中重金属的浸出浓度是对应氧化物（MO）中重金属的浸出浓度的 1/1 000～1/100，有些甚至低于电感耦合等离子体原子发射光谱（Inductively coupled plasma atomic emission spectroscopy, ICP-AES）仪器的检出限，可完全实现对重金属的结构化固定，有效提高重金属的稳定化效率，并排除了二次污染的可能。

2.2 优选特定矿物的晶体结构化固定理论

近几十年来将重金属固化于某些特定的矿物相中的研究已经被相继报道，其中尖晶石、长石、磷灰石等结构被广泛研究并应用于土壤重金属污染控制和水污染控制中。本节将简要介绍几种典型矿物相晶体结构在土壤污染控制中的重金属固化处置机制与应用。

2.2.1 尖晶石矿物相

尖晶石作为一种常见的矿物相，因其独特的性质被广泛应用于各行各业中。在已报道的研究中，尖晶石结构材料在介电、发光、超导、磁性等功能材料中都发挥了重要用途，并显示出巨大的应用潜力。通常所说的尖晶石是一类矿物的总称，其中一些重要的尖晶石包括镁铝尖晶石（$MgAl_2O_4$）、锌尖晶石（$ZnAl_2O_4$）、铬铁矿[(Fe·Mg)Cr_2O_4]、磁铁矿（Fe_3O_4）、铁尖晶石（$FeAl_2O_4$）、钛尖晶石（$TiFe_2O_4$）、锰尖晶石（$MnFe_2O_4$）及铁镍矿（$NiFe_2O_4$）。这类尖晶石都具有XY_2Z_4的通式，其中 X 和 Y 可以是二价、三价或者四价的阳离子，如镁、锌、铁、锰、铝、铬、钛和硅，Z 通常表示氧元素，但也包括一些其他的氧族元素如硫和硒。不同的元素组合得到的尖晶石矿物相可应用于不同的领域。例如，镁铝尖晶石（$MgAl_2O_4$）可作为发光材料，锰酸锂（$Li Mn_2O_4$）可作为锂电池的正极材料，铜铁尖晶石（$CuFe_2O_4$）可用作磁性材料，也可作为无机催化剂应用于水中有机污染物的降解。

得益于尖晶石结构的稳定性，这类矿物结构被广泛研究并应用于重金属稳定化的工作中。Tang 等（2011a）发现在高温热处理条件下，以 α-Al_2O_3 和 γ-Al_2O_3 作为前驱体处理模拟含 Cu 污泥时，均能有效将污泥中的主要成分 CuO 转化为具有正尖晶石结构的 $CuAl_2O_4$。其中 Cu 在该结构中主要以 CuO_4 的配位形式占据四面体的空隙中。通过对比 α-Al_2O_3 和 γ-Al_2O_3 对 Cu 的固化效率发现 γ-Al_2O_3 能在相对低温的条件下与 CuO 反应生成 $CuAl_2O_4$ 尖晶石，这主要是因为以 γ-Al_2O_3 为反应物生成 $CuAl_2O_4$ 的吉布斯生成自由能（ΔG）较 α-Al_2O_3 更低。而当反应温度超过 1 000 ℃，即 γ-Al_2O_3 向 α-Al_2O_3 的转化温度时，两个体系的反应效率基本没有太大区别，其反应本质还是 CuO 和 α-Al_2O_3 的结合反应。热处理温度一旦超过 1 100 ℃，$CuAl_2O_4$ 则会发生分解反应转化成 $CuAlO_2$。此外，Xia 等（2021）在利用赤铁矿（α-Fe_2O_3）处理含 Ni 电镀污泥的过程中发现，Ni 能被固定到具有反尖晶石结构的 $NiFe_2O_4$ 中，经过热处理之后的电镀污泥在长期的浸出毒性测试中表现出极强的稳定性。除了将重金属固定在尖晶石（XY_2O_4）结构的 X 位上，Y 位同样也能提供重金属的赋存位置。Liao 等（2016）发现利用 $MgCr_2O_4$ 尖晶石结构能够有效将铬矿残渣中的 Cr 进行固定。得益于尖晶石结构的稳定性，即使在高温条件下位于尖晶石结构中的 Cr(III)并不会发生氧化反应转化为 Cr(VI)。由于 Cr(VI)的移动性比 Cr(III)更强，因此将 Cr 固定到尖晶石结构中可以有效降低 Cr 的移动性和毒性，为铬渣的无害化处置提供有效的策略与方法。

另外，Shih 等（2006b）的研究发现，利用一些富含 Al_2O_3 的前驱体，包括 γ-Al_2O_3、刚玉、高岭土及莫来石，通过高温热处理都能有效将 NiO 固定到 NiAl$_2$O$_4$ 中。NiAl$_2$O$_4$ 的晶体结构性质比较特殊，它能从正尖晶石结构（(Ni^{2+})[Al^{3+}]$_2$O$_4$）向反尖晶石结构（(Al^{3+})[Ni^{2+}Al^{3+}]O$_4$）转变，并且转变过程可逆。在正尖晶石结构中，Ni^{2+}主要占据四面体（8a）的位置，而在向反尖晶石的转化过程中，Ni^{2+}逐渐开始占据八面体（16a）的位置。另外，研究发现以高岭土和莫来石/方石英作为前驱体对 Ni 的固化效果优于以氧化铝为前驱体的体系，主要原因是高岭土和莫来石中的 SiO$_2$ 可作为助溶剂促进固态反应中的传质速率，进而加速 NiO 向 NiAl$_2$O$_4$ 的转化过程（图 2.4）。

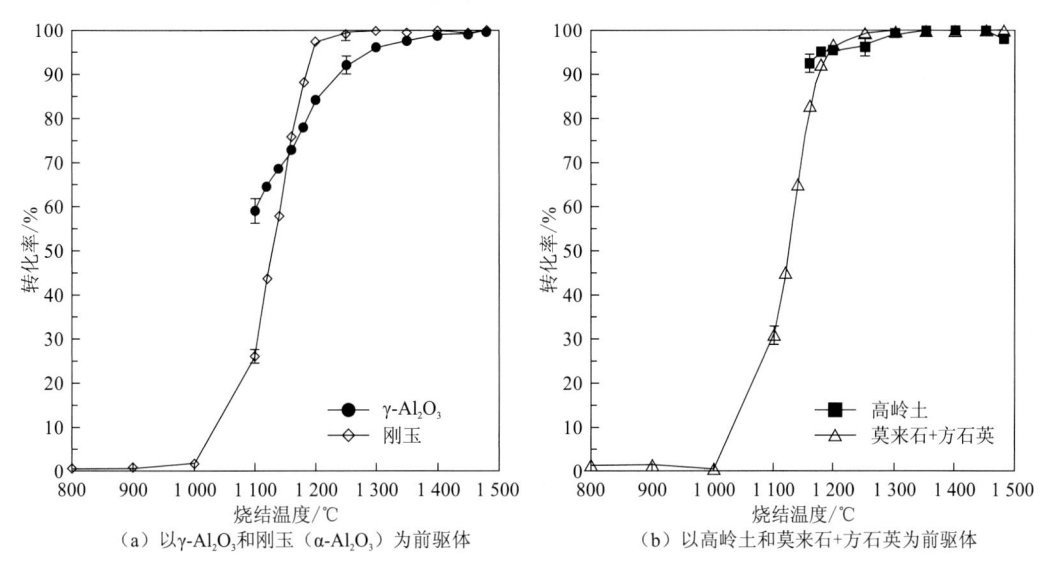

（a）以γ-Al$_2$O$_3$和刚玉（α-Al$_2$O$_3$）为前驱体　　　（b）以高岭土和莫来石+方石英为前驱体

图 2.4　不同前驱体固化 Ni 的转化效率

引自 Shih 等（2006b）

2.2.2　铝基和铁基相关矿物相

前文提到氧化铝和氧化铁都可作为固化重金属的前驱体生成不同的尖晶石结构，而通过调控这类前驱体和含重金属的固体废物或土壤的化学计量比发现，一些其他铝基和铁基的矿物相对重金属的固定化同样有着显著的效果。Su 等（2015）发现即使在 Cd/Al（以物质的量之比）固定为 1/2 的条件下进行热处理，也无法得到镉铝尖晶石（CdAl$_2$O$_4$）结构。通过 X 射线衍射（X-ray diffraction, XRD）对产物的晶体结构进行分析发现，产物中的主要组成成分是具备单斜结构的 CdAl$_4$O$_7$，并且该矿物相能有效固化 Cd。另外，Chen 等（2018）也报道了利用铜掺杂的绿坡缕石（Cu/ATP）在微波辐射下可以将 Cd 固定在 CdAl$_4$O$_7$ 的结构中，并且经过 360 天的稳定性测试发现 Cd 的溶出量稳定在一个较低的浓度范围，说明该矿物相能有效固化 Cd。镉的稳定化机理可进一步通过基于第一性原理的理论计算进行解释。由于 Cd 与 Cu/ATP 之间具有更强的轨道杂化能力，Cd 在目标矿物上的吸附能及态密度也表现不同。其中 Cd 在 Cu/ATP 上的吸附能比在 ATP 上更高，并且 Cd 的轨道与 Cu/ATP 轨道的多面积重叠也说明了反应过程有更多的电子转移，进一步促进 Cd 向 CdAl$_4$O$_7$ 的转化。铝基矿物相的固化同样适用于 Pb 的稳定化处理，Lu

和 Shih（2012）的研究发现，通过调控热处理参数可使铅被有效固定到铅铝氧体中，其中 $Pb_9Al_8O_{21}$、$PbAl_2O_4$ 及 $PbAl_{12}O_{19}$ 作为主要的含铅矿物相存在。通过毒性浸出实验对比发现，$PbAl_{12}O_{19}$ 相较其他两相表现出更强的化学稳定性。

类似的结构体系同样适用于铁基矿物相，在利用赤铁矿（α-Fe_2O_3）稳定化 Pb 的过程中，铅主要以 $Pb_2Fe_2O_5$、$PbFe_4O_7$、$PbFe_{12}O_{19}$ 三种矿物相结构形式存在，并且三种结晶相之间的转化过程[式（2.7）～式（2.12）]主要与热处理参数及前驱体参与反应的含量密切相关。

$$2PbO+Fe_2O_3 \longrightarrow Pb_2Fe_2O_5 \qquad (2.7)$$

$$Pb_2Fe_2O_5+3Fe_2O_3 \longrightarrow 2PbFe_4O_7 \qquad (2.8)$$

$$PbO+2Fe_2O_3 \longrightarrow PbFe_4O_7 \qquad (2.9)$$

$$Pb_2Fe_2O_5+11Fe_2O_3 \longrightarrow 2PbFe_{12}O_{19} \qquad (2.10)$$

$$3PbFe_4O_7 \longrightarrow PbFe_{12}O_{19}+2PbO \qquad (2.11)$$

$$PbO+6Fe_2O_3 \longrightarrow PbFe_{12}O_{19} \qquad (2.12)$$

在上述铅铁氧体中，$Pb_2Fe_2O_5$ 结构中的 Pb 主要以四配位的形式位于由铁氧体构成的四面体和八面体之间，该结构中的原子排列也说明了 $Fe_{1-x}Pb_x$ 和 $Fe_{1-y}Pb_y$ 层之间的缺陷可导致铅离子在酸性条件下的释放，并且这一现象与实验浸出结果一致（Lu et al.，2017）。另外，$PbFe_4O_7$ 和 $PbFe_{12}O_{19}$ 有着类似的晶体结构，其空间群也都属于 $P6_3/mmc$。Fe 原子主要是占据四面体和八面体的中心，在 $PbFe_4O_7$ 结构中，缺陷的 PbO 层被 Fe_2O_3 层围绕。虽然 $PbFe_4O_7$ 与 $PbFe_{12}O_{19}$ 有类似的结构，但是在 $PbFe_4O_7$ 的 PbO 层中存在更多的空位，这些空位导致在酸浸出条件下更多的铅离子从 $PbFe_4O_7$ 的结构中释放出来。相比之下，$PbFe_{12}O_{19}$ 结构更致密，能有效抑制 Pb 的浸出。基于 $PbFe_{12}O_{19}$ 矿物相结构的稳定性，Zhou 等（2018）通过调控前驱体组成实现了对阴极射线管中铅玻璃的稳定化处置。玻璃中的铅主要以非晶形式存在，属长程无序状态，常规的化学处理方法难以实现铅玻璃的高效提取及玻璃残渣的稳定化处置。研究发现通过碳酸钙和氧化铁的协同作用在热处理条件下可将玻璃中的非晶态铅转化为 PbO，经过晶相转化形成的 PbO 与 Fe_2O_3 前驱体在烧结条件下进一步嵌入在稳定的 $PbFe_{12}O_{19}$ 结构中，实现了铅的有效固定。

2.2.3 硅基和磷基相关矿物相

目前，用作固化重金属的前驱体除了一些常见金属氧化物，还有一些含非金属的矿物盐同样可以用于重金属的固化/稳定化处理。典型的非金属矿物盐主要包括硅酸盐和磷酸盐形成的硅基和磷基矿物相。由于自然界中有相当多的矿物相都富含硅酸盐和磷酸盐，这类矿物相在重金属固化应用中也被广泛研究。

以 Cd 为例，利用不同的二氧化硅前驱体（非晶硅粉和石英）都能将氧化镉固定到含镉的硅酸盐矿物相中，这类矿物相主要包括 $CdSiO_3$、Cd_2SiO_4 及 Cd_3SiO_5，分别具备单斜、正交及四方的晶体结构（图2.5）。这三种含镉的硅酸盐矿物相在高温条件下会发生晶相转化[式（2.13）～式（2.17）]，其中 Cd_3SiO_5 在高温条件下的热稳定性最强。三类含镉硅酸盐矿物在毒性浸出测试中都表现出较低的 Cd 离子浸出特性，说明利用硅基矿物相能有效降低重金属的溶解性和移动性，进而减少带来的重金属污染问题。对比三类含镉硅酸盐矿物相的毒性浸出结果发现，具有单斜结构的 $CdSiO_3$ 在浸出测试中表现出最强的稳定性（Su et al.，2018b）。

$$CdO+SiO_2 \longrightarrow CdSiO_3 \tag{2.13}$$

$$2CdO+SiO_2 \longrightarrow Cd_2SiO_4 \tag{2.14}$$

$$3CdO+SiO_2 \longrightarrow Cd_3SiO_5 \tag{2.15}$$

$$Cd_2SiO_4+SiO_2 \longrightarrow 2CdSiO_3 \tag{2.16}$$

$$Cd_2SiO_4+CdO \longrightarrow Cd_3SiO_5 \tag{2.17}$$

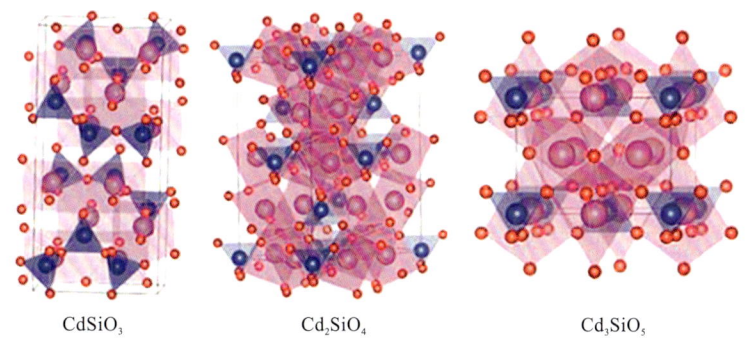

图 2.5　$CdSiO_3$、Cd_2SiO_4 和 Cd_3SiO_5 的晶体结构图

粉色的球代表镉原子，蓝色的球代表硅原子，红色的球代表氧原子；引自 Su 等（2018b）

近几十年来，以磷酸盐诱导的重金属固化被广泛研究。在磷酸盐修复重金属污染土壤的一些调查研究中发现，磷灰石在重金属固定化过程中扮演着重要角色。磷灰石是一类矿物的总称，通式为 $A_{10}(BO_4)_6X_2$，是地球上含量最丰富的磷酸盐矿物。由于磷灰石晶体结构的特殊性，一些二价的重金属离子（如 Pb^{2+} 和 Cd^{2+}）能够进入磷灰石的 A 位，并且通过形成化学键有效减缓重金属离子的浸出，当前磷灰石在重金属固化中最广泛的应用是对环境中 Pb^{2+} 的固化/稳定化（Ogawa et al.，2020）。铅羟基磷灰石[$Pb_{10}(PO_4)_6(OH)_2$]等矿物是磷酸盐稳定土壤、底泥及垃圾焚烧飞灰体系后形成的主要含铅磷酸盐矿物相，这类矿物相通常可在固液界面形成，也可通过烧结等热处理的方法得到。由于磷酸盐的溶解度一般较低，以磷氯铅矿（$Pb_{10}(PO_4)_6Cl_2$）为例，其溶度积常数（K_{sp}）在 $10^{-84.4} \sim 10^{-71.6}$ 范围内，比其他常见含铅矿物（$PbCO_3$、$PbSO_4$、PbS 和 PbO）的溶解度低至少 44 个数量级，表现出极强的化学稳定性（Li et al.，2022）。因此，基于磷酸盐的矿物相调控技术在重金属固化过程中能有效并持续降低稳定后重金属的溶解性和移动性。

除了常见的二价重金属阳离子能被固定到磷灰石结构中，一些高价阳离子（如三价铬和六价铀）也能被磷灰石结构固定，但是高价阳离子在原本晶体赋存位置的取代会导致电荷失衡及键长发生变化，进一步影响晶体结构的稳定性。Lima 等（2015）发现在 Cr(III)与羟基磷灰石（hydroxyapatite，HAP）的交互作用过程中，Cr(III)可通过与 6 个氧原子发生配位被嵌入 HAP 结构中。通过表征实验与理论计算，Cr(III)以结构化固定在 HAP 中的阈值为 12%（以物质的量计），超过此阈值则会导致 Cr(III)被氧化成 Cr(IV)，磷灰石矿物相的结构发生坍塌或扭曲。在结构化嵌入过程中，Cr(III)主要与 HAP 中 2 个

Ca 的赋存位置发生取代，但 Cr(III) 和 Ca(II) 的价态变化通常会导致电荷的失衡，需要进行电荷补偿以维持平衡，而这一电荷补偿机制会引起明显的局部结构畸变或扭曲。除此之外，磷灰石结构也能固定具有放射性的铀。Rakovan 等（2002）发现铀能被有效固化在氟磷灰石 $[Ca_{10}(PO_4)_6F_2]$ 结构中，并且在该结构中铀主要占据 $Ca_{10}(PO_4)_6F_2$ 中的 Ca^I 位。通过同步辐射 X 射线吸收近边结构（X-ray absorption near edge structure，XANES）测试发现，进入氟磷灰石 $[Ca_{9.9}U_{0.1}(PO_4)_6F_{1.8}]$ 的铀主要以六价 [U(VI)] 形式存在。但由于结构中取代反应 [U(VI) 替代 Ca] 的发生及价态的差异，掺杂了 U(VI) 的氟磷灰石晶体结构发生扭曲，导致占据 Ca^I 的 U(VI) 配位趋近于八面体结构，与 6 个氧原子键连。另外，同步辐射 X 射线吸收精细结构（X-ray absorption fine structure，XAFS）光谱分析揭示了 U(VI) 在结构化嵌入氟磷灰石过程中取代元素与氧之间形成键（Ca—O）的键长变化。相较于原始氟磷灰石中 Ca—O1（2.40 Å）和 Ca—O2（2.46 Å）的键长，U(VI) 进入氟磷灰石结构后的 U—O 键长只有 2.06 Å，这也导致了 O1 和 O2 之间的距离更近，这一结果进一步证实了 U(VI) 嵌入氟磷灰石结构后发生了结构扭曲。一些其他新型磷酸盐结构也被证明可用于重金属的有效结构化固定。Zhou 等（2020）发现在磷酸盐和氧化锆的协同作用下，铅原子能被有效固定于一个新的稳定矿物相 $[PbZr(PO_4)_2]$ 中。结合同步辐射 X 射线吸收光谱与电子衍射技术，证实了 $PbZr(PO_4)_2$ 具备六方晶体结构。将铅原子固化到这个结构中能有效抑制铅基压电陶瓷中 Pb 的浸出，同时也能抑制磷作为二次污染物的释放。进一步分析 Pb 和 Zr 的原子局域结构，发现 Zr—O—P 和 Pb—O—P 的成键模式是结构稳定性的原因之一，而这主要是因为这些键更难被水解。另外，在 $PbZr(PO_4)_2$ 结构中 Zr 位置掺杂 Ti 形成 $PbZr_xTi_{1-x}(PO_4)_2$ 固溶体后，Pb 的浸出明显下降，这主要是因为 Ti 的取代导致晶格的收缩及晶格生成能的减少，进而提高了铅离子溶解所需要的能量[式（2.18）]。

$$\Delta G_{Dissolution} = \sum \Delta G_{Hydration} - \Delta G_{Lattice} \qquad (2.18)$$

由于自然界中的很多矿物都富含铝元素和硅元素，这类矿物相在重金属的固定中发挥着重要的作用。作为地壳中最重要的造岩成分，长石是长石族矿物的总称，属于含碱金属或碱土金属（如钠、钾、镁、钙）等元素的铝硅酸盐矿物。长石主要是由硅氧四面体和铝氧四面体构成，并且每一个四面体都和另一个四面体共用一个氧原子，形成了一种三维骨架，而碱金属和碱土金属离子则位于骨架内的孔隙中。一些二价的重金属如 Cd 和 Pb 能进入长石的结构框架中发生取代，形成具有长石结构的赋重金属矿物相，如 $CdAl_2Si_2O_8$、$PbAl_2Si_2O_8$，并且上述重金属长石相都被证实能有效固化 Cd 和 Pb。Lu 等（2013）发现，利用水厂污泥通过适当的热处理工艺可以有效固定铅离子，并且产物中铅离子的有效固定是因为铅长石（$PbAl_2Si_2O_8$）矿物相的形成。水厂污泥富含铝硅元素，因此能够作为固化含铅污泥的前驱体，通过形成铅长石，铅原子被固定在由硅氧四面体和铝氧四面体构成的三维骨架中（图 2.6），实现了铅的有效固定。Su 等（2018b）利用自然界常见的一些矿物（包括高岭土、莫来石和方石英）和城市污泥时发现，这类富含铝硅元素的前驱体能将污泥中的镉嵌入镉长石（$CdAl_2Si_2O_8$）的结构中，有效固定镉污染物。综上所述，长石结构可作为一个有前景的重金属矿物晶体结构应用于重金属的高效固化处置。

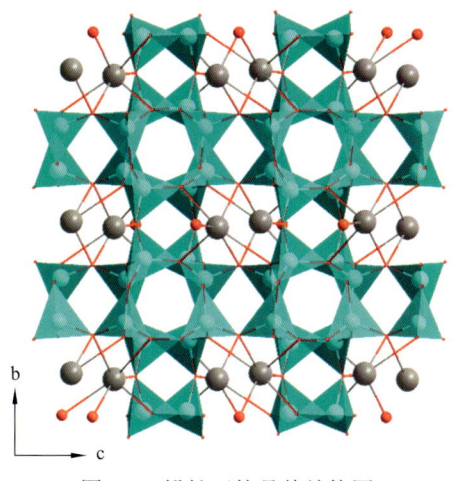

图 2.6　铅长石的晶体结构图

铅原子为灰色小球，铝硅原子为蓝色小球，氧原子为红色小球，蓝色四面体为铝/硅氧形成的四面体

2.3　重金属矿物晶体结构化固定过程

重金属在固定过程中的迁移转化，以及重金属在特定矿物晶体结构中的嵌入行为是影响环境中重金属长期稳定化效能的关键。当前越来越多的学者对重金属矿物晶体结构化固定过程进行了研究，较为系统地揭示了前驱体结构的分异与过程操作参数的变化对重金属固定过程中的转化和嵌入机制产生的重要影响。

2.3.1　固定过程中矿物相结构的演变

以尖晶石结构为例，一些典型的二价重金属氧化物（MO，M 包括 Cu、Ni、Zn）通过与氧化铝（α-Al_2O_3 和 γ-Al_2O_3）/氧化铁（α-Fe_2O_3）的烧结反应可直接生成 MAl_2O_4 或 MFe_2O_4 的尖晶石产物，反应过程中不涉及其他前驱体和中间产物的形成。在高温烧结条件下重金属氧化物都能被嵌入稳定的尖晶石结构中，其中尖晶石的正反结构特性对重金属在矿物相中的分布特征和物化性质有着重要影响。MAl_2O_4 通常表现为正尖晶石结构，重金属离子主要分布在由四配位的 MO_4 构成的四面体孔隙中，而在 MFe_2O_4 反尖晶石结构中，所有的二价重金属阳离子则都填入由六配位的 FeO_6 构成的八面体孔隙中，两种尖晶石结构表现出不同的原子分布和配位特征。

除此之外，反尖晶石结构被证实可用于同步结构化固定两种不同重金属。研究发现不同化学计量比的氧化镍和氧化镉在高温热处理条件下能被赤铁矿捕获，并同时发生晶格转化反应生成 $Cd_xNi_{(1-x)}Fe_2O_4$ 尖晶石固溶体。通过 X 射线衍射技术分析发现，伴随 $Cd_xNi_{(1-x)}Fe_2O_4$ 尖晶石结构中 Cd 含量的增加，衍射峰逐渐向左偏移。结合里特沃尔德（Rietveld）晶体结构精修分析计算，证实了 $Cd_xNi_{(1-x)}Fe_2O_4$ 尖晶石结构中 Cd 含量的增加会导致尖晶石固溶体晶格的膨胀（图 2.7）。通过同步辐射 X 射线吸收精细结构光谱技术，进一步揭示了尖晶石中不同重金属的主要占位情况。其中 Cd 在固定过程中主要占据四面体位（8a），Ni 则主要占据八面体位（16d）。因此，重金属通过形成尖晶石矿物的晶体结构化固定过程也说明了不同重金属在与不同陶瓷材料发生结构化固定反应的差异，以及矿物相晶体结构在结构化固定中所起的关键作用。相比于 Cu、Ni、Zn 等二价金属与氧化铁/氧化铝的反应过程，Cd、Pb 与上述氧化物的结构化固定过程表现出不同的嵌入反应机制。Su 等（2018a）发现通过调控氧化铁/氧化铝前驱体与氧化镉的摩尔系数比、改变烧结温度与停留时间等操作参数都无法得到含镉的尖晶石结构，而是生成一种具备单斜结构的 $CdAl_4O_7$ 矿物相，且该反应能在 15 min 内迅速发生。除此之外，一些含铅固态污染物与氧化铁/氧化铝前驱体的反应机制与镉污染物表现类似，即难以在高温烧结条件下获得具有尖晶石结构的含铅矿物相。然而，铅体系与镉体系的主要区别在于铅的结构化固定反应过程中形成了多种中间产物。

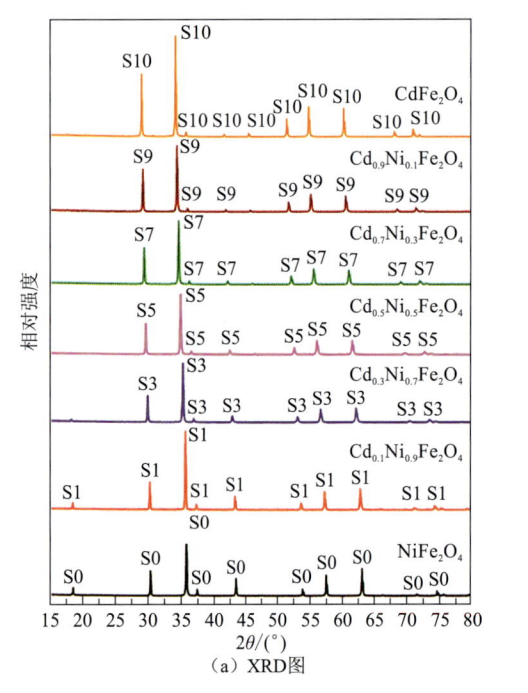

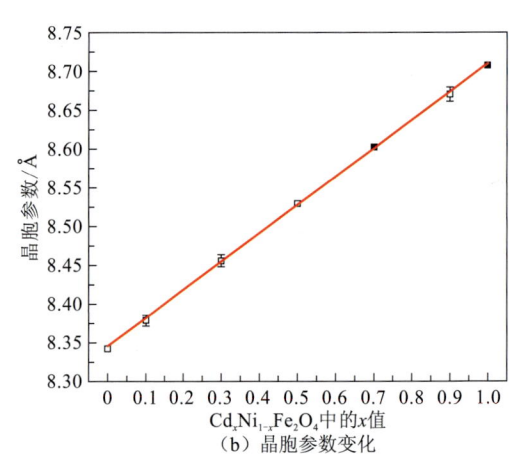

图 2.7　单相 Cd-Ni-Fe 尖晶石固溶体（$Cd_xNi_{1-x}Fe_2O_4$）的 XRD 谱图
及其尖晶石系列结构中的晶胞参数变化

引自 Su 等（2018a）

前驱体结构的分异性不仅影响结构化固定反应的可行性，而且对固定反应速率也起关键作用。Zhou 等（2019）的研究发现，铁氧化物与石英的协同作用能实现模拟污泥中铅的低温稳定化，与赤铁矿（$\alpha\text{-}Fe_2O_3$）相比，磁铁矿（Fe_3O_4）能在更低温条件下触发晶相转化反应形成稳定的 $Pb_2Fe_2Si_2O_9$ 矿物相。由于该嵌入反应的实质是 PbO、Fe_2O_3 和 SiO_2 的结合反应，当热处理温度超过 302 ℃之后磁铁矿会被氧化形成磁赤铁矿（$\gamma\text{-}Fe_2O_3$），其吉布斯生成自由能（$\Delta G_f=-921.18$ kJ/mol）比赤铁矿（$\Delta G_f=-931.57$ kJ/mol）更高，因此磁铁矿可在低温下协同石英触发铅的结构化嵌入反应有效固化铅。为解析铅的结构化固定过程，识别铅在不同条件下的赋存形态与关键含铅赋存相的结构信息是关键。PbO 在 400 ℃开始发生氧化形成 Pb$_3$O$_4$，随着热处理温度的升高，铅氧化物逐渐开始与 SiO$_2$ 发生反应，其中部分 Pb 被嵌入 Pb$_2$SiO$_4$ 三维骨架中，另一部分 Pb 则进入无序的非晶结构中。当热处理温度升至 500 ℃时，氧化铁开始参与反应，形成 Pb$_2$Fe$_2$O$_9$ 矿物相，但仍有 30%～40%的 Pb 保留在非晶相中。尽管温度的升高能有效促进 Pb 的结构化嵌入，但是当热处理温度超过 900 ℃之后 Pb$_2$Fe$_2$O$_9$ 会开始分解形成赤铁矿和非晶相，其中所有铅重新嵌入非晶相结构中。铅在整个固定过程中的赋存相分配揭示了铅随温度提升逐渐非晶化的过程。这也证明了热处理温度对重金属的嵌入行为与迁移转化机制有重要影响。除此之外，重金属的固定过程同样受前驱体组成影响。通过对比不同种类的二氧化硅与 γ-Al$_2$O$_3$ 协同固定铅污染物的嵌入行为与相分配关系发现，非晶态二氧化硅和高结晶态石英对金属铅的固定过程也存在不同。在非晶态 SiO$_2$ 体系中，氧化铅在 500 ℃条件下主要与空气中的二氧化碳及一些结合水生成碱式碳酸铅[Pb$_3$(CO$_3$)$_2$(OH)$_2$]，当温度升高至 600～650 ℃时，氧化铅优先与非晶态 SiO$_2$ 反应转化生成铅的硅酸盐矿物相（Pb$_2$SiO$_4$ 和 PbSiO$_3$）。然而，当温度继续升高至 700～750 ℃时，体系中的铅完全非晶化。直至温度进一步提升至 800 ℃时，非晶态的铅开始与 γ-Al$_2$O$_3$ 发生反应，向铅长石（PbAl$_2$Si$_2$O$_8$）矿物相转化，并且热处理温度的升高可提高铅长石的结晶度。相较之下，石英体系中铅的固定过程与非晶态 γ-Al$_2$O$_3$ 的区别在于含铅硅酸盐矿物相的生成转化过程。在中低温（600～700 ℃）条件下，铅无须先形成含铅硅酸盐矿物相，而是直接非晶化，且该体系下铅转化形成铅长石的温度较非晶态 SiO$_2$ 有所下降。

一些富铝矿物在晶体结构化固定重金属污染物的过程中也涉及一些晶格缺陷理论。以高岭土为例，高岭土是一种常见的含铝硅酸盐矿物，可被用作重金属的稳定剂，研究发现在高岭土和模拟含镍污泥的高温热固化过程中，高岭土首先在 550 ℃条件下失去表面水和结构水转化成非晶结构的偏高岭土；当温度超过 980 ℃时，偏高岭土开始向结晶度较差的缺陷尖晶石结构转化；当温度升至 1000 ℃时，高岭土中的莫来石成分逐渐形成过量的无定形态氧化硅，并随着温度的进一步升高实现无定形态氧化硅向石英的转变，相关反应过程如下：

$$\text{NiO} + \text{Al}_8[\text{Al}_{13.33}\square_{2.66}]\text{O}_{32} \text{ 或 } \text{Si}_8[\text{Al}_{10.67}\square_{5.33}]\text{O}_{32} \text{（缺陷型尖晶石）}$$

$$\xrightarrow{980\sim1000\ ℃} \text{NiAl}_2\text{O}_4 \text{ 或 } \text{NiAl}_2\text{O}_4 + \text{SiO}_2 \text{（未平衡）} \quad (2.19)$$

$$3\text{NiO} + 3\text{Al}_2\text{O}_3 \cdot 2\text{SiO}_2 \text{（莫来石）} \xrightarrow{>1000\ ℃} 3\text{NiAl}_2\text{O}_4 + 2\text{SiO}_2 \quad (2.20)$$

2.3.2 固定过程中矿物相微观形貌的变化

除了矿物相的转变机制，重金属在微观层面的变化同样可支撑、明确其在结构化固定过程中的迁移转化规律。在热处理条件下，物质以表面能的减少为驱动力，并通过不同的扩散途径向晶粒点接触的颈部和气孔部分进行填充。细小颗粒之间逐步开始形成晶界，并伴随反应过程不断扩大晶界，使得坯体致密化。Shih 等（2006b）通过扫描电子显微镜（scanning electron microscope，SEM）观测氧化镍（NiO）与 γ-Al$_2$O$_3$ 及刚玉（α-Al$_2$O$_3$）在高温热固化过程中产物的微观形貌变化，发现在 γ-Al$_2$O$_3$ 体系中能观察到明显的晶界，这主要是由晶格扩散与晶粒生长导致的（图 2.8）。NiAl$_2$O$_4$ 的形成主要是从 NiO 和 γ-Al$_2$O$_3$

两个母相的界面开始进行的,并通过晶格的扩散进一步形成 NiAl$_2$O$_4$ 尖晶石。而在相同热处理条件下,以刚玉为前驱体的重金属结构化固定得到的样品则表现出较多的孔洞,这种情况则是以表面扩散作为主要的传质机制。因此,表面扩散增强会导致其反应速度的增加及晶粒的细化,这一结果也与高温热处理条件下刚玉作为前驱体的样品中镍向尖晶石结构转化效率更高的结果一致。

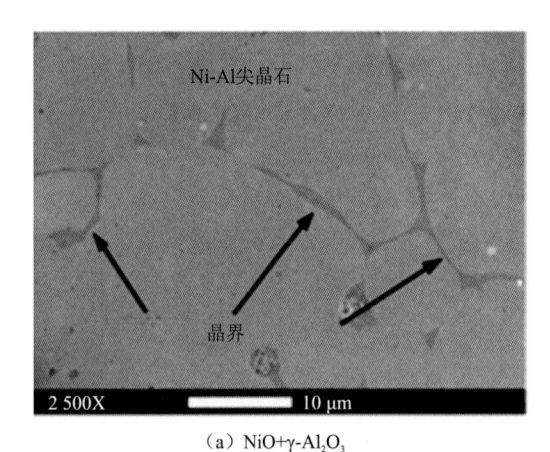

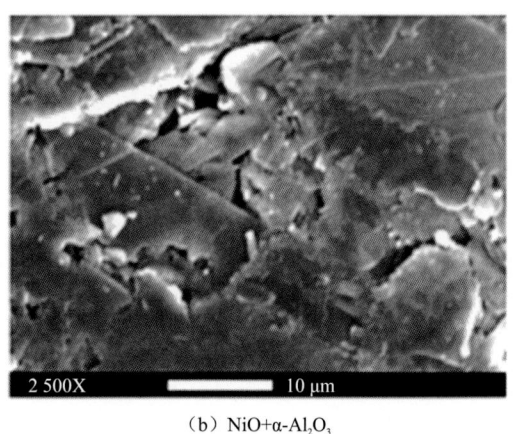

图 2.8 NiO+γ-Al$_2$O$_3$ 和 NiO+α-Al$_2$O$_3$ 在 1 480 ℃下 3 h 热处理样品抛光后的二次电子散射图

引自 Shih 等(2006b)

Tang 等(2016)也报道了氧化锌(ZnO)与不同构型的 Al$_2$O$_3$ 在热固化反应后的形貌变化。ZnO 与不同构型 Al$_2$O$_3$ 的交互作用导致烧结过程中样品出现不同程度的收缩与膨胀。在 γ-Al$_2$O$_3$ 体系中,烧结结束后样品收缩明显;在刚玉(α-Al$_2$O$_3$)体系中,烧结后的样品开始膨胀,且膨胀率最大出现在 950~1 150 ℃的温度区间,而这个温度区间与 ZnO 向 ZnAl$_2$O$_4$ 转化的最大转化率对应的温度范围一致。在高温烧结过程中,形成 ZnAl$_2$O$_4$ 细小晶粒及其致密化,以及晶界的扩散主要是由材料固有流动性和气孔阻力决定。孔隙阻力在高孔隙度时较大,而在致密化过程中减小。如果阻力低于所需的最小值,则晶界和孔隙分离,并发生晶内孔隙包裹。由于 γ-Al$_2$O$_3$ 的比表面积(204.8 m^2/g)远大于刚玉(1.645 m^2/g),因此 γ-Al$_2$O$_3$ 体系中孔隙阻力越大,烧结后致密化效果越强。

2.4 矿物晶体结构化固定重金属的浸出行为

矿物相晶体结构对重金属的固稳效能主要表现在重金属的浸出行为。当前评估矿物相晶体结构固稳效能的方法主要包括美国环境保护署的毒性特性浸出程序(toxicity characteristic leaching procedure,TCLP)和模拟酸雨浸出程序(synthetic precipitation leaching procedure,SPLP),研究重金属的浸出行为需要依赖不同先进表征技术和理论计算来揭示固液界面的反应机制。国内外相关研究发现不同矿物相晶体结构的浸出行为差异明显,并直接影响重金属的长期稳定化效率。本节总结几种典型矿物相结构化固定重金属的浸出行为与机制。

2.4.1 尖晶石结构的浸出行为

Shih 等（2006a）对比了以不同前驱体（赤铁矿、高岭土和刚玉）处理模拟含镍（Ni）污泥的固稳效能及浸出行为。通过延长毒性浸出实验时间发现，所有经过热处理后的样品 pH 均呈现上升趋势，主要原因是浸出反应的实质是质子交换反应。尖晶石与模拟填埋溶液（乙酸）的交互作用会不断消耗溶液中的质子，导致游离态 Ni^{2+} 的生成，与溶液体系中 pH 的增大趋势一致（图 2.9）。

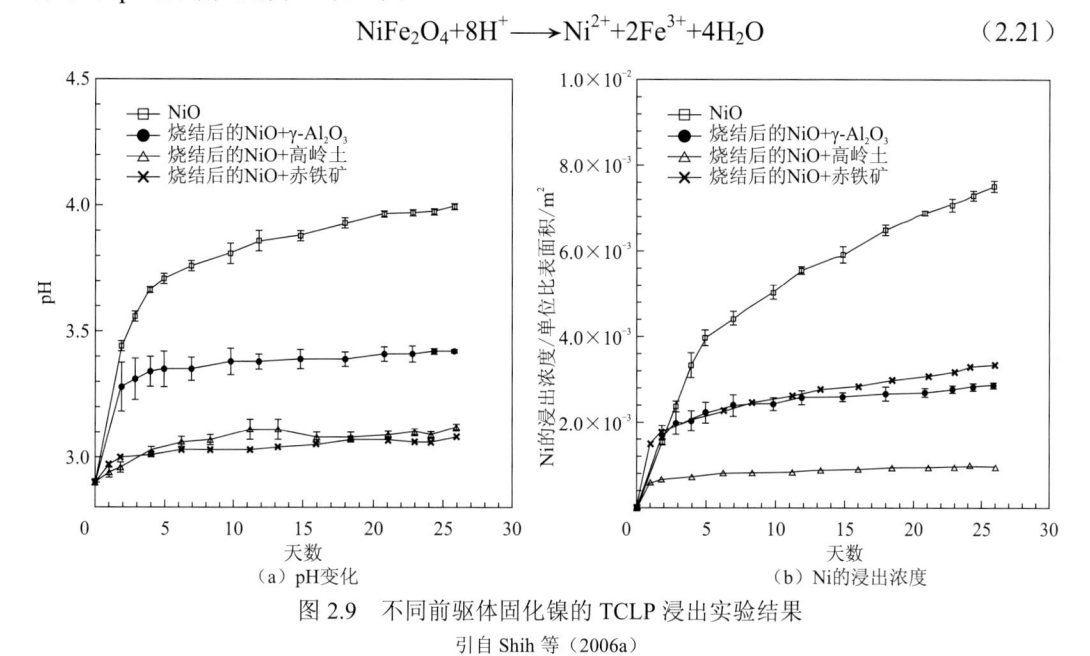

$$NiFe_2O_4 + 8H^+ \longrightarrow Ni^{2+} + 2Fe^{3+} + 4H_2O \tag{2.21}$$

图 2.9 不同前驱体固化镍的 TCLP 浸出实验结果

引自 Shih 等（2006a）

对比 $NiFe_2O_4$ 和 $NiAl_2O_4$ 两种尖晶石结构体系中的 pH 变化发现，$NiFe_2O_4$ 浸出液中的酸度更高。体系中的 pH 变化差异主要是由于浸出过程中发生的溶解再沉淀反应。对于 $NiAl_2O_4$ 体系而言，整个浸出过程中[Ni]/[Al]（摩尔浓度比）基本维持在 0.48~0.50，与 $NiAl_2O_4$ 化学式中 Ni 与 Al 的摩尔比一致，说明 $NiAl_2O_4$ 中的金属离子是均匀溶出的。然而在 $NiFe_2O_4$ 体系中，浸出液中[Ni]/[Fe]（摩尔浓度比）从初始的 20（第 1 天）增至 50（第 18 天），与理论的化学计量比（0.5）不一致。通过进一步测试浸出液中的 Fe 浓度，始终稳定在 0.5~1.0 mg/L，这一结果也与无定形态的氢氧化铁在该体系 pH 及离子强度对应的溶度积一致。这也说明了在浸出过程中可能存在 Fe^{3+} 的再沉淀，另外由于该反应生成部分质子，进一步导致了溶液 pH 的下降：

$$Fe^{3+} + 3H_2O \longrightarrow am \cdot Fe(OH)_3 + 3H^+ \tag{2.22}$$

研究发现，通过高岭土烧结得到的 $NiAl_2O_4$ 尖晶石比以刚玉为前驱体得到的尖晶石结构体系浸出的 Ni 含量更低。浸出液中的 Ni 与 Si 的摩尔浓度比远低于固相粉末中 Ni 与 Si 的摩尔浓度比（0.5），且 Si 浓度随着浸出时间显著增加，意味着以高岭土为前驱体实现的 Ni 固化主要是 $NiAl_2O_4$ 尖晶石结晶度的提高，以及在石英基质中形成的稳定的晶界。另外，扫描电镜的结果也显示 $NiAl_2O_4$ 均匀地嵌入方石英的基质中，为 Ni 的浸出提供了二次屏障。

2.4.2 长石结构的浸出行为

长石是重要的造岩矿物，也是地壳中分布最广泛的矿物之一。近年来长石结构的高效稳定性也被用来固定环境中的重金属污染物。长石属于架状硅酸盐矿物亚族，长石族矿物多呈平行（010）的板状或沿 a 轴延伸的柱状生长。自然界形成的长石主要是由钾长石 $KAlSiO_8$（Or）、钠长石 $NaAlSi_3O_8$（Ab）和钙长石 $CaAl_2Si_2O_8$（An）这3种长石端元分子组合而成的固溶体，其成分可以用端元分子的百分数来表示。重金属可通过占据碱金属或碱土金属在长石中的赋存位置，固定在由硅氧四面体和铝氧四面体构成的三维骨架中，实现重金属的结构化固定。Lu 等（2013）通过延长浸出毒性测试研究了铅长石（$PbAl_2Si_2O_8$）的浸出行为，在22天的浸出时间内，浸出液 pH 从初始的 2.9 升至 3.9，且溶液中的铅离子浓度升至 $10^{-2.41}$ mol/L。固态样品中金属的浸出主要是表面反应且受到样品中目标重金属的影响，因此常需要用比表面积和样品中实际铅含量进行校正：

$$NL_{Pb}=10^{-6}\frac{1}{k}\times\frac{C_{Pb}}{SW\times SA}\times\frac{10\times AW_{Pb}}{MW_{样品}} \quad (2.23)$$

式中：k 是样品质量（g）与提取液体积（mL）的比例；C_{Pb} 是浸出的铅离子浓度（mg/L）；SW 是样品质量（g）；SA 是样品的比表面积（m^2/g）；AW_{Pb} 是铅的摩尔质量；$MW_{样品}$ 是样品摩尔质量。浸出液中 Pb/Al（摩尔浓度比）维持在 2.4~2.7，Pb/Si（摩尔浓度比）则在 3.5~2.7 波动，远高于 $PbAl_2Si_2O_8$ 发生均匀溶解的离子摩尔浸出比。由于溶液中的铝离子浓度为 $10^{-2.83}$ mol/L，其反应系数 $\{[Al^{3+}(aq)]\times[OH^-(aq)]^3=10^{-33.1}\}$ 接近于无定形态氢氧化铝的溶度积（$K_{sp}=10^{-32.7}$），说明溶液中铝离子达到饱和并形成氢氧化铝沉淀。与铝离子对比，浸出液中的硅浓度则一直保持缓慢增加的状态，但仍低于饱和无定形态氧化硅在溶液中的浓度，说明在浸出过程中硅离子始终未达到饱和状态。该研究从溶液的离子浓度变化阐明了铅长石在浸出过程中的非均相溶解状态，并推测了浸出过程中铅长石表面富铝、硅化合物的二次保护作用。

2.4.3 磷灰石结构的浸出行为

大量研究表明磷灰石结构能有效抑制 Pb、Cd、As 等重金属的释放，并揭示了磷灰石晶体结构组成对重金属浸出特性的影响。磷氯铅矿 $[Pb_{10}(PO_4)_6Cl_2]$ 因其溶解度低被广泛应用于含铅污染物的固化/稳定化处置中。由于氯磷铅矿结构的特殊性，PO_4 四面体位置在热处理过程中可被 SiO_4 和 SO_4 同型取代反应，形成磷灰石系固溶体（Zhou et al., 2022b）：

$$10Pb^{2+}+(6-2x)PO_4^{3-}+xSiO_4^{4-}+xSO_4^{2-}+2Cl^-\longrightarrow Pb_{10}(SiO_4)_x(SO_4)_x(PO_4)_{6-2x}Cl_2 \quad (2.24)$$

研究发现，伴随 SiO_4^{4-} 和 SO_4^{2-} 在 PO_4^{3-} 位置的取代，产物晶胞参数逐渐增大，主要原因是 SiO_4^{4-} 和 SO_4^{2-} 的平均离子半径略大于 PO_4^{3-} 的离子半径，进而导致晶胞发生膨胀。另外，该取代反应对物相分布有重要影响，Si、S 掺杂量的提高导致产物中非晶相比例增加，晶相固溶体比例降低；当取代量超过一半之后会发生物相的分解。为进一步研究磷灰石系矿物结构组成对其稳定性的影响，研究人员利用标准毒性浸出实验对不同取代程度的磷氯铅矿固溶体进行测试，结果显示 Pb^{2+}、SO_4^{2-}、Cl^-、总 P 和总 Si 的浸出量及 pH 都随着固溶体中 Si、S 取代量的增加而增加。针对固溶体反应体系中铅的浸出特性，在排除杂相对铅浸出贡献的影响下，通过浸出动力学模型拟合、热力学分析及表观活化能的计算发现，50% B 位被 Si、S 取代后的磷氯铅矿的浸出表观活化能为 13.88 kJ/mol，远低于原始磷氯铅矿的浸出表观活化能（27.21 kJ/mol），这从能量角度进一步揭示了磷灰石系矿物结构组成对铅浸出特性的影响。

2.4.4 其他矿物相结构的浸出行为

近年来，一些新型矿物相结构也逐渐被证实可用来有效固定重金属污染物。Zhou 等（2020）发现通过热诱导磷酸盐可促进一种新型正磷酸盐矿物相［$PbZr(PO_4)_2$］的形成，且该结构表现出极强的稳定性。通过毒性特性浸出测试，浸出开始阶段经比表面积校正之后的浸出铅含量为 $2.90×10^{-5}/m^2$，浸出 4 周后铅的浸出只有小幅度的增长，但仍维持在低浓度范围，说明热诱导磷酸盐的策略能有效实现铅的稳定化处理。$PbZr(PO_4)_2$ 结构具有高效的稳定化效能，主要是由于其结构本身固有的"惰性"，以及浸出过程中结构表面特性的变化。一方面，$PbZr(PO_4)_2$ 的结构"惰性"可通过元素的局域结构来解释，其中 Pb—O—P 和 Zr—O—P 的成键模式为结构的稳定性提供了理论依据，因其具有较强的抗水解能力。$PbZr(PO_4)_2$ 的配位结构也从分子层面说明了结构的稳定性，通常来说配位数越高，键离解能也越强，导致结构中的键更难以发生断裂。目标结构中 Zr 配位数的增加使 Zr—O 键离解能增加，使得整体结构的稳定性进一步提高。另一方面，浸出过程中结构表面特性的变化也是影响结构稳定性的关键因素。通过 X 射线光电子能谱（X-ray photoelectron spectroscopy，XPS）技术对浸出前后样品表面进行分析表征发现，浸出后材料中的 Zr 表现出两种不同的结合形态，分别对应于 Zr—O 和 Zr—OH（图 2.10）。结合 XPS 和 XRD 分析，$PbZr(PO_4)_2$ 在浸出过程中释放的 Zr 离子会直接与溶液中的氢氧根离子结合形成无定形态的 $Zr(OH)_4$，与溶液体系中无法检测到 Zr 离子的结果一致。形成的 $Zr(OH)_4$ 会发生沉淀并包裹在 $PbZr(PO_4)_2$ 颗粒上形成保护膜，防止铅的进一步释放。

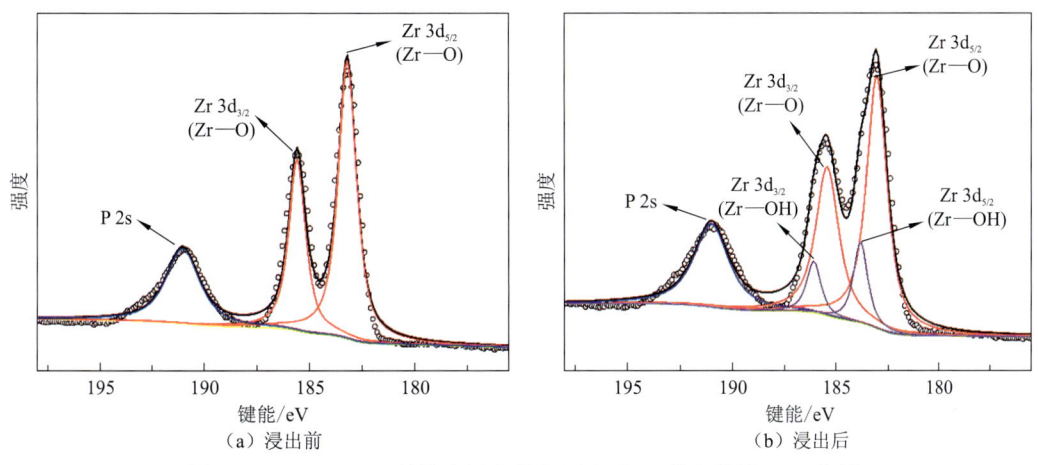

图 2.10 $PbZr(PO_4)_2$ 结构在浸出前和浸出后 Zr 的高分辨 XPS 分析

引自 Zhou 等（2020）

第 3 章　重金属晶体结构化固定技术

我国污染土壤安全处置技术的发展和工程处置经历了几十年的历史，逐步从借鉴性技术发展为具有创新理论支撑的原创性技术，是一个从无到有、从小规模探索到大规模实践的艰苦过程。其中，固化处置为当前重金属固废处置的主要技术方向。土壤重金属固化技术是指运用物理或化学的方法将土壤中的重金属固定，阻止其在环境中的迁移、扩散等过程，以降低重金属毒害程度的修复技术。

欧美发达国家对固化/稳定化技术的理论研究及现场应用取得了良好成果。美国于 20 世纪 80 年代后开展了大量的污染场地修复工程。美国环境保护署对 1982—2005 年美国 977 项污染土壤修复项目进行统计发现，在所有污染修复项目中，26%采用原位蒸发浸提法，18%采用异位固化/稳定化，11%采用异位离场焚烧。欧洲每年约有 21.1 亿欧元用于污染土壤的修复及管理工作，欧洲各国根据本国国情所采用的土壤修复技术存在明显差异。欧洲运用原位/异位固化/稳定化、热脱附、生物处理技术修复污染场地的项目占所有统计项目的 69.17%。然而，实际修复工程中将污染土壤作为废弃物而非可再生资源处理的工程项目在欧洲仍占较大比重，达到 37%。

我国针对工业重金属污染场地修复技术的研究起步较晚，加上区域发展不均衡性、污染土壤多样性、污染场地特征变异性、污染类型复杂性，以及技术需求多样性等因素，技术水平及积累远滞后于发达国家，严重制约了技术的推广和城市建设的可持续发展。近年来，我国逐步开展了工业重金属污染场地修复技术的研究和示范工程。

3.1　重金属固化技术

目前，常用的重金属固化材料主要包括 4 类：①无机黏结物质，如水泥、石灰、粉煤灰等；②有机黏结剂，如沥青、聚乙烯等热塑性材料和脲甲醛、聚酯等热固性有机材料；③热硬化有机聚合物，如尿素、酚醛塑料和环氧化物等。由于制备方法简单、费用低廉等原因，以水泥、石灰、粉煤灰等为固化剂的固化/稳定化得到了广泛的应用（魏明俐，2017）。1982—2005 年，在美国超级基金项目采用固化/稳定化修复技术进行污染场地修复的案例中，采用硅酸盐水泥作为固化剂的项目所占比例高达 39%，远高于其他类型的固化剂。下面介绍几种主要的重金属固化技术。

1. 水泥固化

采用水泥基黏结剂的重金属固化技术在过去的半个世纪已经得到了广泛应用。水泥是一种无机胶结材料，经过水化反应后可以形成坚固的水泥固化体。在水泥固化的过程中，重金属可以通过吸附、化学吸收、沉淀、离子交换、钝化等多种方式与水泥发生反应，最终以氢氧化物或络合物的形式停留在水泥水化形成的胶体表面。此外，水泥的加入还能为重金属提供碱性环境，从而抑制重金属的渗透和溶解能力。

水泥作为固化处理废物的基材有多种种类，包括普通硅酸盐水泥、矿渣硅酸盐水泥、矾土水泥、沸石水泥等，其中普通硅酸盐水泥是最常用的。在水泥固化过程中，影响固化效果的因素很多，需要严格控制水灰比、水泥与废物比、凝固时间、添加剂，以及固化块的成型条件等工艺参数，以确保达到满意的固化效果。如果废物中含有阻碍水合作用的物质，仅使用普通水泥可能会导致强度不足、物理化学性能不稳定等问题，因此需要加入适当的添加剂来吸收有害物质、促进凝固，并降低有害组分的溶出率。

活性氧化铝是常用的添加剂，可以促进水泥迅速凝结生成针状结晶，防止重金属的溶出。对于含有大量硫酸盐的废物，使用高炉矿渣水泥作为固化剂，并添加人造砂作为混合剂，可以避免发生化学反应导致的固体破裂。此外，使用蛭石作为添加剂可以起到骨料和吸水的作用，有助于固化处理的效果。因此，在选择水泥种类和添加剂时，需要根据废物的具体成分和性质进行合理搭配，以达到最佳的固化效果和环境保护效果。

水泥固化处理在某些情况下可能存在一些缺点，其中一个主要问题是大多数硫酸盐对硅酸盐水泥的硬化浆体具有显著的侵蚀作用。这主要是由于硫酸钠、硫酸钾等多种硫酸盐与硅酸盐水泥浆体中的氢氧化钙反应生成了硫酸钙，或与水化铝酸钙反应生成了钙矾石，导致固相体积急剧增加，从而引起膨胀现象。这种膨胀现象可能会导致固化体的破坏或不稳定，影响固化处理的效果。其次，水泥固化对高浓度的重金属 Pb^{2+}、Cd^{2+}、Cr^{3+}、Zn^{2+}、CrO_4^{2-} 的固化/稳定化效果较差（Du et al., 2014b）。高浓度的 Pb^{2+} 会严重阻碍水化反应的进行，当吸附、置换作用达到了饱和后，Pb^{2+} 只能以阴离子态 $[Pb(OH)_4]^{2-}$ 存在于孔隙水中（Lee, 2007），且增加水泥加入量对降低污染物质淋滤风险的作用不大，其产生的过高的 pH 环境甚至可能增加重金属离子的淋滤风险（陈蕾，2010）。此外，硅酸盐水泥的抗酸性较差，而我国很多地区酸雨较为严重，水泥的抗酸性较差使得经水泥固化后的重金属可能在酸性环境中重新释放。

2. 塑料材料包容固化

塑料材料包容固化是一种有机性固化/稳定化重金属处理技术，根据使用材料的性能可以将该技术分为热固性塑料包容和热塑性材料包容两种。热固性塑料是指在加热时由液体变为固体并硬化的材料，即使再次加热也不会重新液化或软化，这是一种从小分子变为大分子的交链聚合过程。热塑性材料是指在加热/冷却时能反复转化和硬化的有机材料，如沥青、聚乙烯、聚氯乙烯、聚丙烯、石蜡等。这些材料在常温下为坚硬的固体，在较高温度下则具有可塑性和流动性，因此可以利用这种特性对重金属进行固化处理。通过塑性材料包容法，可以将含有重金属的废物与热固性塑料或热塑性材料结合，在适当的温度下使其流动并包容固化重金属，形成稳定的复合体。在选择和应用不同类型的塑性材料时，需要根据具体的废物性质和固化要求进行合理搭配，以实现最佳的固化效果。日本冈山公害防治中心利用不饱和聚酯树脂固化处理电镀污泥，所形成的固化体抗压强度大、质量轻、表面有光泽，可以作为建筑材料使用。严建华等（2004）利用沥青固化城市生活垃圾焚烧飞灰，研究沥青与飞灰在不同比例混合条件下对飞灰中重金属Pb、Cr、Cd、Ni、Cu、Zn 等的固化效果，结果发现沥青与飞灰的质量比为 1∶5 时，使用添加剂 S 和 NaOH 可大大提高飞灰中重金属的固化效果。

3. 石灰/火山灰固化

波索来反应（Pozzolanic reaction）是一种在有水存在时，细颗粒的火山灰与碱金属和碱土金属的氢氧化物在常温下发生的反应，会导致凝结硬化。石灰/火山灰固化技术正是利用这一原理，采用石灰、飞灰、水泥窑灰和炉渣等具备波索来活性的物质作为固化剂，以稳定或固化土壤中的重金属。田间试验表明，在 Cd 污染的土壤上施用石灰，施用量为 750 kg/hm^2，可使土壤中重金属 Cd 有效态含量降低 15%左右（Naidu et al.,1998）。

因为波索来反应与水泥的水合作用不同，其产物结构强度小于水泥固化，所以一般需采用粉煤灰和石灰联用。粉煤灰属于硅酸盐或铝硅酸盐体系，当其活性被激发时，会具有类似水泥的胶凝特性（郝汉舟 等，2011）。石灰可以激活粉煤灰中的活性成分产生黏结性物质，对污染物进行物理化学稳定，因此粉煤灰通常与石灰混用。张向军和王里奥（2009）用石灰、粉煤灰稳定化处理铅镉污染土壤的试验结果表明，加入质量分数为 5%的石灰后，浸出液中的 Cd、Pb 浸出浓度最低，比模拟污染土壤样品分别降低了 85.5%、45.2%。郝双龙等（2012）的研究表明，当施加粉煤灰时，土壤中的 Cd 主要由交换态向碳酸盐结合态和铁锰氧化物结合态转变。金漫彤等（2007）研究发现，掺加 30%粉煤灰的土壤聚合物固化重金属离子具有较好的经济效益和环境效益，且对不同的重金属有不同的理想固化量。

3.2 重金属高温固化

对于重金属土壤修复，传统的固化/稳定化修复技术主要通过物理或化学手段降低污染物的迁移能力和生物有效性，并未从总量上将污染物从土壤中完全去除。因此，选择对处理后土壤进行稳定性评估的方法尤为关键。在实际应用中，固化/稳定化修复后土壤可能会受到自然条件变化的影响，如冻融、高温、碳化等，从而影响其理化性能和长期稳定性，导致重金属重新释放到环境中。为应对这一挑战，越来越多的研究开始关注固化效果更为稳定的高温烧结技术。

高温固化是一种有效的修复方式，利用烧结体细小颗粒间表面能量的差异，使颗粒中的原子向颗粒间接触点移动、聚集，从而降低能量。在这一过程中，颗粒间的接触点会因能量聚集过高而部分熔融，导致致密化现象的产生，形成具有一定强度的稳定烧结体。在烧结过程中，重金属会被高温产生的晶体新相晶格稳定束缚，同时被致密的熔融玻璃化基质包裹，从而难以迁移。利用玻璃体的致密结晶结构和玻璃态基质，实现重金属的持久固化稳定。

高温烧结技术不仅能够将重金属固化在产品中，避免修复过程中的二次污染问题，还可以将烧结后的固化体制成砖块和水泥等材料应用于建筑行业，获取一定的经济效益，同时实现固体废物的资源化利用。这种技术的应用为重金属土壤修复提供了一种全新的方法，具有重要的环境和经济意义。

近年来，利用市政或工业污泥、河道底泥、尾矿渣和重金属污染土壤等废弃物作为主要原料进行高温烧结制砖的研究日益增多。研究结果表明,将污泥、尾矿渣等固体废物制成砖坯,高温烧结后制得的砖体能够满足基本的机械性能要求。同时,这些产品的重金属浸出值较低,固化效果稳定,符合相关国家标准。在全球范围内,研究者们不断探索重金属的高温固化过程,目前主要集中在玻璃固化、水泥窑协同处置、陶粒固化、高温结构固化、玻璃陶瓷固化等领域。

3.2.1 玻璃固化

玻璃固化,亦称为熔融固化法,起源于污泥和垃圾焚烧中的固定技术,是一种针对土壤重金属污染的固化方法。该技术通过高温热能将固态介质熔化为玻璃状或玻璃-陶瓷状物质,利用玻璃体的紧密晶体结构实现重金属的长期稳定封闭(Mallampati et al.,2015)。在玻璃固化过程中,重金属离子通过化学结合被固定在玻璃材料的无定形网络中,形成稳定的玻璃态物质(Colombo et al., 2003)。依据所采用的热源,玻璃固化技术可被划分为几种不同形式:①电玻璃固化,通过地面插入的石墨电极,利用高压电流产生热量;②热玻璃固化,使用微波辐射或天然气等热源对含有污染物的土壤进行加热处理;③等离子体玻璃固化,通过放电引发等离子体,产生高达 5 000 ℃的高温,熔化土壤(Liu et al., 2018b; Khan et al., 2004)。玻璃固化技术尤其适合处理面积较小、污染程度高、含水率低的土壤,具有应用范围广泛、修复效果彻底、处理速度快和产物稳定性高的优点。据 Meuser(2013)估计,即便经过长期(如数千年)风化作用,从这些玻璃材料中浸出的化学物质也仅占其原始含量的 0.1%~25%。然而,由于高温过程可能导致易挥发性金属(如 Hg)的释放造成环境风险,所以此技术不适用于挥发性污染物含量较高的土壤。此外,由于玻璃固化过程需要极高温度来熔化土壤矿物,其成本在原位处理或大规模应用时较高。

在理想状况下,纯二氧化硅玻璃是固化的最佳材料,但因其熔点过高,在工业应用中不具有实际可行性。添加氧化硼能有效降低玻璃的熔制温度,并在提升玻璃形成能力的同时保持优良的化学耐久性。硼硅酸盐玻璃是由硅氧四面体、硼氧四面体和硼氧三角体相互连接构成的玻璃网络结构,因其制备工艺简便、抗结晶性能好、化学稳定性高及耐辐射性能出色,成为固化技术的优选材料(Donald et al., 1997)。

3.2.2 水泥窑协同处置

水泥窑协同处置是指利用满足或经过预处理后满足入窑要求的固体废弃物替代原料或燃料进行水泥熟料的生产,旨在实现固体废物的无害化处理和节约不可再生资源(Baidya et al., 2016; Trezza and Scian, 2000)。自 1970 年起,学者们就开始探讨利用废弃物作为水泥熟料的替代原料和燃料,并总结了将危险和无害废弃物作为水泥窑燃料和(或)原料的实践经验,从而使水泥窑协同处置在固体废弃物处理和利用领域开启了初步探索和发展(翁焕新,2009)。

水泥熟料生产所需的主要原料包括石灰石、黏土、铁矿石、泥灰岩等。在水泥窑协同处置过程中,当废弃物(如城市垃圾焚烧灰、污泥等)中的钙、硅、铝、铁含量较高时，通常可以作为替代原料从水泥窑的预热器、分解炉或窑尾入窑；当废弃物的热值较高时，通常作为替代燃料从回转窑的主燃烧器入窑。在一定范围内投入适量的固体废弃物，通过调节水泥窑的工艺条件，可以在保证熟料质量和生产安全稳定的前提下，同时处理废弃物，节约了水泥生产所需的不可再生天然原料和燃料（Usón et al.，2013；Gadayev and Kodess，1999）。

在水泥窑协同处置废弃物中，难以挥发的重金属经过预热器和分解炉后进入回转窑参与熟料的烧成。在窑内的高温环境中，重金属通过一系列连续的物理化学反应参与熟料的烧成。烧成后的熟料经过快速冷却，将重金属元素固化在高度亚稳定的4种熟料矿物相中，即 C_3S、C_2S、C_3A、C_4AF（魏丽颖 等，2014；Taylor，1997）。C_3S 在不同温度下可存在3种晶系7种晶型（沈威 等，1991），但室温下主要为三斜晶系和伪三方晶系，其中独立的$[SiO_4]$四面体由 Ca^{2+} 连接，并与八面体及未连接 Si^{4+} 的3个 O^{2-} 形成配位。每个分子单胞具有3个八面体空穴，重金属离子可取代 C_3S 晶格中的 Ca^{2+} 或 Si^{4+}，也可占据八面体空穴。重金属离子的取代和空穴占据改变了 C_3S 的晶格能，使某些高温型变体可以在室温下稳定存在。C_2S 由 Ca^{2+} 和独立的$[SiO_4]$四面体连接而成，在结构中每个 O^{2-} 同时与3个$[CaO_6]$八面体中的 Ca^{2+} 和1个$[SiO_4]$四面体中的 Si^{4+} 相配位。与 C_3S 相似，重金属离子可取代 C_2S 中的 Ca^{2+} 或 Si^{4+}（Taylor，1997）。C_3A 的晶体结构为立方晶系，含有8个由 Ca 原子连接的6个$[AlO_4]$四面体所组成的$[Al_6O_{18}]^{18-}$环。每个分子单胞含有8个半径为 0.147 nm 的空穴，便于固溶重金属离子的存在。C_4AF 中的 Fe^{3+} 和 Al^{3+} 位于晶格中的四面体和八面体位置，易被 S、Ti^{3+} 等高价且结构相似的离子取代（Nouairi et al.，2018）。

3.2.3 陶粒固化

陶粒，作为人造轻质集料，因其低密度、高强度、良好的保温隔热性能，以及优异的抗冻和抗渗特性而受到重视，在化工、石油、废水处理和建筑材料等多个领域中得到了广泛的应用（李杨 等，2018）。传统的陶粒生产主要依赖于页岩、黏土等天然原料，这不仅对耕地和生态环境造成了破坏，而且与绿色发展和可持续性原则相悖。采用受重金属污染的土壤和电镀污泥作为陶粒生产的替代原料，不仅可以减轻对环境的负担，避免废弃物堆积带来的污染问题，还能促进固体废弃物的资源化利用，实现环境治理与资源循环的双重效益。

近年来，我国科研工作者在利用污染物制备陶粒方面开展了大量研究。李杨等（2018）通过使用黄金尾矿作为原料，成功制备出了具有轻质和高强度特性的陶粒。在 1 100 ℃ 的焙烧条件下得到的陶粒呈现 803 kg/m³ 的堆积密度、1 795 kg/m³ 的表观密度、0.24%的吸水率，以及 16.59 MPa 的颗粒强度。陈心心（2017）利用稀土尾矿开发了多孔陶粒，发现使用建筑垃圾作为陶粒原料可以显著降低烧结温度，经过优化后的最佳烧结温度为 1 140 ℃。吴永明等（2019）以金尾矿粉和钒钛铁矿粉作为主要原料，在 1 150 ℃ 的焙烧条件下制备出了具有 2.5 MPa 筒压强度、8%吸水率和 555 kg/m³ 堆积密度的轻质多孔陶粒。赵威等（2017）采用商洛地区的钒尾矿为主要原料，在 1 125 ℃ 的焙烧温度下，制备出了 631 kg/m³ 堆积密度、9.1 MPa 筒压强度和 3.1%吸水率的轻质高强度陶瓷颗粒。

陈佳等（2012）在 1 180 ℃的焙烧温度下，利用钒尾矿制备出了筒压强度为 10.7 MPa、吸水率为 1.4%、堆积密度为 690 kg/m³ 的高强度陶粒。胡超超等（2018）通过将飞灰、电解锰渣和粉煤灰按特定比例混合烧制陶粒，确定了最佳的原材料配比和烧制工艺，使得陶粒颗粒强度达到 769 N，堆积密度为 687 kg/m³，并将重金属稳定固化于以硅铝为骨架的结构中，确保了其浸出毒性低于国家标准。薛凯旋等（2018）将污水处理厂的污泥与黄土、膨润土混合制球后烘干，探讨了烧结温度、时间、原料掺量对陶粒性能的影响。研究结果显示，当污泥、黄土和膨润土的质量比为 2∶3∶5、在 1 180 ℃下保温 20 min 时，制得的陶粒性能达到最佳状态。

3.2.4 高温结构固化

土壤重金属的高温结构固化（即高温结构化固定）是指利用烧结过程中细小颗粒间表面能量的差异，通过加热使颗粒内的能量集中于彼此接触的区域。当这些接触区域开始出现致密化现象后，该现象将逐渐扩展至颗粒的其他部分，最终形成烧结致密体。常规流程中，待烧结的物料与辅料、黏结剂等混合，经过压制或造粒后，进行高温煅烧处理。通过精确控制煅烧温度和使用辅料，可以有效提升烧结体的强度和其他性能。这一性能提升主要得益于物料颗粒在高温条件下更容易实现表面熔融和颗粒间接触颈部的熔融。在高温处理过程中，重金属可以通过两种机制固定在烧结体中。

一种固定机制是重金属占据原本晶体相结构中的元素形成固溶体。根据戈尔德施密特（Goldschmidt）晶体中元素的取代规则，重金属离子可以取代矿物结构中大小和电荷相似的离子。Ramesh 和 Koziński（2001）研究了重金属（Cd、Pb、Cr）与燃烧灰分在燃烧和凝固过程中的相互作用，发现 Cr^{3+}（0.62 Å）在灰分内扩散，并在莫来石和刚玉的八面体位置占据了 Al^{3+} 位点（0.54 Å），还推断出 Pb^{2+}（1.19 Å）和 Cd^{2+}（1.09 Å）可以占据莫来石中缺氧产生的空位（5～6 Å）。Garcia-Valles 等（2007）研究了污水污泥和电泥在玻璃陶瓷中的固定过程，发现 Ni、Zn、Cr 被纳入 $(Mg, Fe, Ni, Zn)(Al, Cr)_2O_4$ 尖晶石的固溶体中。

另一种固定机制是重金属参与形成新的矿物相，如尖晶石、长石等结晶体结构。$NiAl_2O_4$、$PbAl_2Si_2O_8$、$CdAl_4O_7$ 等含重金属的晶体相已被证明具有良好的重金属固载能力。Tang 等（2011a）利用氧化铝处理含铜泥浆，证明当利用 $\alpha\text{-}Al_2O_3$ 或 $\gamma\text{-}Al_2O_3$ 作为前驱体时，CuO 可以有效地转化为 $CuAl_2O_4$ 尖晶石。同样地，关于 Ni、Zn、Cd 的固化研究表明，Al_2O_3 和 Fe_2O_3 能作为前驱体将这些金属包容到尖晶石（$NiAl_2O_4$、$NiFe_2O_4$、$ZnAl_2O_4$、$ZnFe_2O_4$ 和 $CdFe_2O_4$）结构中（Tang and Shih，2015；Shih et al.，2006a）。

3.3 重金属双重固定（玻璃陶瓷固化）

传统的土壤重金属固化/稳定化处理工艺中，重金属只是随着基质材料的凝固被物理固封在基质材料中，并没有在基质材料中形成稳定的化学键，重金属存在较高的再氧化和释放等环境风险。近年来有学者提出基于玻璃陶瓷结构的双重固定技术。

玻璃陶瓷，这一材料最初由美国康宁公司的 Stookey 博士在 1952 年的实验中意外发现，并被命名为"pyroceram"。至今，玻璃陶瓷因其出色的热稳定性和机械性能在多个领域得到了迅速发展和广泛关注（Deokattey et al.，2013；程金树 等，2006）。顾名思义，玻璃陶瓷是一种同时包含玻璃态和陶瓷态的复合材料。在固化过程中，玻璃原料、晶核剂和重金属废物按特定比例混合，经过高温熔融形成液态熔体，随后通过特定的热处理工艺，在适宜的温度下进行晶体生长，最终形成均匀且致密的复相结构材料（丁新更 等，2012）。通过精确的配方设计和工艺调整，可以在玻璃陶瓷中实现重金属的有效固定，溶解度较低的元素和部分重金属被固定在陶瓷相的晶格结构中，而溶解度较高的其他元素和剩余重金属则被固定在玻璃相中，从而实现了重金属的双重固定（袁晓宁 等，2015）。

3.3.1 玻璃陶瓷固化研究进展

玻璃陶瓷固化技术最先应用于核废料的处理，目前，对于玻璃陶瓷固化的研究主要有榍石玻璃陶瓷（Darwish and Gomaa，2006；Loiseau et al.，2003）、钙钛矿玻璃陶瓷（Wu et al.，2018；李平广，2013）、钙钛锆石玻璃陶瓷（孟国龙 等，2012；Martin et al.，2007）、烧绿石玻璃陶瓷（冯志强 等，2019）、磷灰石玻璃陶瓷（Bardez et al.，2006；He et al.，2002）、独居石玻璃陶瓷（Bohre et al.，2017；Yong et al.，2008）、磷酸锆钠玻璃陶瓷（Liu et al.，2019b）等体系。在硼硅酸盐玻璃陶瓷体系研究中，Bhuiyan 等（2021）制备了用于处理锕系核素的以 $Gd_2Ti_{2-x}Zr_xO_7$ 烧绿石为主晶相、氧基磷灰石为次晶相的玻璃陶瓷固化体，锕系核素可固化进入烧绿石的 A 位，而且最多可以使 20% 的 Zr 中占据 Ti 结构位，实现锕系核素的有效固定。余宏福等（2021）通过熔融析晶法制备了用于固化模拟锕系核素铈和钕的氧基磷灰石玻璃陶瓷，铈和钕的固化量最高可达 25%（以质量分数计）。在磷酸盐玻璃陶瓷体系中，主要有独居石、磷酸锆钠等晶相，Wang 等（2020a）用熔融淬火法以 $36Fe_2O_3$-$10B_2O_3$-$54P_2O_5$ 为配方制备了含有独居石晶相的磷酸盐玻璃陶瓷固化体，15%（以质量分数计）的模拟高放废物可以固定在其中，结果表明独居石晶相的生成可以显著提高对放射性废物的负荷量，固化体的抗浸出性能优异，P、Zr、Mo、La、Ce 的浸出率都能达到 10^{-3}～10^{-4} g/(m^2·d) 数量级。Wang 等（2020b）研究了 B_2O_3 对玻璃陶瓷固化体中 $NaZr_2(PO_4)_3$ 晶相生成的影响，发现有 B_2O_3 存在时可以生成 $NaZr_2(PO_4)_3$ 晶相，没有 B_2O_3 的体系中只生成 ZrP_2O_7 晶相。Scales 等（2022）也成功制备出了 $NaZr_2(PO_4)_3$ 玻璃陶瓷固化体，并对固化体的结构和性能进行了表征。

3.3.2 天然矿物双重固定

利用自然界中稳定存在的天然矿物对重金属进行固化处理是将金属固化进晶格位置。纯二氧化硅玻璃是理想条件下玻璃固化的最好材料。自然界中大部分稳定存在的矿物的主要成分是 SiO_2 和一些其他氧化物，例如，辉石是一种常见的链状硅酸盐矿物，由硅氧分子链组成主要构架，化学通式为 $XY[T_2O_6]$，其中，X 代表 Na^+、Ca^{2+}、Mn^{2+}、Fe^{2+}、Mg^{2+}、Li^+等；Y 代表 Mn^{2+}、Fe^{2+}、Mg^{2+}、Fe^{3+}、Cr^{3+}、Al^{3+}、Ti^{4+}等。透辉石属于辉石中常见的一种硅酸盐矿物，主要成分为 SiO₂、CaO、MgO、Al₂O₃ 等。如果利用辉石等天然矿物，采用玻璃或玻璃陶瓷固化手段，对重金属实施固化处理并推广至工程应用层面，所得固化体会具备良好的承载性能、机械特性、耐热性及化学稳定性，这将带来极为可观的经济价值。

在 20 世纪 80 年代初期，科学家们开始探索使用自然界中普遍存在的玄武岩矿物，将其转化为玻璃陶瓷材料，用于放射性废物的固化处理，并考虑将其存放于深层地质库中（Techer et al.，2021；Komarneni and Scheetz.，1981）。近年来，Tarrago 等（2018）在 1 450 ℃的高温下制备了玄武岩玻璃陶瓷，并对其中磷（P）的溶解度进行深入研究后发现，在玄武岩玻璃中可以溶解高达 8%（以质量分数计）的磷。Tong 等（2021）利用同样的方法制备了玄武岩玻璃固化体，用于固化 La₂O₃，成功固定了 46%（以质量分数计）的 La₂O₃，且未形成任何结晶相，显示出良好的化学稳定性。在长达 28 d 的测试中，镧（La）元素的浸出率极低，仅为 8.22×10^{-7} g/(m²·d)。Lu 等（2018）通过微波烧结技术，使用天然花岗岩作为原料，在不同的温度条件下合成了一种新型玻璃陶瓷固化体。该固化体能够固定高达 16%（以质量分数计）的 Nd₂O₃，并且含有长石、石英和 Nd₂Si₂O₇ 等晶相。Li 等（2021）采用天然花岗岩制备了含有 8%（以质量分数计）CeO₂ 的玻璃陶瓷固化体，并观察到 Ce 元素的浸出率维持在 3.89×10^{-7} g/(m²·d)的低水平。

3.3.3 铬渣双重结构固定

近年来国内外研究者提出了重金属的微晶玻璃化-尖晶石双重固定技术。本小节以铬渣为例，介绍重金属双重结构固定技术在铬渣处置中的应用。

传统铬盐生产企业和少数金属铬企业的重铬酸盐生产过程往往会产生大量的铬渣。追溯至 1958 年我国第一条铬盐生产线的成立，迄今已有逾 70 家公司涉足铬盐产品的生产。这些企业普遍规模较小，且采用的生产工艺较为落后，难以在市场上保持竞争力。加之在环境污染控制措施上的缺失，这些企业已经接连关闭、宣告破产或转向其他业务，从而留下了大量铬渣。铬渣堆放区存在铬淋失的高风险，会进一步对周边土壤、水体、沉积物等环境造成严重污染。据报道，铬渣填埋区周边受污染土壤 Cr 的浓度甚至超过 10 000 mg/kg，严重威胁填埋区域动植物甚至人体的健康。

在铬渣无害化处理过程中，使毒害性成分以固定化形式稳定存在，有利于降低铬渣处理后的环境风险；同时，使铬渣中的高毒性 Cr(Ⅵ)还原成低毒性 Cr(Ⅲ)，并保持处理后铬渣的还原状态，防止 Cr(Ⅲ)在长期的固定填埋堆放过程中被氧化成 Cr(Ⅵ)尤其重要，有利于进一步降低 Cr 的环境风险。固化/稳定化是众多铬渣处理方法中技术流程相对简单、应用最为广泛的方法。传统的铬渣固化/稳定化处理是将铬渣粉碎后，加入一定量的无机酸或硫酸亚铁将 Cr(Ⅵ)还原成 Cr(Ⅲ)，再加入适量的水泥，加水搅拌、凝固，随着水泥的水化与凝结硬化过程，还原后的 Cr(Ⅲ)被封闭在固体基材中，从而达到稳定化和无害化的目的。

但是，在传统的铬渣固化/稳定化处理工艺中，Cr 只是随着基质材料的凝固被物理固封在基质材料中，并没有在基质材料中形成稳定的化学结构。因此材料中的 Cr 存在稳定固化效率低、稳定时间短等缺点。在长期的环境暴露尤其是极端条件下（如高温或雨水冲刷），Cr(III)可能会重新被氧化或者释放出来，暴露于空气中的Cr(III)又可能重新被氧化成有毒的Cr(VI)，存在较高的二次污染风险。

总体而言，铬渣的解毒处理工艺一直是研究难点，尤其是铬渣处理后具有长期稳定效果的工艺。区别于物理形式的固定，毒害金属与基质材料元素形成稳定的化学键，毒害金属以晶体结构形式固定，稳定性更高，在长期环境条件下，其淋出风险大为降低。因此，研发Cr以化学键形式固定、结合含毒害金属晶体的进一步物理固封技术，使铬渣固化处置后含Cr材料具备高稳定性，并且铬渣固化处理后的材料可作为资源化材料利用，最大限度降低其在长期环境暴露过程中的环境风险，实现铬渣的真正无害化处理，是当前铬渣无害化处置技术的研发重点。

Liao等（2017）将铬渣与常见的$CaO-MgOSiO_2-Al_2O_3$基质材料混合均匀后压实，优化固化剂各组分及与铬渣的比例、热处理条件，使高毒性的Cr(VI)还原成低毒性的Cr(III)，且以尖晶石晶体结构（$MgCr_xAl_{2-x}O_4$）成分的形式被结构化固定；同时，铬渣中矿物和二氧化硅组分转化为微晶玻璃结构，含Cr尖晶石晶体被周边形成的微晶玻璃包裹，形成第二层固定（图3.1）。其核心化学反应如下：

$$Cr_2O_3+MgO+Al_2O_3+热能 \longrightarrow MgCr_xAl_{2-x}O_4 \quad (3.1)$$

$$CrO_4^{2-}+MgO+Al_2O_3+热能 \longrightarrow MgCr_xAl_{2-x}O_4 \quad (3.2)$$

$$MgCr_xAl_{2-x}O_4+SiO_2+CaO+MgO+Al_2O_3+热能 \longrightarrow 玻璃陶瓷 \quad (3.3)$$

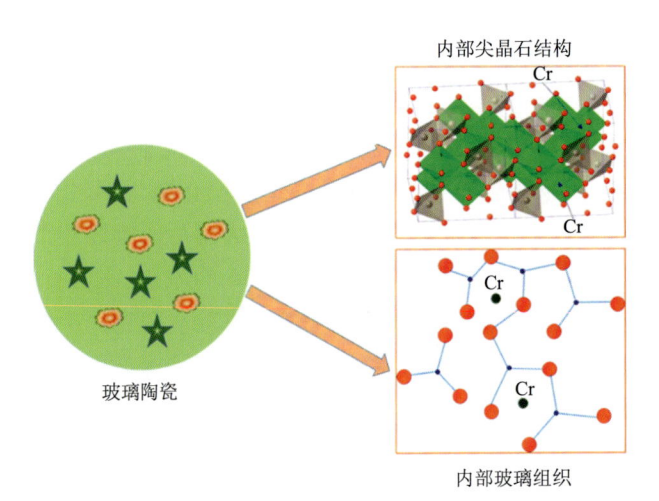

图3.1 铬渣玻璃陶瓷双重结构固定示意图

引自Liao等（2017）

$MgCr_xAl_{2-x}O_4$在晶体学上为尖晶石结构，其中Cr(III)通过化学键作为尖晶石结构的组成成分并固定其中。同时，$SiO_2+CaO+MgO+Al_2O_3$基质在热处理过程中形成玻璃网络结构，包裹含Cr尖晶石，从而实现对Cr的双重固定。形成的玻璃陶瓷材料经低于酸雨pH的溶液淋洗实验证明，浸出的重金属浓度低于2 mg/kg。铬渣双重固定后形成的玻璃陶瓷材料可作为再生材料使用，机械强度高、耐热冲击、耐化学腐蚀，应用广泛。

3.4 重金属高温结构化固定技术参数

重金属的高温结构化固定技术中，若干关键工艺变量会对重金属的稳定化和无害化处理效果产生显著影响。这些变量包括原料的混合比、热处理的温度、保温持续时间及烧结环境的气氛。近年来，对这些工艺参数如何影响重金属固化效率和稳定性的研究报道频繁，反映了该研究方向的最新进展。以下是对相关研究动态的综述。

3.4.1 原料组成及比例

烧制原料组成及其比例是重金属结构固化能否成功的重要影响因素，其组成可以分为三类：一是结构组分，主要是指 SiO_2、Al_2O_3 等，Si^{4+} 等在烧结时可以与 O 生成硅氧四面体结构，起到骨架支撑作用，结构组分一般占原料比重的 3/4 左右；第二是助熔剂，主要包括 Na_2O、K_2O、CaO、MgO 等碱性金属氧化物，主要起到改变各物质反应温度、增加烧结液相量、调节烧结液相黏度的作用。三是重金属固化剂，主要包括 Fe_2O_3、MnO_2、磷酸盐（如 $Ca_3(PO_4)_2$）等，这类组分通过化学键合、离子置换或包裹作用，与重金属（如 Pb^{2+}、Cr^{3+}、Cd^{2+} 等）形成稳定的晶相（如尖晶石结构、磷酸盐矿物）或玻璃相，抑制重金属在高温下的挥发及长期环境中的浸出，其占比通常为原料总质量的 5%~15%。

二氧化硅（SiO_2）是烧结砖生产中的核心成分，最适宜含量介于 55%~70%。若含量不足 55%，砖块的强度会降低；若含量超过 70%，砖坯的成型将是个难题。氧化铝（Al_2O_3）的含量应维持在 10%~20%，以确保砖体的力学性能；含量过低会削弱强度，而含量过高虽能增强硬度，但会提升烧成温度，增加能源消耗。氧化铁（Fe_2O_3）作为原料的着色剂，含量宜控制在 3%~10%，过高的含量可能会影响砖的耐火性。石灰石形式的氧化钙（CaO）在原料中的含量不宜超过 10%，过量时不仅会缩小烧结温度范围，还会使焙烧过程更为复杂。若石灰石粒径大于 2 mm，还可能引起砖体的酥松和爆裂。氧化镁（MgO）的含量应低于 3%，以避免砖体出现泛霜现象。

Ma 和 Garbers-Craig（2009）在对含铬粉尘与富硅黏土进行高温共处理的实验中发现，当黏土的比例设置为 50%，在 1 100 ℃ 下处理 5 h 时，Cr 能够被稳定地固定在尖晶石和辉石的晶体格子中，且 Cr 的浸出水平在 0.01 mg/L 以下。Zhang 等（2021）在高温处理含铬危险废物的工作中发现，添加 SiO_2 有助于 Cr 形成稳定的 Cr(III)硅酸盐相 $Ca_2Cr_2SiO_7$，有效减少 Cr 的浸出。Mao 等（2018）在协同烧结含铁和电镀污泥时发现，Zn 和 Cu 能与 Fe 反应生成尖晶石型晶体 $ZnFe_2O_4$ 和 $CuFe_2O_4$。Otondi 等（2020）在黏土陶瓷烧结中引入污泥作为掺合料，当污泥掺量为 6%时，陶瓷的断裂模量和抗弯强度未见明显变化；随着烧结温度的上升，陶瓷的孔隙率增大，热导率降低，隔热性能提升。Sequeira 和 Monteiro（2018）在高温烧结含 Zn 废料的研究中提出，两步烧结工艺更利于晶体在烧结颗粒中生长，而添加 Al 助熔剂有助于尖晶石相（$ZnAl_2O_4$）形成，实现重金属的稳定固化。

3.4.2 处理温度

一般情况下，无机材料需要在超过 1 000 ℃ 的高温条件下进行烧结。升高温度有助于烧结体通过部分熔化形成所需的晶体结构从而提升物料的烧结质量和强度。在高温环境下，废物中的重金属能够与氧化硅、氧化铝等物料发生反应，形成更稳定的硅酸盐矿物相，并通过晶格结构实现稳定化。那些未参与化学反应的重金属，在高温作用下，易被硅酸盐组分的熔融态基质物理包裹，以此达到固化和稳定重金属的目的。为了降低烧结所需的温度，通常会向烧结物料中添加具有高热值的辅料，并与之混合造粒。在烧结过程中，这些辅料在颗粒内部燃烧并放出热量，引起颗粒内部的局部高温，促进局部熔化和颗粒间的黏结。这一过程有助于烧结的进行，并减少了对外部热源的依赖，从而实现降低整个烧结过程所需温度的目标。

以 Pb、Zn 为代表的重金属的固定效果与热处理温度关系密切，温度过高容易导致这些重金属挥发（Li et al., 2019）。Yan 等（2021）发现，当烧结温度为 900 ℃时，焚烧飞灰中大约 70%的 Pb 可挥发。除高温易挥发重金属外，其他重金属的固定效果也会因热处理温度不同而出现显著差异。杨威（2012）、石秀（2013）等利用 Cr 污染土壤制备陶粒，研究了 Cr 在高温烧结过程中的反应、迁移、固化情况：当温度超过 800 ℃时，Cr(VI)被 C、CO 等还原组分还原为 Cr(III)；当温度超过 900 ℃时，Cr(III)可能进入 Si—Al—O 网状结构并被包裹在其中；由于 Fe(III)、Cr(III)与 Al(III)的离子半径相近且电荷相同，在高温条件下可能发生类质同象作用而形成类似的取代产物，同时玻璃态物质对 Cr 起到良好的包裹效果，使得重金属被固定下来。Yang 等（2020）发现，在 500 ℃条件下焚烧处理电镀污泥时，所得残渣中 Cr 的浸出浓度较高；但当温度升至 1 200 ℃后，Cr 的浸出浓度大幅降低。香港大学土木与环境工程系环境材料研究小组近年来以氧化铝矿物（包括 γ-AlOOH、γ-Al$_2$O$_3$、α-Al$_2$O$_3$）为基质材料，研究相对低温（<1 000 ℃）条件下对重金属 Cd、Pb、Zn、Cu、Ni 的固定，以 X 射线衍射技术研究熔融固定后形成物质的结构，以 TCLP 试验研究结构中重金属的浸出情况。结果显示，在 800 ℃以上，热处理过程产生尖晶石结构（MAl$_2$O$_4$），重金属被稳定地固定于尖晶石结构中，相对于重金属的氧化物形式，尖晶石稳定结构中重金属的浸出极其微弱，重金属被完全固定于形成的尖晶石结构矿物中。

3.4.3 保温时间

在热处理过程中，除了热处理温度，重金属的保温时间也是决定其固化效果的关键因素。为了减少能源消耗，研究者倾向于寻找较短的保温时间，以实现重金属的有效固定。而且保温时间过长可能会导致重金属状态发生不利变化，进而影响其固化效果（Mao et al., 2015）。Xiao 等（2017）在对含 As 和 Cd 的危险废物进行烧结处理时发现，仅在 600 ℃下保温 45 min 就能促使大量 As 和 Cd 挥发，这表明易挥发性重金属的固化效果对保温时间极为敏感。对于难以挥发的重金属，保温时间的影响则有所不同。Ma 等（2009）在对含 Cr 粉尘与黏土进行协同烧结处理的研究中观察到，只有在 1 100 ℃下保温超过 5 h，Cr 的固定效果才能达到规定的标准。此外，保温时间还会改变重金属的化学形态分布。González 等（2018）在对混合工业污泥进行协同烧结处理时发现，延长保温时间会导致轻质材料中残渣态 Cu 和 Pb 的相对含量明显增加。总体而言，保温时间在危险废物的热处理过程中对重金属的固定起着至关重要的作用，并受到热处理温度和重金属特性的影响。

3.4.4 高温处理氛围

在高温处理过程中，不同的气体氛围会对重金属反应的类型和路径产生显著影响（Geng et al., 2020a）。例如，氧化性环境可能会促进 Cr(III)向更易迁移且毒性更高的 Cr(VI)转化（Yang et al., 2020）。相反，在还原性环境中，Cr(VI)可以被转化为硫化物，这有助于提高 Cr(VI)在危险废物中的残留率（Dong et al., 2015）。因此，气体氛围在危险废物的热处理过程中对重金属的稳定化效果起着至关重要的作用。研究发现，在处理危废焚烧飞灰的烧结过程中，较高浓度的氧气可以促进形成孔隙更细小、结构更致密的烧结体，以及更稳定的重金属氧化物晶体（Yan et al., 2021）。

除了通过外部通气调节氛围，一些研究还提出利用危险废物中特定组分在特定条件下自发产生氧化或还原性环境的方法。例如，含有大量碳质的废物在热处理时可能形成局部还原性环境，促使部分重金属发生还原反应，从而改变其固化效果。Geng 等（2020b）在热处理富含碳的垃圾焚烧飞灰和赤泥时发现，大部分金属物质首先被还原为金属态，随后亲铁的重金属如 Cr、Mn、Ni 等会与铁水反应，最终被固定在铁基金属合金中。同样地，Yu 等（2021）在协同热处理电镀污泥、铜渣和废弃阴极炭的过程中观察到形成有效固定了 Cu、Cr、Ni 等重金属的合金，并且产生的底渣浸出浓度较低。这些研究表明，在重金属污染土壤的热处理过程中，气体氛围可能并非完全可控，且在选择氛围时还需考虑危险废物中的其他组分特性及目标重金属的具体特性。

综上所述，热处理过程中的关键工艺参数，如处理温度、保温时长和反应氛围，均显著影响重金属在高温结构化固定中的稳定性。这些参数之间可能还存在相互作用，说明通过不同的工艺参数组合可以增强重金属的固定效果。依据现有的研究，工艺参数影响重金属固定效果的机制主要是它们促进了土壤中特定组分与重金属之间的特异性化学反应（Fan et al., 2021；Yu et al., 2021；Geng et al., 2020b）。同时，许多研究强调，需要根据重金属污染土壤的物质组成特性来选择有效的热处理工艺参数。因此，在研究热处理工艺参数对重金属固定效果的影响时，需要关注土壤中不同物质组分与重金属固定效果之间的相互关系。

3.5 土壤多金属复合污染的固定

在我国，土壤中多金属共存已成为重金属污染的一个显著特征（骆永明和腾应，2018）。这种复合型污染不仅普遍存在，而且情况复杂多变，通过加和效应、拮抗效应和协同效应对生态环境产生了一系列难以预测的影响。在长达数十年的时间跨度内，自然高背景水平、有色金属的采选与冶炼活动、钢铁生产过程、交通运输排放，以及农业化学品的使用等多种污染源的累积效应，已经使得西南高背景区、长三角地区、珠三角地区，以及东北老工业基地等关键区域面临严重的多金属复合污染挑战（Huang et al., 2019；骆永明和腾应，2018）。与单一重金属污染相比，多金属复合污染的土壤中不同重金属元素的迁移和转化过程相互影响，这使得基于单一转化过程的多元素污染同步治理变得复杂（Islam et al.，2021；费杨等，2016；Honma et al.，2016）。例如，土壤 pH 的升高虽然会降低镉、铅等阳离子的迁移性，但砷的迁移性却可能因此增加（Igalavithana et al.，2017；Yin et al.，2017）。这是因为土壤 pH 升高有利于阳离子型重金属的沉淀，但同时也会导致土壤颗粒与砷含氧酸根之间的静电排斥作用增强，从而增加了砷的迁移性（Bandara et al.，2020）。土壤氧化还原电位的降低能在一定程度上抑制二价阳离子的迁移性，但却可能破坏砷与铁锰氧化物的结合，使砷的迁移性增加（Xu et al.，2017；Frohne et al.，2011）。此外，土壤溶液中的磷酸根离子有助于阳离子型重金属的沉淀和稳定化，但也可能通过竞争吸附作用导致砷的活化（Bandara et al.，2020；Barbafieri et al.，2017）。因此，针对多金属复合污染的土壤，深入理解不同类型重金属迁移转化的微观机制，实现同步治理，是当前环境科学领域面临的一项重要挑战。

重金属复合污染具有普遍性、复杂性等特点，它通过加和作用、拮抗作用和协同作用对生态环境产生更多不确定的影响。实现重金属复合污染的同步治理是当前环境科学面临的重大问题。由于不同重金属在物理化学性质上的差异性，常规的重金属固废处置过程难以同时有效固定固废中的不同重金属。针对这一问题，近年来国内外学者分别研制了基于黏土和赤铁矿基质等的热固化剂，能同时捕获锌/铬、镉/镍等，并生成结构稳定的尖晶石矿物相，重金属分别占据尖晶石晶格的四面体或八面体结构位，实现多金属的同步晶格结构化固定。

3.5.1 尖晶石同步结构化固定

尖晶石结构不仅适用于单一元素的重金属固化体系，对于二元重金属也同样适用。例如，在对镍铬废弃电池的处理过程中，Su 等（2018a）发现在 950 ℃、3 h 的热处理条件下赤铁矿能同时捕获 Cd 和 Ni，生成具有尖晶石结构的 $Cd_xNi_{1-x}Fe_2O_4$ 固溶体。研究发现随着 Cd 含量的增加，固溶体的晶胞参数也呈线性增加，这是由于 Cd 的晶体半径（0.97 Å）较 Ni（0.72 Å）稍大，形成的尖晶石固溶体的晶胞参数随着组成元素的原子半径增加而增大。XRD 结构精修结果和同步辐射 X 射线吸收光谱（X-ray absorption spectroscopy，XAS）的结果表明，Cd 主要占据四配位中 8a 的位置，而 Ni 主要占据六配位中 16d 的位置。说明 $Cd_xNi_{1-x}Fe_2O_4$ 固溶体同时具备正尖晶石和反尖晶石的结构，是一类混合尖晶石结构（图 3.2）。另外在该体系中，随着 Ni 含量的增加，需要更高的能量去克服能量壁垒以促进尖晶石固溶体的生成。通过赤铁矿热处理后的尖晶石产物在毒性特性浸出测试中表现出了极强的稳定性。

Mao 等（2018）在利用含 Fe 污泥稳定化电镀污泥的过程中发现几类主要的尖晶石结构对 Zn、Cu 和 Cr 的固定发挥着重要的作用，包括 $ZnCr_2O_4$、$ZnFe_2O_4$、$CuFe_2O_4$ 和 $CuCr_2O_4$。相较于其他三类尖晶石结构，从热力学角度分析 $ZnCr_2O_4$ 这一尖晶石结构相更易生成，主要原因是其吉布斯生成自由能更低。通过调控热处理参数，电镀污泥中的 Zn 和 Cr 可以同时被固定到 $ZnCr_2O_4$ 尖晶石结构中，其中 Zn 占四配位的四面体中，Cr 占六配位的八面体中。在这类富含多种重金属的电镀污泥中，由于 Cr、Fe、Cu 和 Zn 的离子半径接近，经过处理最终得到的矿物相结构通常为掺杂了不同金属的尖晶石固溶体。以尖晶石 A 位含 Cu 的固溶体为例，Cu 能同时进入 $CuCr_2O_4$ 及 $CuFe_2O_4$ 的结晶相中，并且以 $CuCr_xFe_{2-x}O_4$ 的固溶体形式生成。

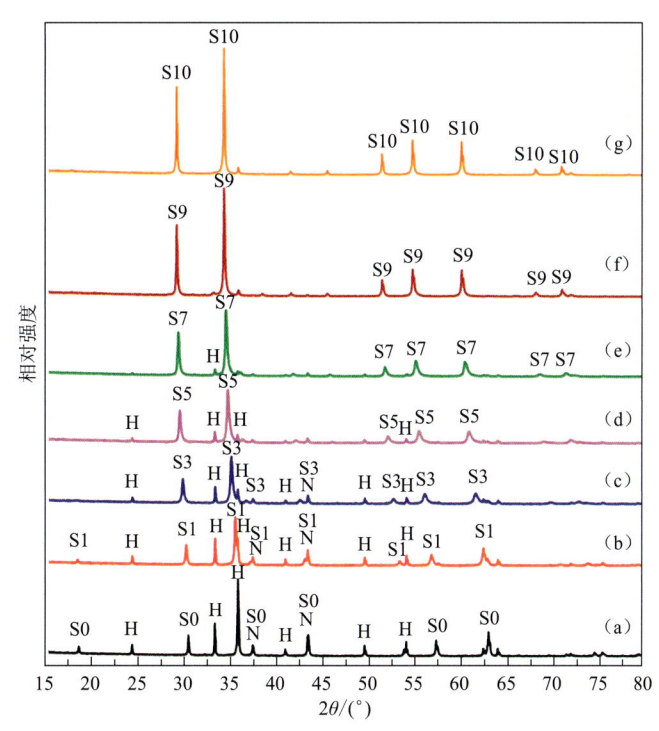

图 3.2 （a）NiO+α-Fe$_2$O$_3$，（b）0.1CdO+0.9NiO+α-Fe$_2$O$_3$，（c）0.3CdO+0.7NiO+α-Fe$_2$O$_3$，（d）0.5CdO+0.5NiO+α-Fe$_2$O$_3$，（e）0.7CdO+0.3NiO+α-Fe$_2$O$_3$，（f）0.9CdO+0.1NiO+α-Fe$_2$O$_3$，（g）CdO+α-Fe$_2$O$_3$ 在 950 ℃烧结 3 h 后形成 Cd$_x$Ni$_{1-x}$Fe$_2$O$_4$ 尖晶石的 XRD 图

x=0，0.1，0.3，0.5，0.7，0.9 和 1.0；引自 Su 等（2018b）

Ma 等（2019）利用陶瓷烧结技术，在相对较低的温度范围（750～850 ℃）下，研究了 Pb、Zn、Cu 的共固定机理，并详细阐述了相变、金属分布及金属含量的影响。在重金属含量较低的系列中，PbAl$_2$Si$_2$O$_8$ 为主要固定相，而在重金属含量高的系列中，大部分 Pb 被纳入 Pb$_9$(PO$_4$)$_6$ 中。在两个反应系列中，Zn$_x$Cu$_{1-x}$Fe$_y$Al$_{2-y}$O$_4$ 尖晶石固溶体是稳定铜和锌的主要产物相，但锌在尖晶石结构中更具竞争性。此外，反应体系的金属类型和元素组成在很大程度上影响了烧结产物中重金属的分布规律。Zn 和 Cu 含量越高，金属晶粒越大，而 Pb 的分布不受重金属含量的影响。在 600～750 ℃和 800～1 050 ℃烧结的样品中，Pb 和 Zn 的浸出率最低，而 Cu 的浸出率较低。在这两种体系中，PbO 是最易浸出的相，CuO 是最稳定的氧化物。在 600～750 ℃烧结时，由于 PbAl$_2$Si$_2$O$_8$ 和/或 Pb$_9$(PO$_4$)$_6$ 的形成，Pb 的浸出率最低。在较高的温度（800～1 050 ℃）下，Zn 的浸出率最低，这是由于 Zn$_x$Cu$_{1-x}$Fe$_y$Al$_{2-y}$O$_4$ 的生成。虽然 Cu 也转变为尖晶石固溶体，但浸出率略高于 Zn 和 Pb。此外，除了在晶体相中加入了大多数重金属，其余的金属还会掺入到玻璃基质中，与氧化物形式相比，玻璃基质也被报道具有良好的化学耐久性。

3.5.2 锌铬协同固定

Zn 和 Cr 是我国土壤中常见的重金属污染物，尤其是在电镀工业场地中，常常出现

Cr、Ni、Cu、Zn 等多种重金属的复合污染。本小节将重点介绍 Zn、Cr 的协同固定，以期为重金属复合污染土壤的修复提供理论指导。Wu 等（2019）对基于尖晶石结构的 Zn、Cr 协同固定过程进行了研究，经高温处理后形成了 $ZnCr_2O_4$ 尖晶石结构，其中 Zn(II) 和 Cr(III) 分别占据了尖晶石的四面体和八面体结构位，实现了锌和铬的协同固定。

1. 锌铬协同固定过程

根据 AB_2O_4 尖晶石形成理论，按照 Zn^{2+} 与 Cr(III) 的物质的量之比 1∶2 进行配比。首先将 ZnO 和 Cr_2O_3 混合物料放入球磨机中，加入一定量的水形成水浆状，在球磨机中混合处理 18 h，使其充分混合。随后，将混合物在室温下干燥，并在压片机中以 650 MPa 压力压制成直径 20 mm、高度 5 mm 的柱状体。然后将柱状体置于马弗炉中，设定目标温度（700～1 300 ℃）煅烧处理 3 h。最后自然冷却至室温。

2. 产物结构分析

XRD 结果（图 3.3）显示，初始矿物晶相分别为 ZnO（PDF #89-7102）和 Cr_2O_3（PDF #04-0765）。$ZnCr_2O_4$ 尖晶石（PDF #87-0028）首先是在 700 ℃烧结样品中检测到的。在尖晶石相（$ZnCr_2O_4$）形成的初始阶段，由于成核过程，ZnO 和 Cr_2O_3 之间会发生固态反应，随后形成具有立方体结构的尖晶石 $ZnCr_2O_4$。随着烧结温度的升高，$ZnCr_2O_4$ 的峰强度显著增加，而 ZnO 和 Cr_2O_3 的峰强度同时降低。在 1 000 ℃烧结 3 h 后，ZnO 和 Cr_2O_3 均未出现峰，表明两种反应物均发生了完全转变。进一步，随着烧结温度的升高，$ZnCr_2O_4$ 的衍射峰变得更尖锐和更窄，这是因为颗粒的增大增强了特征峰信号。

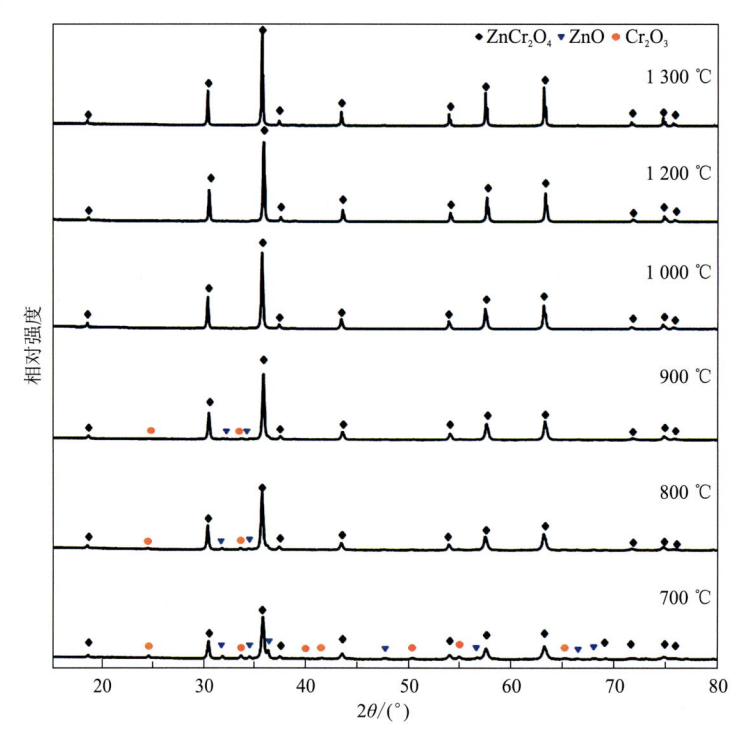

图 3.3　ZnO 和 Cr_2O_3 混合压制后在不同温度下煅烧 3 h 后的 XRD 图

通过在 1 000 ℃下烧结 ZnO + Cr$_2$O$_3$ 混合物 3 h 获得的产品的 XPS 图如图 3.4 所示。XPS 全谱分析中出现了 Zn、Cr、O、C 的特征峰，其中 Zn 2p：1 021.8 eV 和 1 044.8 eV 分别对应 Zn^{2+} 的 Zn 2p$_{3/2}$ 和 Zn 2p$_{1/2}$；Cr 2p：576.7 eV 和 586.1 eV 对应 ZnCr$_2$O$_4$ 中 Cr^{3+} 的 Cr 2p$_{3/2}$ 和 Cr 2p$_{1/2}$，结合能位于 575.6 eV 的峰对应表面的 Cr$_2$O$_3$；O 1s：529.65 eV 对应 ZnCr$_2$O$_4$ 中的晶格氧。烧结样品表面的原子 Zn/Cr 为 25∶54，这与 ZnCr$_2$O$_4$ 尖晶石的原子比一致，ZnCr$_2$O$_4$ 尖晶石被证实是近表面区域 Zn^{2+} 的主导状态。ZnCr$_2$O$_4$ 的 O 1s 特征具有 530.8 eV 的结合能，这与 Zn 2p 和 Cr 2p 光谱的解释一致，表明 ZnCr$_2$O$_4$ 氧化物是近表面区域中 Zn 和 Cr 物质的主要状态。

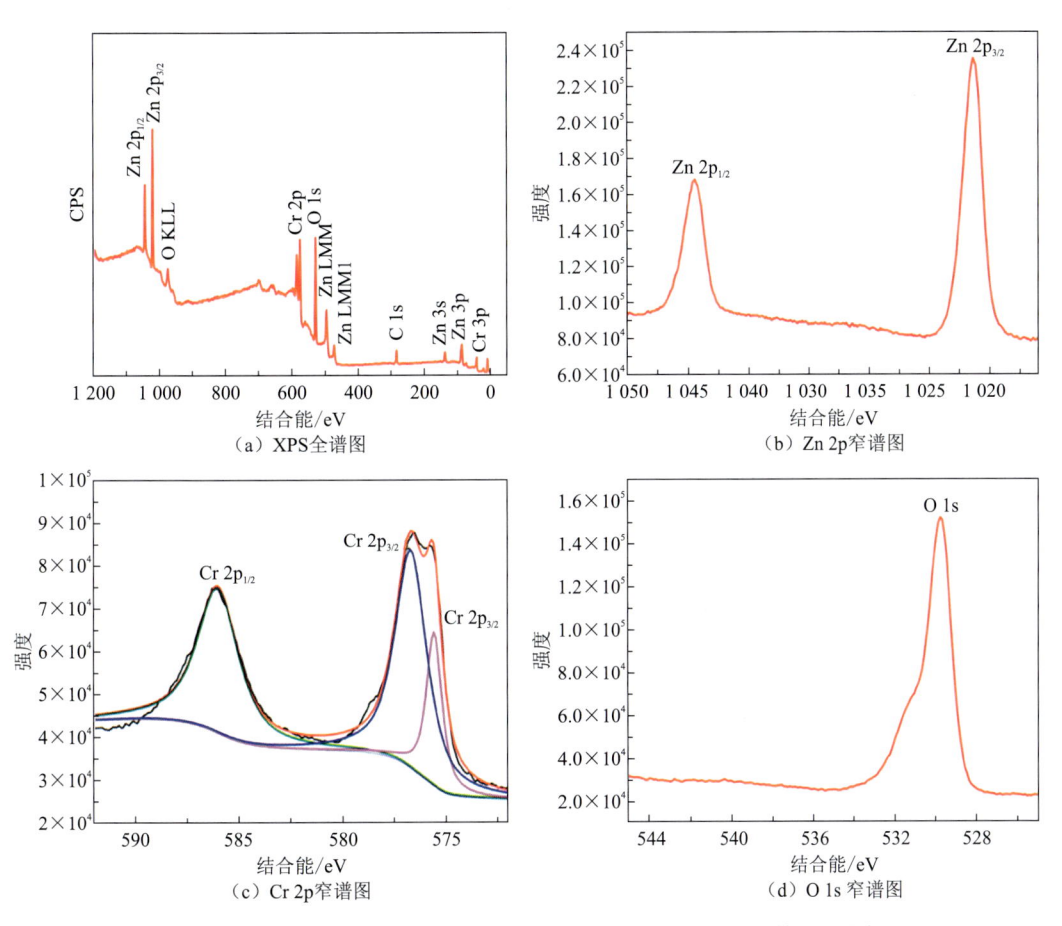

图 3.4 ZnO 和 Cr$_2$O$_3$ 混合压制后在 1 000 ℃下煅烧 3 h 后的 XPS 图

为了进一步了解 ZnO 和 Cr$_2$O$_3$ 混合压制后形成尖晶石（ZnCr$_2$O$_4$）的结构特征，采用透射电子显微镜（transmission electron microscopy，TEM）观察其内部特征。在不同温度下获得的 ZnCr$_2$O$_4$ 的 TEM 图像揭示了 700 ℃处理样品的异质形态，但 1 000 ℃和 1 300 ℃烧结样品的形态更均匀（图 3.5）。烧结体呈片状结构，在低温时，颗粒不均匀且表面不平整。随着温度升高，尖晶石形状更规则，结构更致密光滑。

3. 产物重金属浸出性能评估

为了评估烧结产物的浸出性能，将烧结产物研磨至粒径小于 10 μm 的粉末，按照美

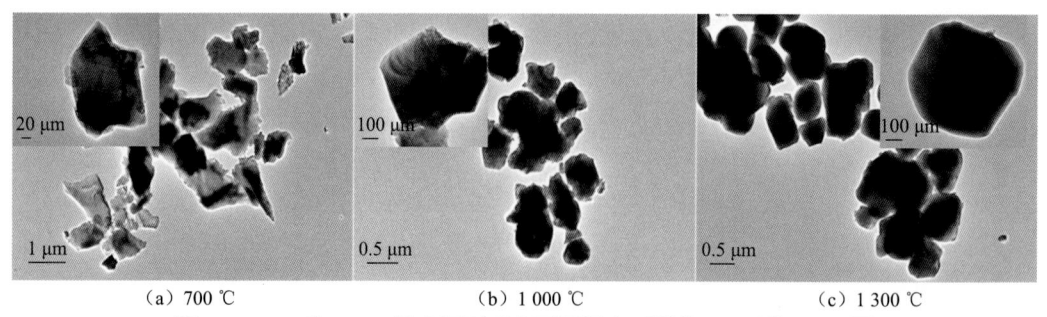

(a) 700 ℃　　　　　　　　(b) 1 000 ℃　　　　　　　　(c) 1 300 ℃

图 3.5　ZnO 和 Cr₂O₃ 混合压制后在不同温度下煅烧 3 h 后的 TEM 图

国环境保护署 Method 1311 TCLP 标准流程，对过筛后的烧结体利用乙酸（pH 为 3）溶液在翻转式振荡器室温下恒温振荡 21 d，研究固定后粉体重金属浸出情况（试验中浸出液为 10 mL，固体粉末为 0.5 g）。烧结材料粉体和原始 ZnO、Cr₂O₃ 的标准浸出实验结果如图 3.6 所示。浸出 0.75 d 后，ZnO 浸出液中 Zn 的浓度显著升高，达到 1 160 mg/L；Cr₂O₃ 浸出液中 Zn 的浓度达到 29 mg/L，并在随后的时间里保持相对稳定。对于尖晶石结构烧结产物，Zn 和 Cr 的浸出浓度分别为原始的 1/30 和 1/5，并且 Zn 和 Cr 的浸出在反应第一天即达到平衡，在后续的浸出过程中，基本无新的 Zn 和 Cr 浸出，表明尖晶石结构化 Zn 和 Cr 在长时间的淋洗过程中能保持稳定。

(a) ZnO 和烧结产物 ZnCr₂O₄ 中 Zn 的浸出浓度　　(b) Cr₂O₃ 和烧结产物 ZnCr₂O₄ 中 Cr 的浸出浓度

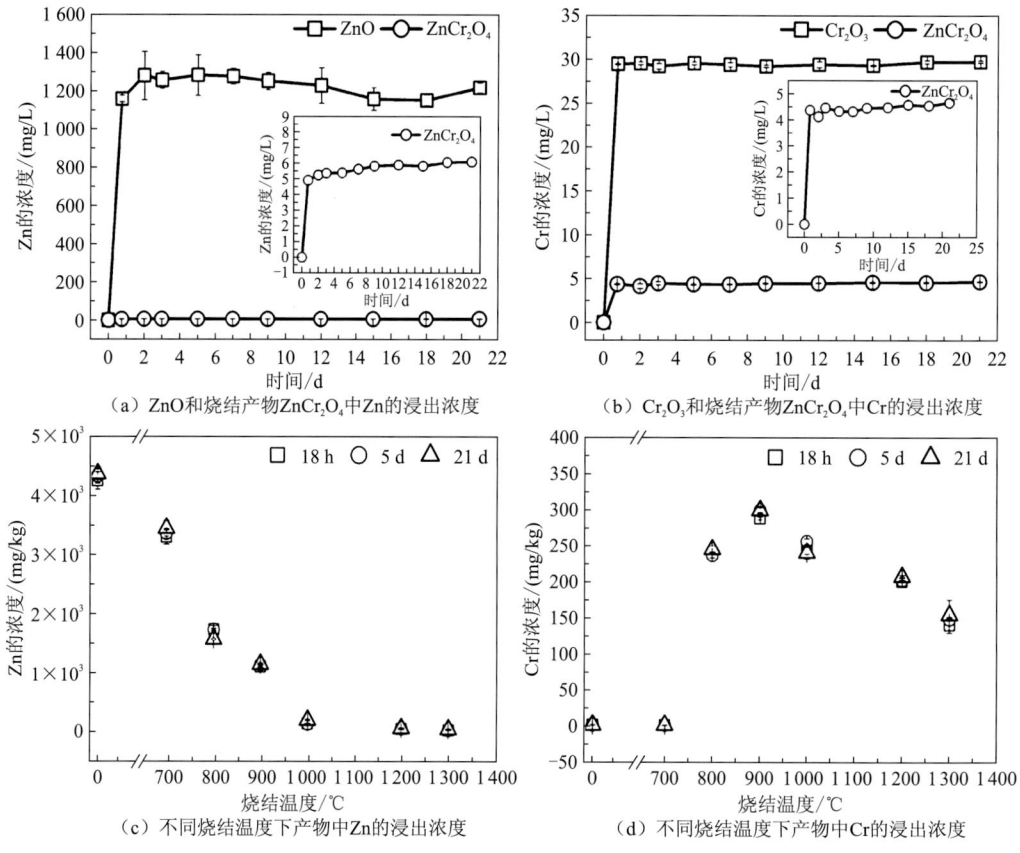

(c) 不同烧结温度下产物中 Zn 的浸出浓度　　(d) 不同烧结温度下产物中 Cr 的浸出浓度

图 3.6　烧结材料粉体和原始 ZnO、Cr₂O₃ 的标准浸出实验结果

3.5.3 土壤多金属协同固定

黏土是土壤中的主要矿物成分，我国南方红壤中的黏土含量更高。黏土中通常含有大量的 SiO_2、Al_2O_3、Fe_2O_3，因此，在实际的场地重金属污染土壤处置过程中，黏土可以代替 Al_2O_3 或 Fe_2O_3 作为廉价固定剂，用来高温结构化固定重金属，形成尖晶石结构或长石结构。其反应原理如下（以 Al 基为例）：

$$3Al_2Si_2O_5(OH)_4 \longrightarrow 3Al_2Si_2O_7 + 6H_2O \quad (3.4)$$

$$3Al_2Si_2O_7 \longrightarrow 3Al_2O_3 \cdot 2SiO_2 + 4SiO_2 \quad (3.5)$$

$$Al_2Si_2O_7 + MO \longrightarrow MAl_2Si_2O_8 \quad (3.6)$$

$$3Al_2O_3 \cdot 2SiO_2 + 2SiO_2 + 3CuO \longrightarrow 3MAl_2Si_2O_8 \quad (3.7)$$

1. 土壤多金属协同固定过程

在上述锌铬协同固定研究的基础上，采集某污染地块超过《土壤环境质量 建设用地土壤污染风险管控标准（试行）》（GB 36600—2018）二级标准的土壤进行试验，主要重金属污染物为 Zn、Cr、Cd、Cu。选用富含 Al_2O_3 和 Fe_2O_3 的黏土及粉煤灰（制砖内燃物）。试验过程中考虑到合作企业配方工艺的实际情况，将污染土壤、黏土、粉煤灰的比例设置为材料厂制砖工艺中的最佳配方 1∶1.8∶0.2。在设定好比例的情况下，按照与黏土的重金属结构化固定试验相同的试验程序进行试验。综合考虑制砖企业烧结工艺和黏土重金属结构化固定试验结果，煅烧温度设定在 1 000 ℃。

2. 烧结产物重金属浸出性能评估

对经过固化的重金属烧结体进行 TCLP 重金属浸出实验，以评估其中 Zn、Cr、Cd、Cu 的浸出风险。实验结果显示（图 3.7），在经过 pH 为 2.9 的乙酸浸取 22 d 后，浸出液中 Cr、Pb、As、Cu 的浓度分别为 0.012 mg/L、0.014 mg/L、0.022 mg/L、0.2 mg/L，均低于《地表水环境质量标准》（GB 3838—2002）III 类水标准值。根据《地表水环境质量标准》，III 类水主要适用于集中式生活饮用水地表水源地二级保护区、鱼虾类越冬场、洄游通道、水产养殖区等渔业水域及游泳区。因此，经过烧结固化处理的固化体中重金属的浸出风险极低。研究结果表明，实验中的多重金属污染土壤经固定剂固化烧结后，目标处置重金属能以矿物晶体结构的形式深度固化，获得的烧结体在长期的地表暴露环境中环境风险较低，其重金属浸出液符合地表水排放标准。

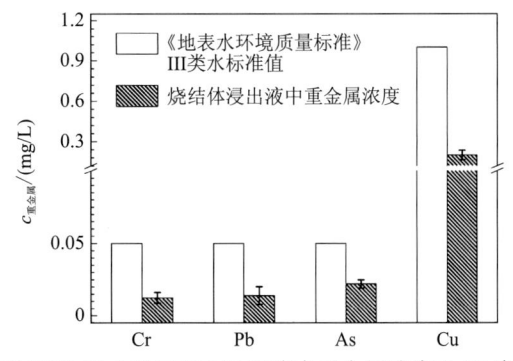

图 3.7 烧结体浸出 22 d 后 TCLP 浸出液中重金属浓度及 III 类水标准浓度

第 4 章 常温结构固化技术

常温结构固化技术被认为是具有较好经济性和可持续性的重金属污染土壤固化修复技术，数十年间，科研和相关行业工作者对重金属常温固化技术开展了全面的研究。首先，环境矿物参与的生物地球化学循环过程显著影响重金属的环境行为。研究显示，常温下矿物共存重金属以三种可能的形式发生稳定/固化效应：一是以化学键形式吸附固定于矿物表面或矿物孔隙中；二是形成重金属本身作为结构成分的矿物相；三是重金属取代次生矿物晶体结构中的部分，形成重金属结构取代矿物（Liu et al., 2019a; Boland et al., 2011; Amstaetter et al., 2010; Nico et al., 2009）。从结构化学角度出发，三种方式中，重金属结构位取代形成的化学键结构最为稳定，是污染重金属原位固定脱毒最彻底的方式；其次，利用生物与非生物氧化还原过程或者酸碱中和反应，重金属与土壤矿物发生共沉淀可从液相转化为固相，降低其在环境中的生物有效性和毒性。例如，研究发现可以通过向酸性矿山废水中施加石灰使重金属直接沉淀，或者通过施加碱性化学药剂促进重金属直接沉淀（Luo et al., 2020）。此外，研究表明可以通过直接利用废弃物生产的免烧砖以达到降低重金属生物有效性和毒性的目的，免烧砖以粉煤灰、煤渣、尾矿渣、重金属污染土壤或天然砂等废弃廉价易得的废料为原料，可以应用于建筑、路面、园林、水泥制品等领域，不仅能解决大宗固废堆积污染环境的问题，同时还能实现固体废弃物的资源化（严岩，2017）。本章综述近年来常温结构固化技术的进展，尤其对矿物结构转变耦合重金属固化、重金属与矿物共沉淀和常温压制免烧砖技术展开详细讨论。

4.1 矿物结构转变耦合重金属固化

矿物构成了地球固体形态的基本单元，它们是地球在演化历程中经历物理、化学及生物学过程的结晶。据目前统计，已经确认的矿物种类超过 5 500 种。随着实验技术和表征手段的突飞猛进，以及这些先进技术在矿物学领域的广泛应用，人们对矿物多样性的理解已经得到了极大的扩展和深化。矿物在自然环境中不仅分布广泛，而且具有很强的反应活性，能够参与不同组分、多相间的相互作用（Cornell and Schwertmann, 2004）。由于矿物普遍具有较大的比表面积和较高的表面反应活性，它们常可以充当一些重要污染物（如重金属元素和有机污染物）的清除剂，因此普遍认为矿物对环境中重金属的形态、迁移和生物有效性有重要影响。一般认为矿物对重金属有很大的吸附容量，一些污染风险高的土壤污染重金属，如 As、Sb 和 Cr 等，都被发现主要存在于土壤或沉积物中的矿物表面。另外，矿物可通过专性吸附作用将其部分重金属固定在晶格层间，进一步降低重金属的生物有效性（Huhmann et al., 2017）。矿物通过吸附重金属元素降低其移动性是一种常见的固化方式，除此之外，由于多数弱结晶度的矿物热力学性质相对不稳定，在一定条件下能够发生显著的矿物学结构转变（Cornell and Giovanoli，1989），大量研究表明矿物结构转变过程对重金属的环境地球化学行为有重要影响。此外，环境中同样存在大量晶体结构和元素组成较为稳定的矿物，在低温体系下，矿物中元素的固态扩散通常非常缓慢，即使在地质时间尺度上也十分稳定。但有研究表明低温条件下，矿物结构转化可以通过溶解和沉淀反应发生，导致矿物晶体学结构发生变化，这些反应可以使矿物从一个矿物相转变为另一个不同的矿物相，矿物可保持其结构和形态但其元素组成改变，或者矿物保持其组织和元素组成但通过聚集和生长转化为更稳定的颗粒（Gorski and Fantle，2016）。环境中矿物与重金属的环境地球化学行为联系密切，重金属离子可通过扩散和吸附作用聚集在矿物表面或结构中。矿物的晶相结构和元素组成并不是一成不变的，常常受到环境因素的影响，而矿物晶相结构或元素组成的变化都对与之紧密联系的重金属的归趋有深远影响。本节列举环境中最常见的高活性矿物，如铁矿物和锰矿物，详细讨论矿物结构转变过程及相关机制。

4.1.1 矿物结构转变概述

1. 铁矿物

铁（Fe）是地壳中丰度最高的过渡金属元素，地表水系沉积物中 35%的 Fe 都以铁矿物颗粒的形式存在（Cornell and Schwertmann，2004；Canfield，1997）。铁矿物的基本结构单元是八面体或四面体。八面体中，Fe 原子周围环绕 6 个 O 离子或者 3 个 O 和 OH 离子；四面体中，Fe 原子周围环绕 4 个 O 离子。铁矿物晶体结构由多个四面体或八面体通过顶点、共边和共面等方式连接形成。四面体或八面体基础单元的不同排列方式会导致铁矿物的稳定性、表面结构与电化学性质等存在显著差异。

铁矿物的形成和转化过程与其生长环境条件同样密切相关，如温度、pH、氧化还原电位、水活度、盐和有机化合物等（Cornell and Schwertmann，2004）。地表不同的生长矿化环境使铁矿物形态丰富，种类多样。土壤中的主要基础铁矿物包括水铁矿[$Fe_{10}O_{14}(OH)_2 \cdot nH_2O$]、针铁矿（α-FeOOH）、赤铁矿（α-$Fe_2O_3$）、纤铁矿（γ-FeOOH）、磁铁矿（$Fe_3O_4$）等（Adegoke et al.，2013；Schwertmann and Cornell，2008；Cornell and Schwertmann，2004）。值得注意的是，每一种铁矿物均具有独特的形态、表面特征及结晶度，例如针铁矿、赤铁矿、磁铁矿和磁赤铁矿的结晶度较高，而水铁矿和纤铁矿的结晶度则相对较低。在众多铁矿物相中，结晶度较低的铁矿物往往具有较高的比表面积和吸附位点，它们通常比高结晶度矿物具有更强的吸附能力。

水铁矿被认为是最常见的无定形铁矿物，主要通过 Fe(III)快速水解-沉淀或 Fe(II)氧化-聚合形成初始铁矿物，它的颗粒尺寸较小，通常为 2~6 nm，根据水铁矿衍射线条数定义为二线水铁矿和六线水铁矿两种典型水铁矿（Hiemstra，2015；Cornel and Giovanoli，1989）。无定形水铁矿的结构是非晶且无序的，因此目前对水铁矿分子结构的认识仍不明确。如图 4.1 所示，有研究认为理想水铁矿的结构主要由三种类型的 Fe 位点（Fe1、Fe2、Fe3）组成。前两种类型的 Fe 离子（分别为 60%和 20%）为六配位，第三种类型 Fe 离子（20%）为四面体配位（Hiemstra，2013）。由于水铁矿内在可变的含水量和无序性，常见的水铁矿并非为理想分子结构。但是，如果只考虑水铁矿中六配位 Fe 离子的转变，可将水铁矿简单理解为主要由 OH⁻和 O₂⁻阴离子包裹的八面体 Fe(III)的无序堆叠组成（Zhu et al.，2019；Weatherill et al.，2016）。

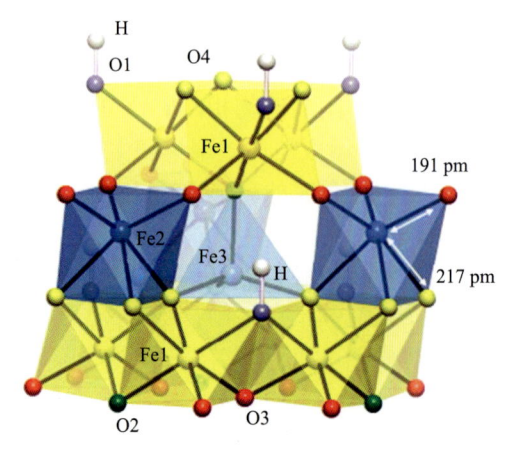

图 4.1 理想水铁矿的部分结构

两层共享边缘的八面体 Fe1（黄色）片连接着的 3 个八面体 Fe2（深蓝色）和 1 个中间的四面体 Fe3（浅蓝色）

常温环境下，水铁矿与众多环境基质共存，如 Fe(II)、Mn(II)、Ca(II)、硅酸盐、碳酸盐及石墨烯等，能在不同 pH 和 E_h 条件下诱导水铁矿发生结构转变，不同环境基质诱导水铁矿发生结构转变所需的老化时间、转变产生二次矿物的类型和形貌也有所不同（Li et al.，2022；Meng et al.，2022；Yan et al.，2022；Hua et al.，2019；Chen et al.，2015）。其中，在 Fe(II)催化水铁矿晶相转变过程中，吸附的 Fe(II)和水铁矿之间通过界面电子转移产生一种非稳态 Fe(III)中间相，该 Fe(III)中间相可以持续地积累和缩合，并且导致晶相发生转变，使得水铁矿在数天内快速转变为纤铁矿或针铁矿等晶相稳定的二次矿物，该过程符合经典成核理论且与溶解-再沉淀晶相转变机制吻合（Chen et al.，2015）。

较低结构有序的水铁矿相主要通过两种桥联反应转变为较高结构有序的二次矿物相，即羟联作用和氧联作用，其中 OH⁻基团在促进聚合的过程中起着至关重要的作用。两种作用过程都是由 OH⁻基团作为反应物驱动桥联反应进行的。其中桥联基团的形成会消耗 OH⁻，并随着更紧密化学键网络的形成逐渐释放水分子（Sheng et al.，2021；Henry et al.，1992）。当 Fe(III)与成环三聚[Fe₃(OH)₄(OH₂)₉]⁵⁺簇通过羟联作用进行边缘连接后，最终分子内连接可以通过以下方式发生：①通过在 μ_2-OH 桥上的羟联作用，产生平面四聚体；②通过在中心 μ_3-OH 桥上的氧联作用，产生偏斜的四聚体。二次矿物晶相重组途径①类似于连续的双链形成产生聚合的针铁矿结构，而途径②导致产生连续片状的纤铁矿结构（Sheng et al.，2020）。

羟联作用通过与相邻 Fe(III)上的残留水合配体进行配体交换，经过亲核取代形成可消除的水分子，从而形成桥联 OH⁻，反应过程如下：

$$Fe^{III}—OH + Fe^{III}—OH_2 \longrightarrow Fe^{III}—\overset{H}{O}\cdots\cdots\overset{H}{H}—\overset{H}{O}—Fe^{III} \longrightarrow Fe^{III}—\overset{H}{O}—Fe^{III} + H_2O$$

（4.1）

其中，……表示 OH⁻基团与相邻水合 Fe(III)的相互作用强度，克服水合配体结合能导致其脱离的过程。

氧联作用需要通过相邻 Fe(III)之间 OH⁻基团的亲核取代来形成桥联 O_2^-，然后经过一个质子转移形成可以消除的水分子，反应过程如下：

$$Fe^{III}—OH + Fe^{III}—OH \longrightarrow Fe^{III}—\overset{\overset{H}{|}}{O}—Fe^{III}—OH \longrightarrow Fe^{III}—O—Fe^{III} + H_2O \quad (4.2)$$

除此之外，针铁矿和赤铁矿的结构转变机制明显与水铁矿不同，针铁矿和赤铁矿发生晶相重组时其结构组织和元素组成不改变但矿物形貌改变，这是因为针铁矿和赤铁矿是结晶度较高且结构化学性质更加稳定的铁矿物相，几乎不会发生显著的晶相转变。研究认为具有较高结晶度的铁矿物主要是利用吸附-氧化 Fe(II)去填充并消除表面的缺陷位点来驱动晶相重组，这被认为是晶相重组过程的重要能量驱动力（Southall et al.，2018；Russell et al.，2009）。矿物表面缺陷源于矿物非典型的生长和/或结构的偏差，这种特征在针铁矿和赤铁矿中较为常见。因为相对于缺陷表面来说，具有平滑表面的铁矿物表面能更低，热力学性质更加稳定（Notini et al.，2018；Alexandrov and Rosso，2015）。缺陷的类型和程度显著影响铁矿物的性质（如晶胞的 a 尺寸、尼尔温度、磁矩）和反应性（如溶解速率和离子吸附）。并且，与矿物平滑表面上的 Fe 位点相比，缺陷表面上的 Fe 或 O 位点表现出更高的反应性。表面缺陷被认为可能是实验观察到的矿物-水界面电子转移过程的基础。高结晶度的铁矿物（如针铁矿和赤铁矿）在 Fe(II)催化下发生电子转移，其结构组织和元素组成得以保持，但是其颗粒形貌会发生一定程度的改变（如缺陷表面随反应趋向平滑）（Notini et al.，2018）。

基于自由能计算结果，吸附 Fe(II)与符合化学计量学的针铁矿平滑表面之间的电子转移在能量上很难发生（Notini et al.，2018；Alexandrov and Rosso，2015）。通过实验观察发现，Fe(II)催化针铁矿和赤铁矿晶相重组常伴随着缺陷表面位点的消除，晶相重组后形成更完美的平滑表面（Notini et al.，2018）。例如，模拟针铁矿(110)晶面上氧空位的计算表明，电子转移到产生较低配位 Fe(III)位点在能量上更有利，并且在动力学上受到的抑制更少，类似于缺陷在固体内部为过量电子积累提供陷阱，因此更容易发生电子转移。有缺陷的矿物表层位点增强了 Fe(II)吸附和电子注入表层晶格 Fe(III)，导致铁矿物的表面势能最小化（Notini et al.，2018；Alexandrov and Rosso，2015）。与具有完美表面的针铁矿相比，具有缺陷晶粒表面的研磨针铁矿可以将更多的 Fe(II)氧化为针铁矿（Taylor et al.，2019）。此外，Fe(II)催化赤铁矿晶相重组被证明是一个高度空间不均匀的过程，电子传导可以从有缺陷的表面进入 2～8 nm 的内部结构，进而促进表面的电子转移（Zarzycki and Rosso，2019）。

2. 锰矿物

锰矿物主要以锰结核和结壳、热液矿床和岩石清漆等形式存在于大多数地质环境中。目前已知存在超过 30 种锰矿物在土壤、沉积物和岩石中（Martin，2005）。这些分布广泛的锰矿物是自然环境中最活跃的氧化剂之一，也是重要的重金属清除剂之一（Hai et al.，2020；Madden et al.，2006；Martin and Meybeck，1979）。在河流和海洋等水系环境中，自然成土过程和环境条件差异导致土壤中锰矿物类型多样、种类繁多，常见锰矿物有软锰矿（MnO$_2$）、水钠锰矿（δ-MnO$_2$）、水锰矿（γ-MnOOH）等。不同地表环境中分布的主要锰矿物有所不同：土壤中主要为锂磷矿、水钠锰矿和水锰矿；深海中主要为水钠镁石、托长石和蛭石；热液喷口中主要为锌锰矿和软锰矿（Namgung et al., 2018; Martin, 2005）。锰矿物的晶体结构主要分为隧道结构、层状结构和低价锰矿物3种类型（Martin, 2005; Davies and Morgan, 1989; Hem and Lind, 1983）。Mn^{4+}的隧道结构由单链、双链或多链组成，沿 Z 轴延伸，MnO$_6$ 八面体通过共棱或共角使链与链连接成方形或三角形隧道，隧道中间一般填充阳离子（Ba^{2+}、Ca^{2+}、K$^+$、Na$^+$等）或水分子。Mn^{4+}的层状结构由 MnO$_6$ 八面体连接成层，层与层之间含有水分子或者阳离子。低价锰氧化物为低于+4价的锰矿物，主要有 MnOOH、Mn$_2$O$_3$、Mn(OH)$_2$、MnO 等多种类型，其中水锰矿最常见且最稳定，晶体结构与软锰矿类似。锰矿物晶相类型多样，且会随着锰氧化程度的变化而变化，因此不同锰矿物之间可发生较活跃的相互转化。

溶液态 Mn(II)和锰矿物共存现象同样在自然环境中普遍存在，由于锰矿物通常在微生物呼吸过程中充当电子受体，导致还原溶解并将溶解的 Mn(II)释放到地下水和沉积物孔隙水中，并且生物过程还可氧化溶解态 Mn(II)以形成类似复水锰矿等聚合锰矿物，因此，在生物地球化学锰循环过程中，Mn(II)可能与氧化还原界面处的锰矿物共存并发生晶相重组（Dick et al., 2009; Martin, 2005; Moffett and Ho, 1996），这与 Fe(II)驱动铁矿物晶相重组的过程相一致。研究表明，在 pH 为 7.5 条件下，Mn(II)与六方水钠锰矿之间能够发生电子转移，六方水钠锰矿会被还原转化为六方水锰矿（β-MnOOH）和水锰矿（γ-MnOOH）。其中，六方水锰矿是反应最初阶的转化产物，随后在与 Mn(II)的持续反应中转化为更稳定的水锰矿。当 pH<7 时，水钠锰矿与 Mn(II)混合导致矿物堆叠被破坏，但没有观察到新的矿物学转化产物。在 pH 为 7 和 7.5 时，Mn(II)驱动水钠锰矿还原转化为水锰矿，而在 pH 为 8 和 8.5 时，水钠锰矿则转化为黑锰矿（Mn$_3$O$_4$）。在 pH 为 7~8.5 条件下，添加低浓度 Mn(II)时，六方水锰矿作为一种亚稳态反应中间体，是主要的转化产物，其在与 Mn(II)后续反应中进一步转化为水锰矿和黑锰矿。基于热力学计算，在碱性条件下，Mn(II)与水钠锰矿反应可转化为黑锰矿沉淀，该过程可抑制热力学更稳定的水锰矿的形成（Dick et al., 2009; Martin, 2005; Moffett and Ho, 1996）。

另有研究发现 Mn(II)氧化沉淀形成的黑锰矿和水锰矿的混合物，在长达 1 年的缓慢氧化后，黑锰矿逐渐转变为水锰矿，混合物中黑锰矿和水锰矿的物质的量之比最终稳定在 1:3。其中黑锰矿表面吸附的水形成的阳离子与表面基团—Mn═(OH)$_2$ 发生交换转化为水锰矿，这是决定其氧化速率的重要步骤（Kirillov et al., 2009）。此外，溶解氧（dissolved oxygen, DO）对菱锰矿的溶解-氧化有重要影响，DO 导致二次锰矿物在菱锰矿上成核和异质外延生长，并且有氧条件下菱锰矿(1014)的表面溶解速率低于缺氧条件下，这是因为菱锰矿氧化形成的锰矿物对其表面的钝化作用（Hu et al., 2019）。

菱锰矿（MnCO$_3$）是天然锰富集沉淀中最常见的锰矿物，对氧化还原变化非常敏感，因此菱锰矿被发现在许多非生物和生物过程中可被氧化为其他锰矿物（Namgung and Lee, 2021; Duckworth and Martin, 2004; La Force et al., 2002）。在微生物诱导作用下锰氧化的速率是自然无机条件下的 10 万倍，因此驱动锰氧化的微生物学机制备受关注。

菱锰矿能通过生物过程发生氧化转变，有研究通过探究各种类型的真菌对天然菱锰矿的微生物氧化作用发现，菱锰矿转化形成了类似 δ-MnO$_2$ 的锰矿物（Tang et al.，2013）。关于非生物氧化过程，菱锰矿可以在厌氧和非生物条件下被光化学氧化转化为水锰矿。菱锰矿的计算带隙约为 5.4 eV，对应于以 230 nm 为中心的光能。在以 230 nm 为中心的光照射下，超晶格中菱锰矿的光氧化产生 H$_2$ 和水锰矿，表观量子产率为 1.37×10^{-3} 摩尔氢/摩尔入射光子（Liu et al.，2020）。有研究在缺氧条件下采用紫外线对菱锰矿的光化学氧化进行了探究，同样发现菱锰矿能被快速氧化为水锰矿（Liu et al.，2020）。在针铁矿与菱锰矿混合体系中，针铁矿可显著促进菱锰矿的氧化及锰矿物的异质外延生长（Namgung and Lee，2021）。针铁矿尖端表面上的锰榍石（α-MnOOH）类锰矿物可以发生异质外延生长（Liu et al.，2022）。这种次生锰矿物的形成可能导致菱锰矿颗粒附近微环境的酸化，从而促进其溶解。另外，通过针铁矿尖端上表面催化的 Mn(II) 氧化，可进一步促进其氧化为新的二次锰矿物相（Liu et al.，2022）。

4.1.2 矿物结构转变固化重金属

矿物结构转变影响重金属环境行为的主要途径（图 4.2）包括两个方面：第一，重金属离子随着矿物结构转变被固定在次生矿物的晶体结构中，重金属发生固化/稳定化脱毒；第二，预先吸附或进入矿物晶格中的重金属离子也会随矿物结构转变而释放到溶液中（Frierdich and Catalano，2012a；Latta et al.，2012）。土壤中重金属的稳定和固化可以有效降低重金属有效性，相关技术常用于土壤和地下水中受污染重金属的固化脱毒。矿物的结构转变可以对两类不同的重金属进行固化脱毒。第一类是氧化还原活性重金属，随着矿物结构转变及界面电子转移，大量的氧化还原活性重金属通过发生氧化还原反应，转变成活性和毒性更低的价态形式从而实现脱毒。第二类是非氧化还原活性重金属，在矿物结构转变过程中，通过元素结构位点取代而固化到矿物晶格中，重金属不发生任何氧化还原反应，只是转变成稳定性更强的形态实现脱毒。矿物结构转变驱动非氧化还原活性重金属元素和氧化活性重金属元素脱毒的机制和动力学过程有所不同。

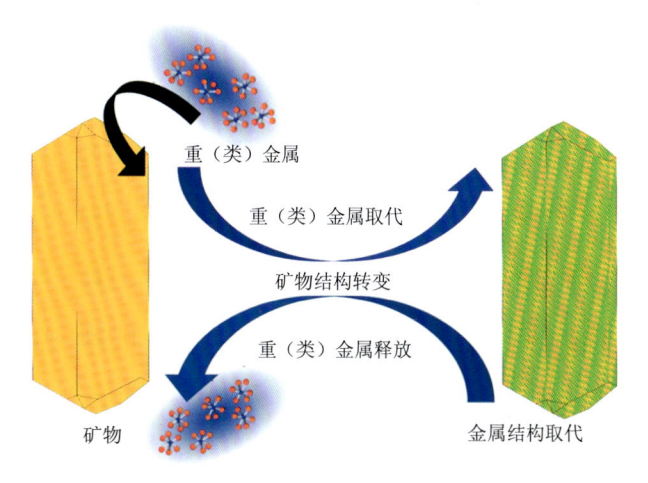

图 4.2 矿物结构转变影响重金属环境行为的途径

1. 氧化还原活性重金属

当 U(VI)和水铁矿共存时,共沉淀和吸附的 U(VI)在水铁矿表面形成单核双齿表面配合物,在 Fe(II)催化 U(VI)-水铁矿晶相转变过程中,最初吸附在水铁矿表面的 U(VI)被还原为 U(V),且通过部分取代进入结构转变生成的针铁矿和磁铁矿的晶格中(Boland et al.,2011)。并且该研究还发现,当 Fe(II)催化硅酸盐与水铁矿的混合物反应时,吸附在固相表面 U(VI)不仅没有发生还原,而且也没有进入二次矿物的晶格中,这表明硅酸盐的存在对 U(VI)的固化有显著的抑制作用(Boland et al.,2011)。有研究发现当不存在针铁矿,而是水铁矿单独存在时,U(VI)则不能被 Fe(II)还原,只有当水铁矿在 Fe(II)作用下转变为针铁矿后,共存的 U(VI)(包含表面吸附和结构取代形态)才有可能被还原为 U(V),因为理论氧化还原电势计算表明,只有当针铁矿存在时,U(VI)才能被 Fe(II)还原(Boland et al.,2014)。当 Fe(II)催化纤铁矿晶相转变与 U(VI)共存时,纤铁矿发生快速晶相转变生成针铁矿二次矿物相,且在晶相转变形成的二次矿物相针铁矿晶格中,有 3%~6%八面体结构 Fe(III)中心被 U(VI)取代,U(VI)以八面体结构中心形式存在于针铁矿中(Nico et al.,2009)。另有研究比较了合成的和天然的含铁矿物样品(含有针铁矿和赤铁矿)与 Fe(II)共存时对 U(VI)环境行为的影响(Jeon et al.,2005),通过吸附实验结果发现,合成的和天然的赤铁矿和针铁矿均对 U(VI)有极强的吸附性能,超过95%的添加 U(VI)被吸附到固相上。此外,与之共存的部分 U(VI)被还原为 U(V)并随铁矿物溶解-再沉淀取代进入固相晶格中。但与合成的针铁矿和赤铁矿相比,天然针铁矿和赤铁矿样品中的杂质组分明显抑制了 U(VI)的还原和固化效率(Jeon et al.,2005)。

除了 U(VI),多种高价重金属,如 Cr(VI)、U(VI)和 Se(VI)等,都能被磁铁矿还原,因为磁铁矿中的 Fe(II)显著提高了其氧化还原活性,使磁铁矿能充当高效还原剂(Maronezi and Shinzato,2023;Matulova et al.,2022)。在厌氧环境中,磁铁矿与 Fe(II)共存时,Fe(II)的存在能显著提高磁铁矿的还原性能。研究表明,磁铁矿与 Fe(II)和 As(V)共存时,As(V)四面体可以替代磁铁矿晶格中的四面体 Fe(III)位点,从而使 As(V)固化脱毒(Gubler and ThomasArrigo,2021)。当磁铁矿与 As(V)和 Fe(II)混合时,明显观察到 As(V)被固定进入磁铁矿晶格中(Huhmann et al.,2017)。与之相反,当纤铁矿与 As(III)和 Fe(II)共存时,尽管纤铁矿发生了晶相转变,但是 As(III)仍主要以吸附络合物的形式赋存于固相表面,并没有进入矿物晶格中(Wang et al.,2014;Pedersen et al.,2006)。但是有研究也发现,当 As(V)与纤铁矿和 Fe(II)共存时,纤铁矿转变为磁铁矿,并且共存的 As(V)被取代进入二次矿物磁铁矿的晶格中(Wang et al.,2014)。

当 As(V)或 Sb(V)与高浓度 Fe(II)(10 mmol/L 和 20 mmol/L)及黄钾铁矾[jarosite,KFe(SO$_4$)$_2$·12H$_2$O]共存时,共存的 As(V)在高浓度 Fe(II)作用下被还原为 As(III),并且主要以可交换态形式存在,而 Sb(V)在高浓度 Fe(II)条件下没有发生还原反应。黄钾铁矾则快速转变为绿锈,随后在 24 h 内转变为针铁矿,与之相反,在低浓度 Fe(II)(1 mmol/L 或 5 mmol/L)条件下,黄钾铁矾最终转变为纤铁矿(Karimian et al.,2018)。此外,由黄钾铁矾晶相转变产生的针铁矿相对 As(V)的亲和力显著高于 Sb(V),因此,Fe(II)催化晶相转变过程中大量的 Sb(V)被释放到溶液中,而 As(V)还是以固相结合态的形式存在,大部分溶解的 As(V)都被重新吸附并固定到二次矿物相中(Karimian et al.,2018,2017)。

臭葱石（scorodite，FeAsO$_4$·2H$_2$O）是由含砷的矿物氧化而成的次生矿物。臭葱石在Fe(II)作用下也会发生结构转变，促进矿物溶解并释放As(V)，但是，释放到溶液的As(V)会重新吸附固定进入臭葱石晶相重组的二次矿物中（Zhou et al.，2022a）。臭葱石在Fe(II)驱动下转化为副砷铁矿和水铁矿相的类似物，并随着Fe(II)浓度的增加，次生矿物的形成速度逐渐增加。但随着Fe(II)浓度的增加，溶液中As(V)的释放速率逐渐降低，基于砷的EXAFS光谱拟合结果表明，随着Fe(II)浓度的增加，As-Fe之间配位数也逐渐增加，表明溶解释放的砷以吸附或进入次生矿物结构的方式被固定（Zhou et al.，2022a）。在Fe(II)诱导臭葱石矿物晶相转变过程中，臭葱石结构中的As(V)在晶相转变过程中被释放出来后，又快速地被固定到新形成的次生铁矿物相结构中。此外，臭葱石的溶解能够产生OH$^-$，导致体系pH的降低，pH降低同样可能导致高Fe(II)浓度体系中的As(V)的吸附固定。在添加Fe(II)处理组中有溶解态As(III)的形成，这表明Fe(II)诱导臭葱石矿物相转变过程中As(V)发生了还原反应，且还原程度与Fe(II)的初始浓度相关。

图水羟砷铁矾[tooeleite，Fe$_6$(AsO$_3$)$_4$SO$_4$(OH)$_4$·4H$_2$O]是目前唯一已知含结构态As(III)的矿物（Chai et al.，2018，2016；Liu et al.，2016b）。图水羟砷铁矾主要在富含As(III)、铁及硫酸盐的酸性环境中逐渐累积形成，普遍认为其起源于采矿或矿物加工等人为活动，例如，在As(III)富集的酸性矿山废水、开采废石和尾矿、湿法冶炼废水及矿区表层土壤（Liu et al.，2016b；Majzlan et al.，2016；Nishimura and Robins，2008）。图水羟砷铁矾在Fe(II)作用下能够发生结构转变，生成水铁矿相，并且促进As(III)从图水羟砷铁矾结构中释放，进一步重新吸附到转变后的二次矿物上（Choppala et al.，2022）。

2. 非氧化还原活性重金属

当水铁矿与重金属离子[如Cu(II)及Zn(II)]及Fe(II)共存时，水铁矿快速转变为磁铁矿相，基于^{57}Fe穆斯堡尔谱表征发现，共存Cu(II)和Zn(II)会随水铁矿结构转变取代磁铁矿晶格中的结构态Fe(II)位点，导致二次矿物相磁铁矿结构中Fe(II)位点减少。不同重金属离子可通过影响水铁矿晶相转变速率与程度进一步影响重金属本身的固定。有研究考察了水铁矿分别与7种不同二价重金属离子共存时的水铁矿转化及重金属固定过程，Fe(II)催化水铁矿重结晶能够将7种金属离子分别固定到二次矿物结构中，当与水铁矿结合能力较强的二价重金属离子[相对于Fe(II)]共存，水铁矿表面吸附的Fe(II)较少，重结晶过程受到较强的抑制作用，因此重金属离子固化率较低；而当与水铁矿结合能力较低的二价重金属离子[相对于Fe(II)]共存时，水铁矿表面吸附的Fe(II)较多，重结晶过程受到的抑制作用较小，因此重金属离子固化率较高（Liu et al.，2016a）。

当赤铁矿或针铁矿与Fe(II)和重金属离子（如Cu、Pb、Zn、Ni和Co等）共存时，部分重金属离子同样会进入新生成的赤铁矿和针铁矿晶格中（Frierdich and Catalano，2012b；Coughlin and Stone，1995）。但由于赤铁矿和针铁矿的表面活性和内在性质有明显差异，所以它们对重金属离子的固化率也明显不同。有研究发现，在相同的Fe(II)与Ni(II)浓度条件下，赤铁矿和针铁矿发生晶相重组后晶格中Ni(II)的固化率分别为39%和46%（Frierdich et al.，2011）。针铁矿晶相重组导致Ni(II)晶格取代的固化率明显高于赤铁矿，这是因为针铁矿晶格中的Fe(III)与Fe(II)发生原子交换的程度显著高于赤铁矿晶格中的Fe(III)，所以两者在同等条件下对重金属离子的结构固化率有明显不同。

另有研究表明，在不存在 Mn(II)的情况下，吸附的 Ni(II)主要在水钠锰矿的层间空位处以三角共享络合物形式存在（Hens et al.，2018；Lefkowitz and Elzinga，2017）。在 pH 为 6.5 时，将 Mn(II)引入 Ni(II)-水钠锰矿悬浮液中，Ni(II)发生解吸，以形成的与水钠锰矿共享边缘的 Ni(II)络合物的形式存在。这种边缘共享复合物主要通过界面 Mn(II)-Mn(IV)歧化反应产生的 Mn(II)或 Mn(III)竞争性置换层空位中的 Ni(II)而形成。此外，表面吸附的 Mn(II)催化晶相重组促进了 Ni(II)取代进入水钠锰矿晶格中。在 pH 为 7.5 时，Mn(II)与水钠锰矿的相互作用导致水钠锰矿转变为水锰矿相[γ-Mn(III)OOH]，由于其对 Ni(II)的吸附能力更强，促进了 Ni(II)从溶液中的去除（Lefkowitz and Elzinga，2017）。此外，水锰矿在 Mn(II)作用下发生晶相转变对 Ni 的元素循环同样有重要影响（Hinkle et al.，2017）。有研究发现，即使没有 Mn(II)，最初吸附在水锰矿表面的 Ni(II)也会逐渐进入矿物结构中，其固化率在混合 51 d 后达到 13%左右。然而，当水锰矿暴露于 Mn(II)时，同样反应 51 d 后，Ni(II)固化率显著增加至约 40%（Hens et al.，2018）。此外，Mn(II)还促进了 Ni(II)取代的水锰矿与 Ni(II)之间的原子交换，基于 Ni 同位素示踪结果发现，约有 30%的 Ni 在此期间发生了原子交换（Hens et al.，2018）。Mn(II)催化水钠锰矿结构转变明显受到与之共存的 Sb(V)浓度的影响，与不含 Mn(II)的体系相比，Mn(II)与水钠锰矿的相互作用促进了 Sb(V)的去除，Mn(II)催化的 Sb(V)-水钠锰矿混合物结构转变，可导致 Sb(V)对二次锰矿物中的 Mn(III)发生异价结构取代（Karimian et al.，2021）。

Mn(II)催化锰矿物结构转变不仅在矿物结构上形成重金属离子取代，而且可能导致新的重金属络合物的形成。研究表明，Mn(II)与结构态 Mn(IV)之间的电子转移能够产生 Mn(III)物种，并且通过与 Zn(II)和 Mn(II)共沉淀驱动产生尖晶石沉淀物。六方水钠锰矿与 Mn(II)共存对 Zn(II)的溶解度和形态有显著的影响（Hinkle et al.，2017；Lefkowitz and Elzinga，2015）。在 pH 为 6.5 时，共存的 Mn(II)会导致 Zn(II)-水钠锰矿混合物中的 Zn(II)解吸附，但在 pH 为 7.5 时，共存的 Mn(II)会增强 Zn(II)的吸附。X 射线吸收光谱结果表明，Zn(II)与六方水钠锰矿混合在层空位处以四面体和八面体三角共享复合物的形式吸附。当加入 Mn(II)后，六方水钠锰矿表面吸附的 Zn(II)会转化为尖晶石 $Zn(II)_{1-x}Mn(II)_xMn(III)_2O_4$ 沉淀物，同样会导致 Zn(II)的固化/脱毒（Lefkowitz and Elzinga，2015）。

施氏矿物[schwertmannite，$Fe_8O_8(OH)_6SO_4$]是一种结晶度较低的硫酸羟铁矿物，它主要存在于硫酸根和铁离子富集的酸性矿山废水附近或酸性硫酸盐土壤中（Paikaray，2021；Schoepfer and Burton，2021）。施氏矿物能在 Fe(II)作用下发生晶相转变，对环境中重金属元素的环境行为有重要影响（Karimian et al.，2017；Paikaray and Peiffer，2015）。当施氏矿物与 Fe(II)和 Ca(II)共存时，吸附在施氏矿物表面的 Ca(II)首先释放到溶液中，随后又重新通过吸附并进一步通过同晶取代赋存到晶相转变形成的二次矿物针铁矿结构中（Fan et al.，2023）。另外，有研究发现，不同的重金属元素在施氏矿物结构转变过程中有不同的环境行为（Kim and Kim，2021；Li et al.，2018）。当 Cd(II)与施氏矿物共存时，Cd(II)主要以单分子络合的方式吸附在施氏矿物的表面。施氏矿物表面吸附的 Cd(II)浓度越高，其晶相转变率越慢，并且晶相转变产物中纤铁矿比例越高。Cd(II)通过与 Fe(II)竞争施氏矿物表面的吸附点位，可降低 Fe(II)与施氏矿物中结构态 Fe(III)的铁原子交换，进而抑制晶相转变。有研究发现，在添加 1 mmol/L Fe(II)的实验体系中，含 Cd(II)施氏矿物体系中 Cd(II)的释放浓度最大,但是部分可重新固定到 Fe(II)作用下施氏矿物晶相转变形成的二次矿物相中（Kim and Kim,2021；Fan et al.,2019）。另有研究发现,Pb(II)主要通过吸附和共沉淀富集在施氏矿物晶相转变形成的二次矿物相表面,而 AsO_4^{3-} 和 CrO_4^{2-} 则可通过取代施氏矿物中的 SO_4^{2-} 进入施氏矿物的晶格中（Jin et al.,2021；Schoepfer and Burton,2021；Choppala and Burton,2018）。

4.2 重金属的沉淀与共沉淀固定

4.2.1 酸性矿山废水中重金属的沉淀与共沉淀

酸性矿山废水（acid mine drainage，AMD）是矿山开采产生的含硫化物矿石或尾矿在氧气和水等要素的作用下产生的一种极端酸性的矿山排水（Simate and Ndlovu, 2014），是区域土壤重金属主要的输入来源。AMD 通常含有大量的硫酸根离子（SO_4^{2-}）、铁离子（Fe^{2+}、Fe^{3+}），以及一定浓度的毒害重金属离子（Pb^{2+}、Zn^{2+}、Cd^{2+}、Cu^{2+}等）。当前,AMD 已经成为我国工矿场地及其周边土壤重金属污染的主要来源之一。经过复杂的反应过程,AMD 会沉淀多种类型的次生含铁矿物（Ye et al.,2022）。自然作用下,有毒重金属离子在水-沉积物界面通过吸附、沉淀或离子交换等作用在次生含铁矿物表面形成沉淀（周跃飞等,2010）。此外,常用的 AMD 治理措施,如硫酸盐还原菌（sulfate-reducing bacteria，SRB）法、石灰中和法等,可通过提高水体 pH 促进铁离子沉淀并与共存污染重金属共沉淀,同时能够介导重金属离子在矿物作用下的吸附沉淀（Luo et al.,2020）。因此,系统全面地了解自然和人为干预作用下 AMD 中重金属沉淀与共沉淀的过程与机制,有利于准确评估工矿场地土壤重金属的形态及二次污染的风险,并为实现从 AMD 中回收有用金属、实现 AMD 的资源化利用提供理论依据。

1. 酸性矿山废水的产生

AMD 产生的主要原因是硫化物矿物的氧化,其中最常见的是黄铁矿（FeS_2）。采矿活动增加了硫化物矿物与空气、水和微生物等的接触概率,加速了硫化物矿物的氧化,从而导致了 AMD 的生成。AMD 的产生过程十分复杂（图 4.3）,涉及化学、生物和电化学反应,并随环境条件的改变而变化（Simate and Ndlovu,2014）。

$$FeS_2 + O_2 + H_2O \xrightarrow{\text{反应(1)}} SO_4^{2-} + Fe^{2+} + H^+$$
$$O_2 \downarrow \uparrow FeS_2$$
$$\text{反应(2)} \downarrow \uparrow \text{反应(4)}$$
$$Fe^{3+} + H_2O \xrightleftharpoons[\text{反应(3)}]{} Fe(OH)_3 + H^+$$

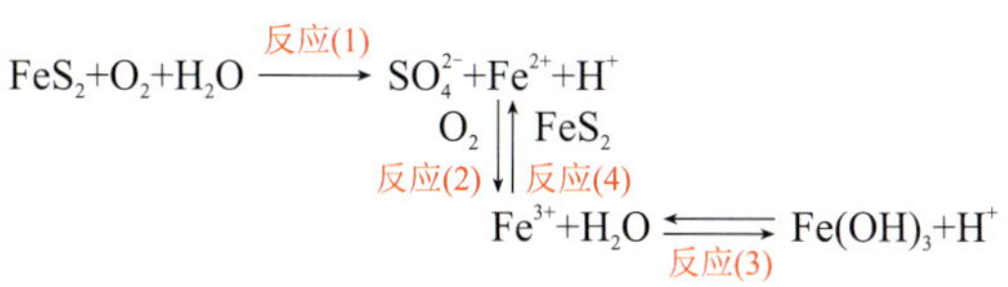

图 4.3 AMD 形成过程示意图

通常认为,AMD 产生的第一个反应是黄铁矿（或其他硫化物矿物）的氧化溶解（式 4.3）（Akcil and Koldas,2006）。其中,黄铁矿的氧化速率取决于参与反应的微生物、氧气和水。

$$2FeS_2 + 7O_2 + 2H_2O \longrightarrow 2Fe^{2+} + 4SO_4^{2-} + 4H^+ \tag{4.3}$$

在充分氧化的条件（取决于 O_2 浓度，pH>3.5 及微生物活性）下，式（4.3）中的 Fe^{2+} 会通过式（4.4）进一步氧化成 Fe^{3+}（Jambor and Weisener，2005）。

$$4Fe^{2+} + O_2 + 4H^+ \Longleftrightarrow 4Fe^{3+} + 2H_2O \tag{4.4}$$

在氧气含量不足的情况下，式（4.4）在 pH>8.5 时才可能发生。总体来说，在酸性厌氧条件下式（4.4）十分缓慢，因此该步骤被认为是黄铁矿氧化的限速步骤。

式（4.4）产生的 Fe^{3+} 会通过式（4.5）水解沉淀为 $Fe(OH)_3$［少量形成黄钾铁矾，$H_3OFe_3(SO_4)_2(OH)_6$］，并产生 H^+导致 pH 降低（Jambor and Weisener，2005）。

$$Fe^{3+} + 3H_2O \Longleftrightarrow Fe(OH)_3 \downarrow + 3H^+ \tag{4.5}$$

当 pH<2 时，Fe^{3+}难以水解沉淀，反应（2）（图 4.3）产生的 Fe^{3+}则通过式（4.6）进一步氧化黄铁矿（Akcil et al.，2006）。

$$FeS_2 + 14Fe^{3+} + 8H_2O \longrightarrow 15Fe^{2+} + 2SO_4^{2-} + 16H^+ \tag{4.6}$$

实际上，在极端酸性条件（pH<3）下，Fe^{3+}氧化黄铁矿的速率远高于氧气，被认为是黄铁矿的主要氧化剂（Dold，2010）。

总体来看，AMD 的形成主要分为三个步骤进行：①黄铁矿的氧化［式（4.3）和式（4.6）］；②Fe^{2+}的氧化［式（4.4）］；③Fe^{3+}的水解和沉淀［式（4.5）］。在 AMD 的产生过程中，虽然发生氧化的硫化物矿物主要是黄铁矿，但其他伴生的硫化物矿物（如黄铜矿、闪锌矿等）也容易受到氧化作用，释放重金属元素，造成 AMD 中污染重金属含量较高（Simate and Ndlovu，2014）。

2. 自然作用下 AMD 中重金属的共沉淀及在含铁矿物作用下的吸附沉淀

在自然作用下，AMD 中的 Fe^{3+}可自发沉淀形成大量含铁次生矿物［式（4.3）］，并与部分共存污染重金属发生共沉淀。同时，形成的含铁次生矿物普遍具有较大的比表面积及反应活性，使得大量重金属在含铁次生矿物表面被吸附形成沉淀，由此产生水体自净化作用（周跃飞 等，2010）。该过程调控着 AMD 中重金属的形态及迁移性，也为从 AMD 资源化回收重金属提供了条件。AMD 沉淀形成的含铁次生矿物类型复杂，主要包括水铁矿、针铁矿、黄钾铁矾、施氏矿物等，由于不同次生含铁矿物在性质、结构上的不同，其结合重金属的类型、机制及稳定性存在较大差异。

1）水铁矿

水铁矿［$Fe_{10}O_{14}(OH)_2 \cdot nH_2O$］通常是 Fe^{3+}水解沉淀最先析出的矿物相，其结晶度较低，并常以纳米颗粒团聚体的形式存在。水铁矿具有极大的比表面积（120～850 m^2/g）及大量的缺陷（空缺、层错），对重金属离子有很强的捕获能力（Guo and Barnard，2013）。Pb^{2+}、Zn^{2+}、Cd^{2+}、Cu^{2+}、CrO_4^{2-}等典型重金属离子均能与水铁矿形成强配合物（Al Mamun et al.，2017；Tian et al.，2017）（图 4.4）。例如，水铁矿的表面可以通过双齿共边的形式吸附 Zn^{2+}，或是在其形成过程中取代 Fe^{3+}进入矿物晶格（Waychunas et al.，2002）。然而，水铁矿具有热力学不稳定性，易通过晶相转变为晶质铁（氢）氧化物矿物，这一过程会导致其表面积和固定重金属的能力降低，进而使已固定的重金属离子发生再释放或再分配（Yan et al.，2022；Perez et al.，2019）。因此，水铁矿虽然对重金属具有很强的捕获能力，但较差的稳定性使沉淀固定后的重金属仍具有较高的环境风险。

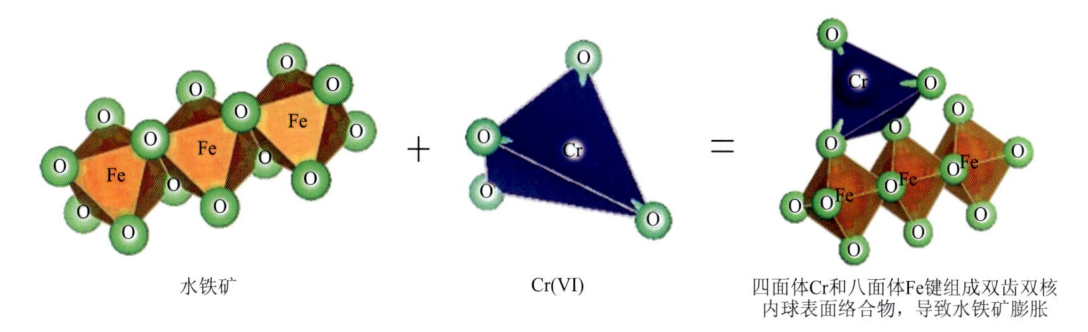

水铁矿　　　　　　　　　　Cr(VI)　　　　　四面体Cr和八面体Fe键组成双齿双核
　　　　　　　　　　　　　　　　　　　　　　内球表面络合物,导致水铁矿膨胀

图 4.4　水铁矿吸附 Cr(VI)机制示意图

修改自 Al Mamun 等（2017）

2）针铁矿

针铁矿（α-FeOOH）是热力学最稳定的铁（氢）氧化物矿物之一，主要通过水铁矿在极端 pH（<4 或>10）条件下发生重结晶形成（Shi et al.，2021）。针铁矿具有较大的比表面积（10~132 m²/g）且表面存在大量羟基，可对重金属产生强大的吸附作用（Strauss et al.，1997）。据报道，不仅重金属（如 Cu、Ni、Co、Zn、Cd 等）阳离子能够被针铁矿吸附[式（4.7）、式（4.8）]（Angove et al.，1998；Coughlin and Stone，1995），砷酸根、铬酸根和锑酸根等含氧阴离子也能够通过与针铁矿表面的羟基相互作用而发生吸附[式（4.9）、式（4.10）]（Bolanz et al.，2013；Hongshao et al.，2001）。除此之外，重金属阳离子也能够取代 Fe^{3+} 进入针铁矿晶格。例如，Manceau 等（2000）在天然针铁矿中发现了 Cr、Cu 和 Zn 的取代现象。由于取代金属离子的半径比 Fe^{3+} 更大，晶格取代后可能导致针铁矿的结构发生变形或扭曲。

$$SOH + Me^{n+} = SOMe^{(n-1)+} + H^+ \quad (4.7)$$

$$SOH + Me^{n+} + H_2O = SOMeOH^{(n-2)+} + 2H^+ \quad (4.8)$$

$$\equiv FeOH + MeO_x^{n-} + H^+ = \equiv FeOMeO_{x-1}^{(n-1)-} + H_2O \quad (4.9)$$

$$2\equiv FeOH + MeO_x^{n-} + 2H^+ = (\equiv FeO_2)MeO_{x-2}^{(n-2)-} + 2H_2O \quad (4.10)$$

3）黄钾铁矾

黄钾铁矾通常在好氧且酸性（pH=1~3）条件下形成，并在 pH 升高后易转化为施氏矿物或针铁矿。黄钾铁矾的化学式通常表达为 $AB_3(TO_4)_2(OH)_6$，其中 A-位点通常由一价阳离子（如 K^+、Na^+、NH_4^+ 和 H_3O^+）占据，B-位点通常为 Fe^{3+}，TO_4-位点通常为 SO_4^{2-}。由此可见，黄钾铁矾具有三个不同配位环境的结构位点（即 A-、B-、T-位点）（图 4.5，Savage et al.，2005）。通过占据这三个位点，包括 Pb、Zn、Cu、Cd、As 和 Cr 在内的重金属能够进入黄钾铁矾晶体结构（Aguilar-Carrillo et al.，2018；Kendall et al.，2013）。此外，黄钾铁矾沿(-1,-2, 1)方向具有隧道结构，可为离子扩散提供通道（Zhao et al.，2016）。

4）施氏矿物

施氏矿物[$Fe_8O_8(OH)_{8-2x}(SO_4)_x$]是 AMD 中常见的弱晶型矿物，通常在氧化性和酸性较强（pH=3~4）条件下形成，常以球状或刺猬状纳米颗粒团聚体形式存在（Fernandez-

(a) 正视图 (b) 侧视图

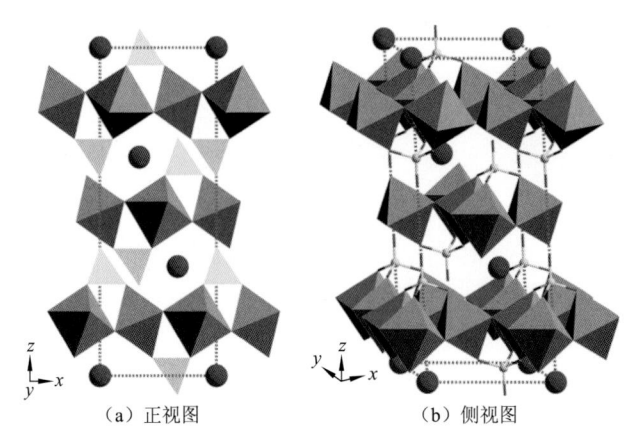

图 4.5 黄钾铁矾结构示意图

Martinez et al., 2010）。施氏矿物十分不稳定，在 pH 和氧化还原条件合适时，极易晶相转化为其他热力学更稳定的含铁矿物（Antelo et al., 2012）。施氏矿物的基本结构是 FeO_6 六面体晶胞组成的双链，其中隧道结构的中心由硫酸根离子占据；同时，施氏矿物表面还存在大量吸附态硫酸根离子（Regenspurg and Peiffer, 2005）。这一结构使施氏矿物对重金属阳离子（如 Cu^{2+}）和含氧阴离子（如 CrO_4^{2-}、AsO_4^{3-}）均有固定能力，尤其是其对含氧阴离子的固定能力远高于其他次生含铁矿物。研究表明，施氏矿物除了能通过矿物表面羟基络合重金属，还可通过离子/配体交换将隧道结构中的硫酸根离子置换为重金属含氧阴离子，从而实现重金属含氧阴离子的结构化固定（Antelo et al., 2012）。

需要注意的是，不同矿区或同一矿区流经距离不同的 AMD，形成的次生含铁矿物类型差异很大，可形成多种矿物类型组合。例如，Sánchez España 等（2005）对西班牙 64 个矿区 AMD 区域进行研究发现，不同点位底泥样品中存在施氏矿物单矿物相、施氏矿物-针铁矿、施氏矿物-黄钾铁矾-针铁矿、黄钾铁矾-针铁矿等不同次生含铁矿物类型组合。由于不同矿物对重金属固定能力存在差异，形成次生矿物组合的差异最终将对水体中重金属的浓度及沉淀后重金属的释放风险产生显著影响。

3. 人为干预下酸性矿山废水中重金属共沉淀及在矿物作用下的沉淀

AMD 是采矿业产生的最严重的环境问题之一，仅通过自然过程钝化作用，AMD 通常无法满足排放要求。未经处理的 AMD 往往对周围水域、土壤和生物多样性造成严重污染和破坏。因此，AMD 在排放前需进行人为处理，以降低排放对生态环境造成的危害。AMD 处理方法主要有物理化学法、微生物法和人工湿地法等（Simate and Ndlovu, 2014）。其中，添加石灰等碱性化学品中和废水，使金属沉淀为碳酸盐和氢氧化物是使用最广泛的 AMD 处理方法。近年来，因具有经济高效、环境友好、绿色安全等优势，利用硫酸盐还原菌（SRB）等微生物法处理 AMD 受到了越来越多的关注。这些 AMD 处理方法均能产生大量的次生金属矿物，从而促进重金属的沉淀或共沉淀。

1）中和作用

利用碱性化学品（如生石灰、熟石灰、纯碱等）中和 AMD，从而促进铁的沉淀及共存重金属的共沉淀是最常用的处理方式。在这一过程中，pH 的升高一方面促进铁离子与重金属离子的共沉淀，另一方面也促进了次生含铁矿物对重金属的吸附/沉淀作用。例如，粤北大宝山矿区的 AMD 在石灰处理后产生了大量 Fe-Pb-As 共沉淀物（Luo et al.，2020）。此外，添加碱性化学品还能导致重金属的直接沉淀。研究表明，添加生石灰、纯碱和硫化钠能够引起 Zn^{2+}、Cu^{2+}、Pb^{2+} 以氢氧化物、碳酸盐矿物或硫化物的形式沉淀，达到去除水体重金属的目的（Chen et al.，2018）。但值得注意的是，不同碱性化学品产生沉淀物的经济价值存在差异。例如，熟石灰和石灰石处理会产生大量高含水量的污泥，并且难以从中回收金属，需要较大面积的废物填埋场地容纳沉淀形成的污泥等固废（Chen et al.，2021）。

2）硫酸盐还原菌

硫酸盐还原菌（SRB）能够利用多种电子供体（如乳酸、甲酸、乙酸、固体碳源等），在厌氧（或缺氧）条件下还原 SO_4^{2-}，产生硫化物（包括 S^{2-}、HS^- 和 H_2S）与阳离子重金属作用从而沉淀重金属，并可产生碱性物质提高 AMD 的 pH，进一步促进重金属的沉淀与共沉淀（闻倩敏 等，2022）。此外，SRB 还可分泌大量含羟基、羧基等基团的胞外聚合物，可从吸附角度对重金属形成固定效应（Wei et al.，2011）。利用 SRB 处理 AMD 产生的富重金属沉淀物时，由于其具有较复杂的组成，能否回收沉淀物中有用组分并资源化利用目前还有待进一步研究。但是，通过 SRB 技术产生的金属沉淀物大多为纳米颗粒，具有较大的比表面积和较高的反应活性，因此有较多的研究表明其有较好的催化或氧化效应，在催化降解有机污染物等领域具有一定的应用潜力。

4.2.2 常见土壤矿物作用下重金属的沉淀与共沉淀

重金属进入土壤后，在土壤矿物等作用下，可发生沉淀或与其他共存离子发生共沉淀过程，从溶解态转化为固态，从而降低其在环境中的生物有效性及迁移性。共沉淀泛指痕量组分（重金属）与主要成分一起从均相溶液中去除的过程，其机理可以包括表面吸附、表面沉淀、晶格取代、载体的机械包裹或这些机理的组合（Martin et al.，2005）。与 AMD 以含铁矿物为主不同，土壤中能够固定重金属的矿物类型十分多样。土壤中的含铁矿物、黏土矿物、碳酸盐矿物、磷酸盐矿物等均可使重金属发生沉淀或共沉淀，但不同矿物对重金属的固定能力及沉淀机理存在一定的差异。

1. 黏土矿物

黏土矿物是土壤中最活跃的矿物之一，主要包括 1∶1 型（如高岭石）和 2∶1 型（如伊利石）的层状硅酸盐矿物。黏土矿物通常对重金属有很强的吸附能力，例如，高岭土（1∶1）对 Cd 和 Pb 的最大吸附能力分别可达 6.5～12.58 mg/kg 和 7.75～13.32 mg/kg（Sen Gupta and Bhattacharyya，2008；Unuabonah et al.，2008）。重金属在黏土矿物表面的吸附可分为非专性吸附和专性吸附（Bhattacharyya and Gupta，2008）。非专性吸附是一个较弱的固定方式，通常发生在矿物表面，通过静电力形成外球吸附。相比之下，专性吸附通过矿物表面的可变电荷位点（如 Si-OH、Al-OH）内球络合重金属，对重金属的固定更稳定（Uddin，2017）。研究表明，黏土矿物固定不同重金属的方式存在差异。例如，

Pb^{2+}在高岭石表面与Al-OH位点形成内球络合，而Ni^{2+}则可以在蒙脱石表面同时形成表面沉淀、内球络合及外球络合（Zhu et al., 2019；Tan et al., 2011）。此外，环境条件的改变也会影响黏土矿物对重金属的固定方式。例如，在低 pH 条件下，Cd^{2+}在蒙脱石表面的恒定电荷位点形成外球络合，在高 pH 条件下则在可变电荷位点形成内球络合，并同时存在表面沉淀（Gu et al., 2010；Takamatsu et al., 2006）。因此，外源添加黏土矿物已成为一种有效的土壤重金属污染修复手段。如原位修复实验表明，添加海泡石可使土壤的 TCLP-Cd 降低 4.0%～32.5%（Sun et al., 2016）。

2. 碳酸盐矿物

以石灰岩为主的碳酸盐是常用的土壤改良剂，可以提高土壤 pH 并有效沉淀土壤重金属，降低重金属的生物有效性。此外，以方解石为主的碳酸盐矿物也广泛存在于石灰性土壤或岩溶水灌溉土壤中，对土壤重金属的迁移性有显著影响。大量研究表明，碳酸盐矿物对重金属离子有天然吸附作用。其吸附机理通常被认为是重金属离子（Me^{2+}）与Ca^{2+}的交换反应：

$$Me^{2+} + CaCO_3 \longleftrightarrow Ca^{2+} + MeCO_3 \tag{4.11}$$

因此，与Ca^{2+}半径相近的重金属容易进入$CaCO_3$结构，形成表面沉淀。比Ca^{2+}半径小的Fe^{2+}、Cu^{2+}、Zn^{2+}、Ni^{2+}等离子则难以匹配$CaCO_3$结构，容易发生解吸附（Zachara et al., 1991）。除此之外，研究发现通过机械化学法，碳酸盐矿物可以促进Cu^{2+}、Zn^{2+}以碳酸盐的形式沉淀（Li et al., 2020a）。碳酸盐矿物对重金属含氧阴离子也具有固定作用。例如，Di Benedetto 等（2006）利用电子自回旋波谱法发现 As 可以占据天然方解石晶格中的 C 位点，表明存在$AsO_3^{3-} \longleftrightarrow CO_3^{2-}$过程，即亚砷酸根以类质同象置换的方式被方解石捕获。微生物诱导碳酸盐沉淀（microbially induced calcium carbonate precipitation，MICP）是近年来土壤重金属污染修复的一个重要方向。当土壤中存在Ca^{2+}等离子及其他底物时，微生物通过自身代谢调节体系环境，形成以方解石为主的碳酸盐矿物（王茂林 等，2018）。在碳酸盐沉淀过程中，可以捕获部分重金属，这些重金属一般以类质同象置换的方式占据$CaCO_3$中Ca^{2+}或CO_3^{2-}的位置，从而实现对土壤重金属的固定。例如，王新花等（2015）从尾矿中筛选出一种施氏假单胞菌用于修复 Pb 污染土壤，发现 Pb 的去除率达 97%以上，除生成少量$PbCO_3$外，大部分 Pb 是与微生物诱导形成的$CaCO_3$共沉淀去除的。

3. 磷酸盐矿物

磷酸盐矿物（如磷灰石及其改性矿物）是土壤重金属污染治理的常用钝化剂。土壤中的磷酸盐通过多种方式促进土壤重金属的固定，包括：①重金属的类质同象取代；②促进重金属磷酸盐的沉淀；③含磷阴离子诱导的重金属吸附（Bolan et al., 2014）。土壤施用磷酸盐矿物后，磷灰石矿物会发生溶解再沉淀，并在这一过程中固定土壤重金属（如 Pb 和 Zn）形成难溶的重金属-磷酸盐化合物。此外，磷灰石矿物也能够直接与重金属发生离子交换，发生类质同象取代。在这两个过程中，重金属均主要占据Ca^{2+}的位点。由于这些重金属-磷酸盐化合物在较宽 pH 范围内均具有极低的溶解度，因此被广泛用于土壤重金属污染的修复，尤其是在中重度重金属污染的土壤中。除了形成重金属-磷酸盐化合物，添加磷酸盐矿物也可以通过改变土壤表面电荷密度来增强对金属离子的吸附，从而促进重金属的钝化。例如，在强风化和可变电荷的土壤中，添加磷酸盐矿物可导致特异性吸附配体（如 HPO_4^{2-}）的吸附，增加土壤表面负电荷进而诱导 Cd^{2+} 吸附（Naidu et al., 1994）。土壤中磷酸盐矿物诱导的重金属固定效率可以通过增加磷酸盐矿物的溶解度来提高，如利用磷溶解细菌从不溶性磷酸盐矿物中缓慢释放磷来增加土壤中重金属的固定（Park et al., 2011）。

4. 金属氧化物矿物

土壤中主要的金属氧化物矿物包括铁氧化物矿物、铝氧化物矿物及锰氧化物矿物，它们均对土壤中重金属的形态起重要作用。土壤中存在大量的铁氧化物，包括水铁矿、针铁矿、赤铁矿、磁铁矿。其中，赤铁矿的形成过程十分复杂，涉及水铁矿的脱水、羟基的去质子化，以及阳离子空位的重新分布，并在这一过程中将 Sb、As、Cr、Zn、Ni、Cd、Pb 等重金属固定进入晶格（Bolanz et al., 2013；Jeon et al., 2003；Singh et al., 2000）。由于非化学计量的性质和可变氧结构，磁铁矿表现出通过 Fe 离子取代容纳各种金属离子的巨大能力，包括二价离子（例如，Co^{2+}、Ni^{2+}、Mn^{2+}、Zn^{2+}）、三价离子（例如，Al^{3+}、V^{3+}、Cr^{3+}），甚至四价离子（例如，Ti^{4+}）（Li et al., 2020b）。此外，在某些情况下，取代可能会增加磁铁矿的表面羟基水平和比表面积，这在很大程度上进一步促进了对金属离子的吸附能力（Liang et al., 2013）。

三水铝石[α-Al(OH)$_3$]是最常见的铝（氢）氧化物矿物，其 pH_{pzc} 约为 9，并具有较大的比表面积。因此，土壤中的三水铝石表面通常带正电荷，容易吸附含氧阴离子（Sarkar et al., 2007）。研究表明，三水铝石能够在 pH 为 3~4 时有效吸附 As(V)（Moore et al., 2000）。此外，由于具有更大的比表面积，无定形的铝氧化物矿物也是 As 的有效吸附剂。

土壤中的锰氧化物矿物包括水钠锰矿（$MnO_2 \cdot nH_2O$）、锰钾矿（$K_xMn_{8-x}O_{16}$）及黑锰矿（Mn_3O_4）等。其中，水钠锰矿对 Pb、Cu、Co、Cd 和 Zn 的吸附能力最大，对阳离子重金属最大吸附能力顺序为 $Pb^{2+}>Cu^{2+}>Zn^{2+}>Co^{2+}>Cd^{2+}$，其吸附能力与重金属离子本身的水解常数有关（Feng et al., 2007）。水钠锰矿对重金属的吸附通常发生在水钠锰矿层间，主要以三齿共角顶的内圈配合物形式吸附于八面体空位的上方或下方。此外，Hettiarachchi 等（2000）的研究表明，五价锰氧化物（如锰钾矿）也具有吸附 Pb 的能力。值得注意的是，锰氧化物还具有将 Cr(III)氧化为 Cr(VI)的能力。在这一过程中，Cr(III)首先被吸附于锰氧化物表面，随后发生氧化作用。由于 Cr(VI)主要以带负电荷的 $HCrO_4^-$ 形式存在，锰氧化物将不再对氧化形成的 Cr(VI)具有吸附能力从而使其发生释放（Feng et al., 2007）。

4.3 常温压制钝化技术

随着工业的快速发展，土壤遭受了不同程度的重金属污染。重度重金属污染土壤会失去作为农作物生长耕作的价值，同时，其中可溶态重金属可迁移至地下水，污染地下水资源，危害人类健康。因此，土壤重金属污染修复治理技术的发展显得尤为重要。固化/稳定化是目前较为成熟且应用比较广泛的一种治理土壤重金属污染的技术，其原理是向污染土壤中添加固化剂或者稳定化药剂，使污染土壤变为低渗透性的固化体，或者将污染土壤中的重金属元素转变为化学不活泼形态，以达到降低重金属迁移性和流动性的目的。土壤资源的不合理使用造成土壤资源日益短缺，重金属污染土壤的资源化利用是现阶段的研究热点。目前，一些重金属污染土壤通过高温或高压制成砖块，实现重金属污染土壤的资源化利用，节约土壤资源。其中，利用重金属污染土壤生产免烧砖新型砖体材料受到越来越多的重视（严岩，2017）。

不同于传统制砖方式，免烧砖采用了化学反应、压力、高温蒸汽、高压挤出等方式，无须高温烧结即可将原料制成砖块（李燕怡 等，2016）。免烧砖以粉煤灰、煤渣、煤矸石、尾矿渣、化工渣、重金属污染土壤或天然砂等废弃廉价易得的废料为原料（吕浩阳 等，2017；李冲 等，2016；李春 等，2016；马莹 等，2013；何水清，2006；靳长国，1998），不仅能解决大宗固废堆积污染环境的问题、节约土地资源，同时还能实现固体废弃物的资源化，创造了大量商业价值。从生产工艺来看，本身并没有消耗过多的原料及能源，制砖过程中不会排放含重金属的烟气或产生重金属含量较高的飞灰，显示出其建筑环保性能。现有研究表明，免烧砖通常具有较高的强度、耐候性、耐腐蚀性和隔热性，可以应用于建筑、路面、园林、水泥制品等领域。此外，免烧砖的使用寿命较长、不易破损，减少了维修和更换的成本（严岩，2017；李湘洲，2014）。从国家政策的角度分析，免烧砖的生产与我国提倡的"保护农田、节约能源、因地制宜、就地取材"的建筑材料发展战略是一致的（严岩，2017），这为免烧砖在我国的广泛推广提供了政策支持。当前，国内对免烧砖的研究主要集中在利用废弃材料作为原料，通过调整原料的比例、优化生产环境及引入化学添加剂等手段提升免烧砖的制造工艺和产品质量。

4.3.1 免烧砖主要使用材料

1. 水泥

水泥是免烧砖制作材料中不可缺少的原材料，水泥高效的助凝效果使免烧砖满足基础的力学特性和强度要求。水泥水化产物主要为 C—S—H 凝胶和钙矾石，C—S—H 凝胶具有极大的比表面积和较强的离子交换能力，可以通过吸附、共生或层间置换等方式固定重金属离子；钙矾石也可以在晶体柱间和通道内通过化学置换容纳重金属离子（王菲和徐汪祺，2020；姚燕 等，2012）。在淤泥常温固化研究中发现，水泥具有较好的固化性能，其掺入量最大能达到42%左右，而且水泥的掺入量越多，免烧砖的达标性能越高（陆萍 等，2016）。马莹等（2013）利用石煤提钒尾矿作为原料制备免烧砖的研究表明，水泥在制作过程中充当了胶结剂和激发剂的作用，随着水泥添加量的增加，免烧砖的强度也不断增强。但是，水泥作为强化免烧砖力学性能的重要材料之一，其水化产物会增加固相体积，大量使用会使免烧砖不再具备环保、廉价、制作工艺简单等特点。因此，合理考虑水泥使用量和优化水泥的添加量是制备免烧砖的关键因素。此外，在多种环境条件耦合作用下重金属离子在水泥水化产物中的吸附或固定机制有待深入研究。

2. 粉煤灰

粉煤灰的主要成分为 SiO_2、Al_2O_3、FeO、Fe_2O_3、CaO 和 TiO_2 等，由于 CaO 和 SiO_2 的存在，粉煤灰具有了一定的水硬胶凝性能（彭瑞霆，2014）。粉煤灰具有玻璃微珠效应和火山灰效应，可提高免烧砖的强度。例如，在制备免烧锰渣砖过程中加入粉煤灰，可促进玻璃微珠状的粉煤灰与锰渣产生 C—S—H 凝胶基团，提高免烧砖强度且促进重金属离子的固化，研究结果显示，粉煤灰用量控制在 30% 左右为宜（郭盼盼 等，2013）。粉煤灰的初始状态是煤矿燃烧后剩下的锅炉煤灰，原有的煤矿特性在一定程度上决定了粉煤灰的特点。例如，高含硫煤直接燃烧后的粉煤灰在制作砖块时必须考虑砖块的硫污染特性。单一粉煤灰还可以与其他物质（如常用助凝剂和环保材料）联合使用，进一步保证免烧砖成品的可靠、耐用及对重金属离子的固定效果。例如，在粉煤灰制砖过程中添加生石灰可以提高砖强度，强化砖的碳化及抗冻性能（何水清，2006）；同时，生石灰混合粉煤灰能够有效固化/稳定重金属污染土壤中的铅、三价铬和六价铬，使之达到 TCLP 的浸出标准（薛永杰 等，2007）。

3. 工业废渣和重金属污染土壤

我国有大量的工业废渣，随意堆放会侵占土地资源、减少可用土地使用面积。长期堆放、被雨水淋洗后，其中有害物质浸出会造成土壤和水源污染等不可逆的环境保护问题。自 1986 年起，国内关于利用各类固体废弃物制作免烧砖的研究就一直在进行。目前可用于制备免烧砖的固体废弃物有粉煤灰、城市垃圾、碱矿渣、红壤土、钢渣、煤矸石及重金属污染土壤等（吕浩阳 等，2017；靳长国，1998；Malhotra and Tehri，1996）。炼锌尾渣作为主要原料，加入量超过免烧砖总量的 60% 时，免烧砖抗压强度可达到 15 MPa（闫亚楠 等，2013）。利用镍矿渣制作免烧砖，矿渣加入量超过 70% 时，成品免烧砖也能符合 MU25 等级（王亚军 等，2013）。Dai 等（2014）利用重金属污染土壤制作免烧砖，污染土壤加入量为 10% 时，抗压强度可达 20.135 MPa；重金属浸出浓度均低于《地表水环境质量标准》（GB 3838—2002）中的 V 类地表水环境质量标准。Mahzuz 等（2009）用含砷污泥制作装饰砖，结果表明，添加污泥的比例不超过 4% 时，用砷污染污泥制作装饰砖是可行的。杨卓悦（2016）发现，按照砷污染土壤∶水泥∶黄砂∶粉煤灰为 0.5∶0.35∶0.075∶0.075 的比例进行配比，经养护后的砖体强度可达 8.5 MPa，符合填埋要求。白敏等（2022）探讨了锰渣含量对免烧砖性能的影响，结果显示锰渣掺量≤10% 时，可制备出强度、耐水性和耐久性优异的 MU20 免烧砖；锰渣掺量≤15% 时，可制备出性能优异的 MU15 免烧砖。岳云龙等（2001）发现，碱矿渣水泥∶赤泥∶粉煤灰配比为 60∶30∶10 时，加压成型和常温养护 7 d 后免烧砖的抗压强度等级可达 MU15 等级。此外，研究者利用铁尾矿制备免烧砖发现，铁尾矿在原料组成中所占比例超过 60% 时，将大幅度提高尾矿利用率，缓解铁尾矿堆存带来的环境问题（刘俊杰 等，2020）。

4.3.2 处理过程及工艺

免烧砖一般由胶凝材料、骨料和填充料三部分组成。其中胶凝材料主要为水泥；骨料一般为粉煤灰颗粒、水洗沙、石屑、气化渣等；填充料主要为重金属污染土壤或工业废渣。通过调节这三部分、制砖压力及拌和用水量，协调其相互作用，确定每个参数都在最佳范围内，以确定最优配比。重金属污染土壤制备免烧砖的处理过程主要包括以下几个步骤（图4.6）：①污染土壤的预处理，污染土壤自然风干后过筛备用；②将水泥和污染土、拌和水和固化剂分别混合均匀；③将水泥和污染土的混合物加入再生砖骨料中，搅拌均匀；④将拌和水及固化剂混合液加入以上混合干料中，搅拌可获得制备免烧砖的湿料；⑤搅拌均匀的湿料经拾取、传送和压制成型等流程，即可制备出免烧砖成品；⑥进行养护，养护至不同龄期后测定其各项性能，并进行毒性浸出实验，评估重金属离子的浸出浓度。

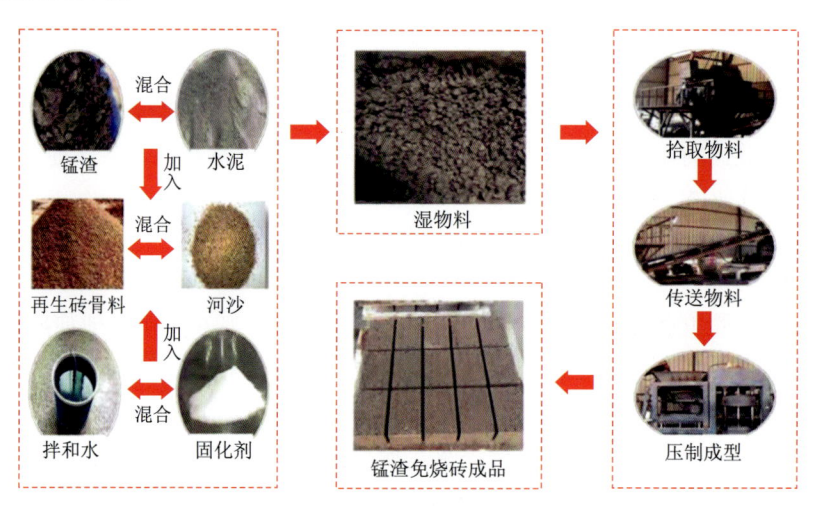

图 4.6 免烧砖的制备流程

引自白敏等（2022）

国内免烧砖的生产工艺有半干法压制成型自然养护法、半干法压制成型蒸汽养护法、塑性挤出成型后湿空气养护法（李湘州，2014）。

1）半干法压制成型自然养护法

用水泥（或水泥、石灰）和砂土的混合料，经过压制后采用 28 d 自然养护即可，产品质量可以达到国家标准。其主机（混料用）正由双轴搅拌机、湿碾机向行星式强混合机过渡，压砖普遍采用总压力为 60～70 t 的转盘压砖机。国内目前大多采用此工艺生产免烧砖。

2）半干法压制成型蒸汽养护法

将消化温度高、含一定数量有效钙的石灰破碎成小于 4 mm 的颗粒加入球磨机磨细，颗粒细度达到 4 900 孔筛筛余 14.5%。石灰与土、水搅拌后混合料先消化 8 h，然后再经二次搅拌混合均匀。压制成型的砖静置 6～10 h 后进入高压蒸汽养护（参数为 174 ℃，0.8 MPa），此目的是避免因快速升温使砖坯中空隙水和空气膨胀造成制品开裂。

3）塑性挤出成型后湿空气养护法

这种方法主要是制造非烧结非承重的空心砖。该方法对成型水分要求严格，需控制在 20%～25%。成型水分大，挤出顺利且泥条光滑，但密度不理想、硬化后强度小，进而容易塌落变形；成型水分小，挤出泥条有裂纹且挤出困难，最后导致制品强度下降。

4.3.3 成型压力的影响

成型压力是免烧砖制备过程中的关键因素，会影响免烧砖的抗压强度、抗折强度、砖体密度、线收缩率、吸水率、饱和系数及泛霜等性能，这些性能均会影响重金属离子的固定效果。

免烧砖的强度指标主要为抗压强度和抗折强度，抗压强度反映了免烧砖单位面积抵抗变形的抗力，抗折强度反映了免烧砖在承重时单位面积的最大折断力。当成型压力在一定范围内变大时，可提高凝胶材料的凝胶效果，进而产生更大的黏结力，得到的材料强度性能更好，有利于重金属离子以更稳定的结构固定下来（周鑫 等，2022；刘俊杰 等，2020；郭盼盼 等，2013）。但是，成型压力也不是越大越好。例如，秦吉涛等（2018）研究发现，成型压力从 1 MPa 提高至 2 MPa，电解锰渣免烧砖的抗压强度、抗折强度都显著上升，然而继续提高成型压力，砖块的抗压强度、抗折强度上升幅度趋缓。尤晓宇等（2019）研究发现，成型压力在 10~20 MPa 时，电解锰渣免烧砖的抗压强度、抗折强度增速较大，成型压力在 20~30 MPa 时，免烧砖的抗压强度、抗折强度增速放缓，继续增压获得的强度效果将会减弱。由此推测，当成型压力超过一定范围时，免烧砖抗压强度、抗折强度有所降低，导致凝胶效果减弱，势必会影响重金属离子与凝胶基团的结合，不利于重金属离子的固化/稳定化。

砖的线收缩率主要反映环境温度变化时砖的尺寸变形情况，其数值越小，建筑物结构越稳定，其中的重金属离子越不易释放出来。吸水率与免烧砖的孔隙大小有很大关系，免烧砖的孔隙越大，紧密度越差，相应的吸水效果越显著，寿命越低。饱和系数主要反映免烧砖的抗风化能力，免烧砖饱和系数越高，其抗风化能力越差。尤晓宇等（2019）研究发现，增加成型压力有利于电解锰渣中熟石膏的生成，增加了凝胶物质的含量，砖的内部空隙变小，进而提高了免烧砖的抗压强度、抗折强度。

4.3.4 重金属的钝化机理

免烧砖制备原料中，水泥是主要原料之一。制备过程中，水泥水化产物主要为水化硅酸钙（C—S—H）、钙矾石（AFt）、无定形水化硅酸钙凝胶及石英等物相（周鑫 等，2022；刘俊杰 等，2020；Jambunathan et al.，2013；姚燕 等，2012）。其中 C—S—H 凝胶具有极大的比表面积和较强的离子交换能力，可通过吸附、共生和层间位置的化学置换等方式固化重金属离子；钙矾石也可通过化学置换在晶体柱间和通道内容纳许多重金属离子。

硅酸钙水凝胶对金属离子的吸附和固化主要通过物理吸附和化学固定两种机制实现。物理吸附过程主要是基于分子间的相互吸引作用。硅酸钙水凝胶表面通常呈现负电荷，与金属离子的正电荷之间通过范德瓦耳斯力产生相互作用，从而实现金属离子的物理包裹。此外，部分研究指出，硅酸钙水凝胶对金属离子的吸附固化可能涉及双电层的漫散射作用，但这种作用依赖于电荷间的引力来维持，而这种引力相对较弱。随着时间的推移，扩散至双电层中的离子数量增加，这种引力会逐渐减弱，从而可能导致硅酸钙水凝胶对金属离子的吸附固化效果降低。与物理吸附相比，硅酸钙水凝胶与外来金属离子之间的化学结合则更为牢固和稳定，通过形成化学键实现，具有明显的选择性。目前的研究表明，除碱金属 Na、K、Mg、Al、Fe 外，其他很多重金属，如 Ni、Co、Hg、Zn、Cd、Cr、Pb、Cs，以及放射性物质 U 等均能被 C—S—H 凝胶固化（Chen et al.，2021；曹智国 等，2021；Makul et al.，2021；姚燕 等，2012）。例如，Zn 在水泥水化过程中会与 OH$^-$形成 Zn(OH)$_2$，附着在已经水化的水泥颗粒表面（蓝俊康 等，2009），此外，Zn^{2+}可取代 C—S—H 中的 Ca^{2+}或与 C—S—H 表面 Ca 结合形成钙、锌的结晶水合物 Ca[Zn(OH)$_3$H$_2$O]$_3$（Kakali et al.，1998）。Gougar 等（1996）研究认为 C—S—H 凝胶对 Ni^{2+}的固化主要是形成惰性 MgNiO$_2$化合物吸附在水泥颗粒表面，但 Vespa 等（2007）基于 X 射线吸收光谱（XAS）分析证明 Ni 主要分布在 C—S—H 中，与 Al 共生形成 Ni-Al 相。

钙矾石晶体为定向排列呈柱状结构（图 4.7），通过在晶体柱间间隙、通道化学置换，另外其表面电负性也可容纳吸附许多外来离子，如 Ca^{2+}可被 Pb^{2+}、Cd^{2+}、Co^{2+}、Ni^{2+}和 Zn^{2+}取代，Al^{3+}可被 Cr^{3+}、Si^{4+}、Ni^{2+}、Co^{2+}等取代（姚燕 等，2012；Gougar et al.，1996）。Albino 等（1996）研究发现，钙矾石能把 Cd^{2+}、Cu^{2+}等重金属俘获到晶格内。蓝俊康等（2009；2007）通过人工合成法证实 SO$_4^{2-}$存在时，Pb^{2+}、Cd^{2+}可进入钙矾石晶格，形成 Ca-Pb 钙矾石{(Ca, Pb)$_6$[Al(OH)$_6$]$_2$·3SO$_4$·26H$_2$O}和 Ca-Cd 钙矾石{(Ca, Cd)$_6$[Al(OH)$_6$]$_2$·3SO$_4$·26H$_2$O}，使钙矾石晶格发生变异。

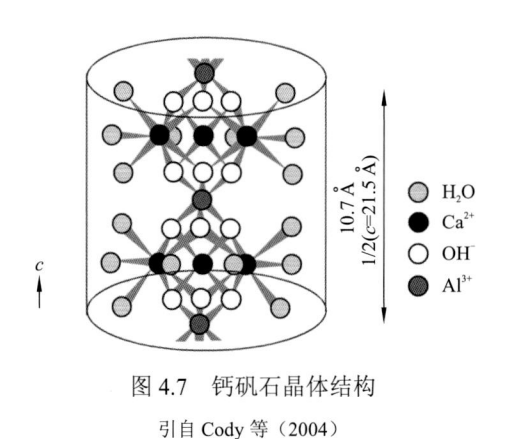

图 4.7 钙矾石晶体结构

引自 Cody 等（2004）

4.3.5 产物结构及重金属浸出性能

1. 产物结构

白敏等（2022）对锰渣免烧砖的物相进行表征，结果显示，产物主要包括石英、钙矾石、氢氧化钙和石膏（图 4.8）。随着锰渣掺量越大，形成的钙矾石和氢氧化钙越多，进而增大了免烧砖的强度。此外，免烧砖的微观形貌表征结果显示，随着锰渣掺量增加，石针状钙矾石明显增多，但当锰渣掺量达到一定值后再继续增加，免烧砖内部结构变得疏松多孔，强度降低。周鑫等（2022）对石棉尾矿制备的免烧砖的固相表征结果显示，免烧砖的主要组成为钙矾石、水化硅酸钙、无定形水化硅酸钙凝胶和石英等物相。水泥水化后有少量花瓣状硅酸钙凝胶包裹在石棉尾矿表面；大量颗粒状C—S—H凝胶将原料黏结在一起；水化生成的针状钙矾石及C—S—H凝胶填充于基体的空隙中，钙矾石与网状C—S—H凝胶交错在一起，形成致密结实的结构，提高了免烧砖强度。

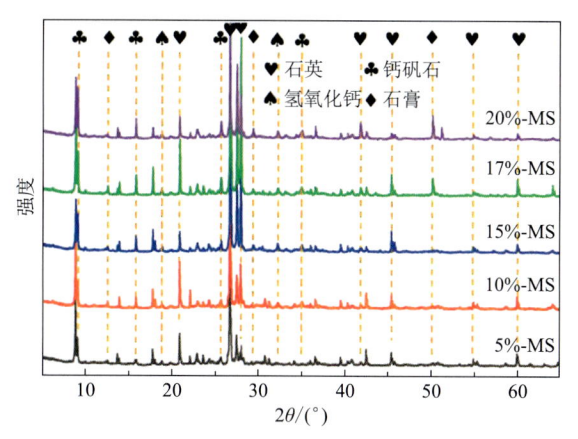

图 4.8 不同锰渣掺杂量下免烧砖的矿物组成

引自白敏等（2022）

基于以上分析，免烧砖固化重金属主要是通过水化产物硅酸钙凝胶的巨大比表面积对重金属离子产生物理吸附，以及表面带有的负电荷与重金属离子间产生静电吸引实现的（Chindaprasirt and Pimraksa，2008）。此外，Ca(OH)$_2$、其他水化产物会与重金属离子形成难溶或不溶质物，如 Ca$_3$(AsO$_4$)$_2$、CaZn$_2$(OH)$_6$、Ca$_2$Cr(OH)$_7$、Ca$_2$(OH)$_4$Cu(OH)$_2$，或者重金属离子会在碱性环境中形成氢氧化物等沉淀，从而达到固化重金属的效果（Nguyen et al.，2022；李冲 等，2016；Chindaprasirt and Pimraksa，2008）。

2. 重金属的浸出性能

毒性浸出程序是评估固体废弃物中重金属对水体环境潜在影响的关键技术。该实验通过对一个或多个固体废物样本进行分析，以评估有害物质释放到地表水或地下水环境的风险。浸出测试主要分为两种类型：连续浸出测试和单次浸出测试，两者在操作上具有相似之处。连续浸出测试在实验过程中多次更换浸出介质，通过连续阶段的浸出结果累积计算总浸出量；而单次浸出测试则不需要更换浸出介质，仅通过单一阶段的浸出数据即可确定总浸出量（赵国华 等，2013）。

吕浩阳等（2017）利用重金属复合污染土壤制备免烧砖的研究表明，水泥固化Pb、Zn、Cd重金属复合污染土壤是可行的，且效果显著；与原状土壤相比，砖体在不同pH浸提液下的浸出浓度明显下降，表明砖体抵御不同pH环境变化的能力增强（图4.9）。水泥的掺入会使重金属酸可交换态显著降低，并向残渣态转化，迁移特性明显下降（图4.10）。这是由于水泥水化产生Ca(OH)$_2$的过程会导致土壤pH升高，进而促进Pb、Zn、Cd在碱性环境中形成稳定性较强的氢氧化物沉淀；此外，水泥水化产生的C—S—H凝胶具有胶结、吸附作用，可将土壤颗粒黏结包裹起来，封闭了土壤颗粒与外界的联系，进而降低了重金属的迁移性（姚燕 等，2012；van der Sloot.，2002；Kakali et al.，1998）。

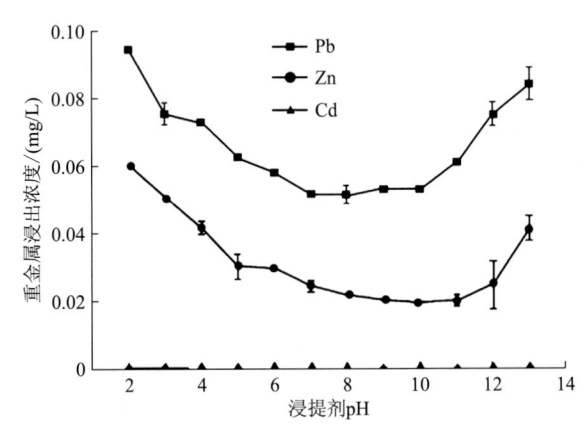

图 4.9 不同 pH 下免烧砖的重金属浸出浓度

引自吕浩阳等（2017）

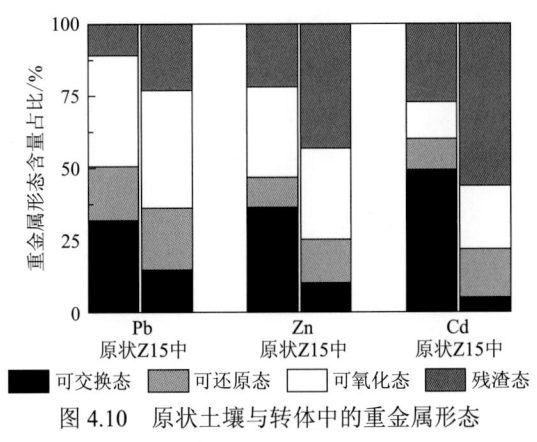

图 4.10 原状土壤与转体中的重金属形态

引自吕浩阳等（2013）

Dai 等（2014）利用 BCR 连续浸提法对重金属污染土壤制备的免烧砖进行了重金属浸出毒性分析，结果显示 Pb、Zn、Cu、Cd 大多以有机物结合态和残渣态的形式存在，其浸出浓度均低于《地表水环境质量标准》（GB 3838—2002）中的 V 类水环境质量标准（图 4.11）。白敏等（2022）按照《固体废物 浸出毒性浸出方法 水平振荡法》（HJ 557—2010）对锰渣制备的免烧砖进行毒性浸出实验，结果显示，锰渣中的有害物质 NH_4^+-N 和 Mn^{2+} 含量均低于《污水综合排放标准》（GB 8978—1996）。这是由于水泥水化过程导致体系 pH 升高，有利于 NH_4^+-N 转化为 NH_3、Mn^{2+} 转化为稳定的 $MnO(OH)_2$ 沉淀（Nguyen et al.，2022）；此外，免烧砖的致密结构也阻止了有害物质的浸出行为，使得免烧砖中的有害物质浸出浓度明显低于锰渣中的有害物质浸出浓度。余锦涛等（2016）对污染土壤进行固化后的免烧砖开展浸出毒性测试，结果显示，浸出液中未检出 Cd、As、Pb、Zn。李冲等（2016）按照《固体废物 浸出毒性浸出方法 硫酸硝酸法》（HJ/T 299—2007）对铅锌尾矿制备的免烧砖进行重金属浸出毒性研究，免烧砖中 Pb、Zn、Cu、Fe、As、Ni、Cr、Mn、Cd 等重金属离子的浸出浓度均满足《地表水环境质量标准》（GB 3838—2002）中的 V 类水环境质量标准（图 4.12），说明水化产物对铅锌尾矿中的重金属离子具有显著的固化效果。这主要归因于水泥水化产物 C—S—H、C—A—S—H 对 Pb^{2+} 的物理吸附作用，以及 Ca(OH)$_2$ 等与重金属离子形成了难溶或不溶质物或重金属离子在碱性环境中形成了氢氧化物等沉淀。

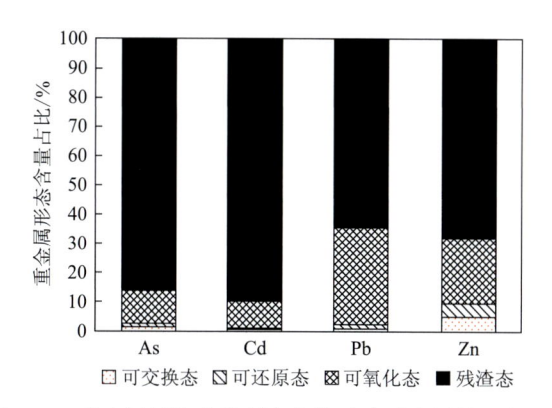

图 4.11　重金属污染土壤制备免烧砖中重金属的形态分布

引自 Dai 等（2014）

图 4.12　铅锌尾矿免烧砖重金属的浸出浓度

A-3：尾矿含量 60%，硅粉含量 30%；B-2：尾矿含量 70%，硅粉含量 20%；C-1：尾矿含量 80%，硅粉含量 30%；水泥含量均为 10%；引自李冲等（2016）

第5章 场地重金属污染土壤高温结构化固定处置

近年来，随着我国城市化进程的加速及产业结构的优化升级，众多位于城市核心区与边缘地带的工业企业，包括化学制造厂、钢铁生产企业、金属加工和电镀业务等，已开始执行迁移至远郊或停业整顿的策略。这些企业的设备陈旧，加之工业废料排放技术尚未成熟，造成大量有害的重金属污染物渗透至地下土壤和含水层，使得这些企业原址用地转变为受工业污染的土地，对周边的生态环境造成了显著的负面影响。目前，针对重金属污染土壤的固化和稳定化处理是主要的技术应对措施。但是，现有的固化技术多依赖固化剂来封锁重金属，而未能构建持久的化学键，这使得固化处理后的重金属存在长期稳定性不足的问题，增加了二次污染的潜在风险。鉴于此，如何安全地处置和有效利用重金属污染土壤，已成为土壤修复领域一个亟待探索的实用型研究方向。

自然界中的矿物，作为地球表层多圈层交互作用的产物，展现了卓越的稳定性。借鉴自然界矿物晶体的稳定性，将重金属原子嵌入这些晶体结构中，即使在极端环境条件下，也能保持化学稳定性，释放风险极低。土壤重金属的高温结构化固定是指利用烧结体细小颗粒之间表面能量的差异，加热使颗粒中能量粒子都聚集于颗粒间接触部分，待该部分出现致密化现象后继续蔓延至其余部分，最终形成烧结的致密体。一般情况下，高温结构化固定过程主要包括将烧结物料与辅料、黏结剂等进行混合压制或造粒后进行高温煅烧处理。通过调节煅烧温度和辅料可以有效提高烧结体的强度等性能。在高温处理过程中，重金属可以通过两种机制固定在烧结体中。一是重金属可以取代晶体相结构中的其他元素形成固溶体。根据 Goldschmidt 晶体中元素的取代规则，重金属离子可以取代大小和电荷与其相似的离子。另一种固定机制是重金属参与形成新的矿物相，如尖晶石、长石等结晶体结构。$NiAl_2O_4$、$PbAl_2Si_2O_8$、$CdAl_4O_7$ 等含重金属的晶体相已被证明具有良好的固载能力。本章将详细介绍以氧化铁、氧化铝和黏土为基质的高温结构化固定处置技术。将重金属污染土壤与添加剂充分混合压实后，在一定温度条件下煅烧，可制成砖体和陶粒等资源化利用产品。其中的污染重金属以尖晶石和长石等较为稳定的晶体结构被固定于烧结体中，长期的环境暴露过程中重金属浸出风险低。砖体和陶粒符合建筑材料等行业标准要求，可用于建筑原材料等。该技术已成功应用于广东省相关场地重金属污染土壤处置工程案例中。场地重金属污染土壤高温结构化固定处置技术既可安全处置重金属污染土壤，又可实现重金属污染土壤的资源化利用，具有广阔的应用前景。

5.1 高温结构化固定处置工艺

重金属污染土壤高温结构固化工艺主要包括污染土壤组分分析、理论可行性试验、污染土壤的挖掘运输、高温处置过程等。具体工艺流程包括：①对场地重金属污染程度及空间分布信息进行分析，开始重金属污染土壤的挖掘转移；②在对挖掘出的土壤性质分析的基础上进行土壤预处理（水分调节、土壤杂质筛分、土壤破碎等）；③根据重金属种类添加固化剂，将污染土壤与其他材料（黏土、粉煤灰、水等）混合搅拌；④根据资源化利用处置目的，在一定压力作用下对混合后的固态物质压制成型；⑤根据固态物质的成分和资源化利用处置的目的，在高温处理装置中，采用相应的升温及稳定停留模式对压制固体进行高温煅烧。下面介绍具体的工艺流程。

5.1.1 污染土壤组分分析

在进行重金属污染土壤的高温结构固化处理之前，对污染土壤组分进行详细分析是至关重要的步骤。首先，需要确定土壤中存在的具体污染物种类和浓度，如 As、Cd、Pb 等，从而为选择合适的固化剂和固化流程提供科学依据。其次，了解土壤的物理和化学性质，包括 pH、有机质含量、颗粒大小分布、湿度和密度等，这些都会对固化效果产生影响，因此了解这些性质对于优化固化方案至关重要。此外，通过分析土壤组分可以预测固化后土壤的性质，如固化体的强度和重金属的浸出性，进而评估固化处理的潜在效果。同时，了解土壤污染情况有助于制定合理的环境安全标准和修复目标，确保固化处理后土壤的环境风险得到有效控制。最后，土壤污染分析也是法规和政策的要求，以确保土壤修复的合规性和有效性。总之，对污染土壤组分的准确分析是确保高温结构固化处理成功、优化固化工艺、评估修复效果并保障环境安全的关键前提。

污染土壤组分分析的一般流程：根据《重金属污染场地土壤修复标准》（DB43/T 1165—2016）居住用地总量标准值采集场地土壤。将土壤样品自然风干，并人工挑选出大部分的非土部分，如碎石、沙砾及植物残体等杂质，将样品研磨后整体过 20 目尼龙筛。分析土壤的质地，测定土壤的 pH、密度等参数。另取一部分样品过 80 目尼龙筛后进行总量消化，总量消化采用 HNO_3-HCl-$HClO_4$ 法，分析土壤中目标重金属的含量。常见重金属的主要分析方法见表 5.1。

表 5.1 土壤样品中重金属主要分析方法

重金属	检测仪器	检测方法	方法来源
镉	原子吸收光谱仪	原子吸收光谱法	GB/T 41058—2021
铅	原子荧光光谱仪	火焰原子吸收分光光度法	HJ 491—2019
铬	原子荧光光谱仪	火焰原子吸收分光光度法	HJ 491—2019
汞	原子荧光光谱仪	氢化物发生原子荧光光度法	HJ 694—2014
锌	原子荧光光谱仪	火焰原子吸收分光光度法	HJ 491—2019
镍	原子荧光光谱仪	火焰原子吸收分光光度法	HJ 491—2019
砷	原子荧光光谱仪	氢化物发生原子荧光光度法	HJ 694—2014
铜	原子荧光光谱仪	火焰原子吸收分光光度法	HJ 491—2019

注：上述表格中的检测仪器和方法不是唯一的，实际应用中可能会根据具体的分析需求和条件选择不同的仪器和方法

5.1.2　重金属结构化固定理论可行性试验

根据前期调查得到的重金属污染土壤相关信息，如超标重金属种类、含量等。针对性地选择合适的固化基质材料和固化工艺。为了确保所选的固化修复方案在理论上是可行的，在固化过程中能够形成稳定的晶体结构，有效地将重金属固定在结构中，需要进行重金属结构化固定理论可行性试验。通过预测固化材料的性质，如固化体的强度和重金属的浸出性，从而评估固化处理的潜在效果。此外，理论可行性试验还可以为后续的实际操作提供重要的参数和条件，确保修复工程的顺利进行。

下面以电镀厂搬迁场地 Cr、Pb、As、Cu 污染土壤为例，介绍重金属结构化固定理论可行性试验流程（图 5.1）。选择制砖厂常用制砖原料页岩为固定基质材料，煤矸石为制砖内燃物。具体操作流程如下。①根据实际土壤的重金属污染浓度，向干净土壤中添加一定量的硝酸镉、氧化铅、氯化锌、氯化铜等试剂，模拟重金属污染土壤。②按一定设计比例将模拟污染土壤、页岩、煤矸石进行混合，将混合物放入球磨机中，加入一定量的水，形成水浆状，在球磨机中混合 18 h，以确保原料混合均匀。③混合物在室温下干燥后，在压片机[图 5.2（a）]中以 650 MPa 压力压制成直径为 20 mm、高度为 5 mm

图 5.1　高温结构化固定重金属污染土壤流程图

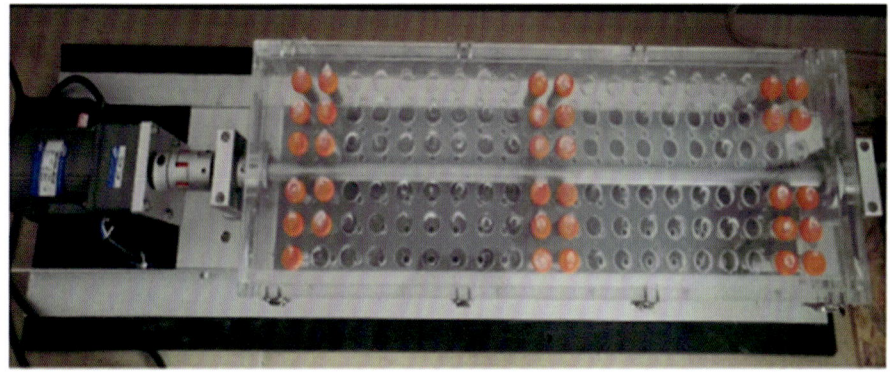

(a)压片机　　　　　　　　　　(b)马弗炉

(c)翻转式振荡器
图 5.2　高温结构化固定重金属污染土壤小试设备图

的柱状体。④将柱状体转移至马弗炉[图 5.2（b）]，在设置目标温度（800～1 000 ℃）煅烧 3 h，自然冷却至室温。⑤分析煅烧后的柱状体强度、硬度、辐射指标等砖体指标。⑥煅烧后的柱状体部分经玛瑙研钵研磨至粒径小于 10 μm 的粉末，进行 X 射线衍射（XRD）分析，以确定固化体的晶体结构。⑦粉末同时按照《固体废物　浸出毒性浸出方法　硫酸硝酸法》（HJ/T 299—2007）和美国环保署 Method 1311 TCLP 标准流程进行毒性浸出实验，在翻转式振荡器[图 5.2（c）]上将过筛后的烧结体粉末于 25 ℃下恒温振荡，验证固定后烧结体中重金属的浸出情况。

5.1.3　重金属结构化固定小试试验

通过前期的重金属结构化固定可行性试验，确定所选的固定基质材料和工艺流程能够有效固定重金属后，还需要对实际污染的场地土壤进行重金属结构化固定小试试验，以确保所选方案同样适用于实际污染土壤。重金属结构化固定小试试验的操作流程如下。①场地土壤采集：采集场地土壤超过《重金属污染场地土壤修复标准》（DB43/T 1165—

2016）居住用地总量标准值的土壤样品，将土壤样品自然风干，并人工挑选出大部分的非土部分，如碎石、沙砾及植物残体等杂质，以获得较为纯净的土壤样品；将样品研磨后过 20 目尼龙筛，以获得均匀的土壤样品。②混合剂配比：根据前期的重金属结构化固定可行性试验结果，按照一定的设计比例将污染土壤、页岩和煤矸石进行混合；在配比过程中，需要考虑合作企业配方工艺的实际情况，调整添加剂与污染土壤的比例，以确保固化剂的有效使用。③高温烧结试验：在确定好配比后，按照基于重金属结构化固定试验的相同试验程序进行高温烧结试验；将混合后的样品进行高温处理，在设定好的温度范围内进行一定时间的烧结。④毒性浸出实验和抗压强度检测：对高温烧结后的样品进行毒性浸出实验，按照《固体废物 浸出毒性浸出方法 硫酸硝酸法》（HJ/T 299—2007）进行操作；同时，还需要进行抗压强度检测，按照《烧结普通砖》（GB/T 5101—2017）的标准进行测试，以评估烧结体的力学性能。⑤优化固化处置流程：根据试验结果，评估固化剂的配方和高温处置的效果，并结合实际情况进行调整；通过不断优化固化处置流程，确保固化修复方案的有效性和可行性。

5.1.4　污染土壤挖掘运输

在对污染土壤进行详细识别和评估、确定修复区域之后，需要进行污染土壤的挖掘与运输。污染土壤的挖掘和运输主要包括以下流程。

1. 前期准备

在进行重金属污染土壤的挖掘运输之前，需要进行周密的前期准备工作。首先，制定详细的污染土壤挖掘运输方案，其中包括明确挖掘区域及运输路线等关键信息，并根据重金属的类别和污染程度，制定相应的安全防护措施。然后，对挖掘区域进行全面的调查和评估，分析污染土壤的种类、污染程度，以确定具体的挖掘范围和深度，并据此制定必要的安全防护措施。同时，根据挖掘区域的特点和污染土壤的性质，选择合适的挖掘机、装载机、卡车等挖掘设备，并准备相应的安全防护用品等工具。此外，对参与挖掘和运输的操作人员及安全管理人员进行专业的安全意识和技能培训，确保他们能够熟练操作挖掘设备、正确使用安全防护用品，并具备处理突发事件的能力。通过这些前期准备，可以确保挖掘运输过程的安全、高效，并最大限度地减少对环境的影响。

2. 挖掘过程

在重金属污染土壤的挖掘过程中，现场安全控制至关重要。为此，需要设立明显的安全警戒区，以确保所有参与人员的安全，并防止无关人员进入作业区域。同时，对挖掘区域进行彻底的地质和地形调查评估，根据地质条件制定合理的挖掘方案，以避免挖掘过程中可能发生的坍塌等安全事故。挖掘作业应严格按照预定的深度和量进行，避免不必要的开挖和过度挖掘，以减少对环境的破坏。挖掘出的污染土壤应进行细致的分类和分装，根据危险废物的种类和污染程度进行区分，并进行适当的标记，以便后续的运输和处理工作。此外，现场监测工作也是挖掘过程中不可或缺的一部分，包括对空气质量和水质的持续监测，确保作业安全的同时有效控制环境污染。

3. 运输过程

在重金属污染土壤的运输过程中，首先要选择符合危险废物运输要求的专用车辆和经验丰富的司机，以确保运输的安全性。同时，对挖掘出的污染土壤进行严格的防水、防尘和防漏处理，确保在运输过程中不会发生泄漏，从而避免对周围环境造成污染。在规划运输路线时，应避免经过居民区、水源保护区等环境敏感区域，以减少潜在的环境风险。此外，运输过程中应实施实时监控，对车辆行驶状况和污染土壤的运输情况进行跟踪，确保整个运输过程的安全可控，并有效保护环境。

4. 储存

在重金属污染土壤的储存阶段，专用的自卸车负责将污染土壤从挖掘地点运输至协作单位，如制砖企业。在抵达目的地后，利用自卸输送带将污染土壤安全地卸运至密闭的专用堆场内进行暂存。在进行最终处置之前，需要进行土壤预处理，包括人工分拣以移除土壤中可能含有的塑料瓶、废金属、烂布、木块等杂物。如有需要，还可以采用粗网分选等方法以提高分拣效率。经过预处理的土壤将被妥善保存在协作单位的密闭专用堆场内，等待后续的处理和处置工作。这样的储存方式旨在确保污染土壤在运输和暂存过程中的环境安全，防止对周边环境造成二次污染。

5.1.5 固化处理场建设要求

重金属污染土壤高温结构固化处理场的建设要求主要包括以下几个方面。

1. 场地选择和规划

污染土壤固化处理场是临时工程，治理完成后须将所有构筑物及设备拆除。因此，场地应采取租赁方式，水电接入使用临时设施，临时建筑均采用结构简单的可拆卸临时建筑（即轻钢结构），以降低建设成本、循环使用材料。选择场地时，应考虑土壤污染程度、土地利用规划、环境敏感性等因素。建设前需要进行详细的土地调查和评估，确保场地满足建设要求。

2. 设施建设

建设固化处理场的主要设施（区域）包括固化处理区、材料存储区、实验室、办公区、废物处理区等。固化处理区应具备高温处理设备、固化剂配制设备、搅拌设备等，以满足固化处理的需求；材料存储区需要提供安全储存固化剂和辅助材料的空间；实验室用于进行样品分析和试验工作；办公区提供管理和运营工作所需的办公空间；废物处理区需要设置合适的设施，以进行废弃物的处理和处置。

3. 环境保护措施

在固化处理场的建设和运营过程中，需要采取一系列的环境保护措施，以减少对周围环境的影响。具体包括：建设防渗漏设施，防止固化剂和处理过程中产生的废液渗漏入地下水；设置废气处理设备，对处理过程中产生的废气进行处理和净化；建设噪声控制设施，减少施工和运营过程中的噪声污染；合理规划固化处理区与周围环境的距离，减少对周边居民和生态环境的影响。

4. 安全管理措施

建设固化处理场需要制定并执行相关的安全管理措施，确保工作人员和周围环境的安全。具体包括：建设安全防护设施，提供必要的个人防护用品；制定操作规程和紧急处理方案，应对可能发生的事故和突发情况；进行员工培训，提高工作人员的安全意识和应急处理能力。

5. 法规和政策要求

建设固化处理场需要符合相关的法律法规和政策要求。具体包括土壤污染防治法律法规、环境影响评价要求、土壤修复技术规范等。在建设前需要进行审批和备案手续，确保符合法规和政策要求。

6. 监测和评估

建设固化处理场后，需要进行持续的监测和评估工作，以确保固化处理工艺和设备的正常运行，达到预期的修复效果。对固化处理过程中产生的废弃物、废液和废气进行监测和处理，定期对土壤和水体进行监测，以评估固化处理的效果和环境影响。

总之，建设重金属污染土壤高温结构固化处理场需要综合考虑场地选择、设施建设、环境保护、安全管理、法规政策要求，以及监测评估等方面的要求。合理规划和科学建设固化处理场可以有效处理重金属污染土壤，保护周边环境。

5.1.6 所需设备要求

在重金属超标土壤制备烧结砖的工程实施过程中，涉及一系列专业的设备，以确保生产流程的高效和产品质量的稳定。以下是需要用到的主要设备。

1. 原料处理设备

（1）粉碎机用于将污染土壤和其他块状原料粉碎成细粉末，以便后续的混合和成型。粉碎机的规格和型号需根据原料的硬度和所需的产量来选择。

（2）混合机用于均匀混合粉末状污染土壤与添加剂、黏结剂等其他原材料。混合机的设计应确保混合效率和均匀性，同时易于清洁和维护。

（3）搅拌机进一步搅拌混合后的原料，以提高均匀性和塑性，为成型工序做好准备。搅拌机的选择应考虑混合料的种类和产量要求。

2. 成型设备

（1）制砖机用于将混合好的原料压制成所需形状和尺寸的砖块。制砖机的型号和规格应根据烧结砖的尺寸、形状和预期产量来确定。

（2）送料机负责将原料连续均匀地送入制砖机，确保制砖过程的连续性和稳定性。送料机应具备高效率和精确控制的能力。

3. 烧结设备

（1）烧结炉用于将成型后的砖块进行高温烧结，使其达到所需的强度和硬度。烧结炉的规格可以根据烧结砖的种类、尺寸和产量要求选择，同时应具有高效率、低能耗、环保等特点。

（2）烟气处理设备用于处理热处理过程中产生的废气和废水，以减少对环境的污染。烟气处理设备包括除尘器、脱硫设备、脱硝设备等，可以根据污染土壤中重金属类型、烧结炉的规格和环保要求配置。

4. 其他设备

（1）输送设备用于原材料的输送、砖块的输送等。输送设备包括皮带输送机、斗式提升机、螺旋输送机等。

（2）干燥设备用于将制成的砖块进行干燥，以达到所需的含水率。干燥设备包括烘箱、干燥室等，可以根据烧结砖的种类和含水率要求选择。

（3）包装机用于将烧结砖进行包装，以便运输和存储。包装机可以根据烧结砖的规格和包装要求选择，常用的包装方式包括编织袋、木箱、纸箱等。

需要注意的是，烧结砖生产线的设备配置应该根据生产线的实际情况选择，包括生产线的规模、产量、烧结砖的种类和规格等。在设备的选择和配置上，需要尽可能选择具有先进技术和高效率的设备，以提高生产效率和降低成本。同时，还需要加强对设备的维护和保养，确保设备的正常运行和使用寿命。此外，为了保证烧结砖的质量和生产效率，还需要建立完善的生产管理制度和质量管理体系，加强对原材料、生产过程和成品的检验和测试，确保生产过程的稳定性和烧结砖的质量。

5.1.7 以黏土为基质的污染土壤重金属高温结构化固定制砖技术路线

在前期重金属结构化固定理论可行性试验和小试试验的基础上，选择合适的固化基质材料，确定合适的固化工艺流程后，确定污染土壤重金属高温结构化固定制砖的技术路线。本小节以湖南省某工业遗留场地污染地块为例，介绍以黏土为基质的污染土壤重金属高温结构化固定制砖技术路线（图5.3）。

（1）土壤预处理：将污染土壤挖掘后采用人工方法分筛块状垃圾，然后对污染土壤进行预处理，包括除去杂质、破碎和筛分等步骤。这样可以提高土壤的均匀性和处理效果。

（2）土壤运输：将经过预处理的污染土壤用加盖泥头车运输方式运至协议工程实施单位（制砖企业），实施单位采用水泥密闭围墙专用堆放场地堆放污染土壤。

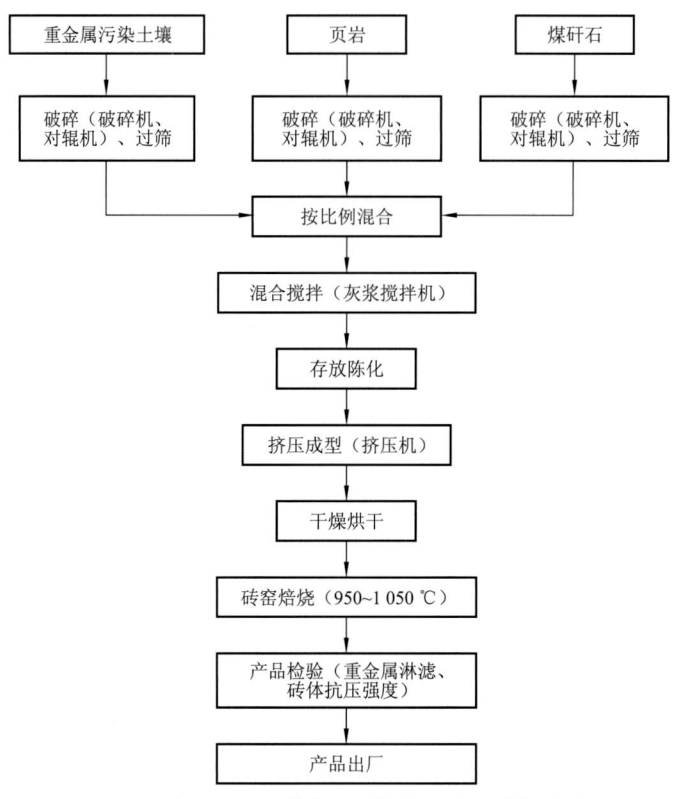

```
    重金属污染土壤          页岩           煤矸石
         ↓                ↓              ↓
   破碎（破碎机、      破碎（破碎机、    破碎（破碎机、
   对辊机）、过筛     对辊机）、过筛   对辊机）、过筛
         ↓                ↓              ↓
                     按比例混合
                         ↓
                 混合搅拌（灰浆搅拌机）
                         ↓
                      存放陈化
                         ↓
                  挤压成型（挤压机）
                         ↓
                      干燥烘干
                         ↓
                 砖窑焙烧（950~1 050 ℃）
                         ↓
                  产品检验（重金属淋滤、
                    砖体抗压强度）
                         ↓
                      产品出厂
```

图 5.3 重金属污染土壤高温结构化固定制砖技术路线

（3）混合和搅拌：根据前期小试试验确定的制砖生料配料方案，结合制砖企业生产工艺，将污染土壤与黏土和粉煤灰等添加剂进行混合和搅拌，确保各组分充分混合均匀，使重金属与固化剂充分接触。搅拌过程中可以加入适量的水或其他溶液，以提高混合效果。

（4）成型和压制：将混合后的土壤放入成型模具中，进行成型。模具可以选择圆柱形、方形或其他形状，根据具体需求进行选择。成型后的土壤需要进行压制，以增加砖块的强度和稳定性。

（5）高温处理：将成型和压制后的土壤砖块进行高温处理。根据前期小试试验选择合适的高温处理工艺，包括处理温度和保温时间。高温处理过程中，土壤中的有机物会发生燃烧和分解，重金属离子与固化剂反应生成稳定的化合物，并与土壤颗粒结合。

（6）冷却：高温处理后，将土壤砖块冷却至室温。在冷却过程中，固化剂会继续与重金属离子发生反应，形成稳定的固体结构。冷却后的土壤砖块即可达到固化要求，重金属的毒性和迁移性显著降低。

（7）检测和监测：烧制成型的砖体采用 TCLP 标准流程进行重金属淋滤风险评价，确保重金属固定的有效性和长期性。同时，由协议制砖企业进行砖体行业使用标准检测，检测由有资质的专业机构进行。标准采用《烧结普通砖》（GB/T 5101—2017）和《建筑材料放射性核素限量》（GB 6566—2010）。

需要注意的是，污染土壤重金属高温结构化固定制砖是一项复杂的工艺，需要根据具体情况进行调整和优化。在实际应用中，还应考虑处理设备、能源消耗、废气处理等方面的问题。

5.2 高温结构化固定处置技术参数

土壤的物理特性（如颗粒大小分布、水分含量等）、化学属性（如有机物质比例、酸碱度等）、污染特征（如污染物的种类、污染水平等）及特定的重金属污染类型，均是影响高温结构固化技术在修复重金属污染土壤时的适用性及其成效的关键影响因素。面对不同类型的污染物质和土壤特性，需精心挑选合适的固化剂或稳定化剂。此外，在应用该技术时，还需依据土壤的具体类型，探究固化剂的用量与重金属浸出毒性之间的相关性，并针对不同浓度的重金属确定最佳的固化剂添加量。下面将详细介绍高温结构化固定技术的若干关键参数。

5.2.1 原料混合

以重金属污染土壤制备烧结砖为例，在烧结砖制备过程中，原料混合是非常重要的一步，这一步骤不仅决定了混合料的均匀性，而且对最终砖体产品中重金属的固定效果、砖体的质量和性能产生深远影响。在进行原料混合时，需要仔细监控并调整以下几个关键参数。

1. 混合料的配比

在重金属污染土壤制备高温烧结砖过程中，混合料的配比对重金属的固定效果、混合效果和砖坯的质量有着重要影响。不同的原材料配比会影响重金属的固定程度、混合料的流动性、易混性、混合均匀性。因此，在制备混合料时，需要根据污染土壤中重金属的浓度、污染土壤的性质、固化剂及其他辅料的性质确定原材料配比，以保证混合料的质量和均匀性。

2. 混合时间

混合时间的长短会影响混合料的均匀性，混合时间过短会使原材料混合不均匀，导致污染土壤中的重金属不能充分地与固化材料接触。混合时间过长则会影响生产效率，还可能导致原料分离，尤其是当混合料中含有轻质材料时。一般情况下，混合时间应该在 15～30 min，具体时间根据原材料的性质和配比而定。

3. 混合速度

混合速度需要与搅拌时间相匹配，以确保重金属与固化剂在混合过程中能够充分接触并形成均匀的混合料。混合速度的快慢会影响原材料颗粒的破碎和混合效果。混合速度过快会导致原材料颗粒过度破碎，混合速度过慢则会影响混合效果。一般情况下，混合速度应该在 60～80 r/min，具体速度根据混合机的性能和原材料的性质而定。

4. 混合方式

混合方式的选择直接影响到原料的均匀性、烧结效果及最终产品的性能，以下是几种常见的原料混合方式。

（1）干混合：在没有添加水分的情况下，将不同的原料粉末混合在一起。这种方法通常使用旋转式混合器或 V 形混合器，通过机械搅拌实现原料的均匀混合。干混合的优点是操作简单，能耗较低，但可能需要后续的湿混合来进一步提高混合均匀性。

（2）湿混合：在原料中加入适量水分进行混合，通常使用搅拌机或浆料混合器。这种方法可以提高原料的塑性和均匀性，有助于提高成型过程中的成型性能。湿混合的缺点是能耗较高，且需要控制水分含量，以避免过湿或过干影响后续工序。

（3）间歇式混合：在固定的容器中进行原料混合，混合完成后再将混合料卸出。这种方法适用于小批量生产，可以确保每批次混合料的均匀性，但生产效率较低。

（4）连续式混合：原料在流动过程中不断混合，如使用螺旋输送机或连续搅拌器。这种方法适用于大规模生产，可以提高生产效率，但需要精确控制原料的流动速度和混合时间，以确保混合均匀。

（5）强制混合：使用高剪切力的混合设备，如高速搅拌机或混合挤出机，通过强烈的机械作用力使原料充分混合。这种方法可以提高混合效率，尤其适用于含有难以混合的颗粒或添加剂的原料。

（6）预混合：先将部分原料混合均匀，然后再与剩余原料混合。这种方法可以提高混合效率，尤其适用于原料性质差异较大的情况。

（7）球磨混合：将原料放入球磨机中，通过球体的滚动和碰撞实现原料的混合。这种方法适用于需要非常均匀混合的原料，可以获得较高的混合均匀度。

每种混合方式都有其特点和适用场景，通常需要根据重金属污染土壤的性质、重金属含量、固化剂和其他辅料的性质、生产规模和成本效益等因素选择最合适的混合方式。在实际操作中，也可能结合多种混合方式，以达到最佳的混合效果。

5. 混合机的选择

混合机的选择也会直接影响原材料的混合效果。常用的混合机有双轴混合机、单轴混合机、螺旋混合机等。双轴混合机具有混合效果好、适用范围广的优点，但价格较高；单轴混合机则适用于颗粒较小、黏度较大的原材料；螺旋混合机适用于颗粒较大、含水量较高的原材料。

总之，在原料混合过程中，需要根据原材料（包括重金属污染土壤、固化剂、制砖内燃物等）的性质和配比，选择合适的混合机和混合参数，以保证混合料的均匀性和砖坯的质量。

5.2.2 陈化过程

原料陈化是重金属污染土壤高温结构化固定修复中不可或缺的环节。该步骤的目的是通过对原料的含水量、存放时间、粒度大小及环境温度等条件的精确控制来促进原料颗粒的均匀分散，确保水分分布的一致性，使原料形成松散的泥团，从而增强其塑性。这不仅有助于原料的成型过程，还能提升砖坯的外观质量，确保其表面光滑、结构密实，减少开裂现象，提高砖坯的整体均匀性，进而提升成型的合格率。在成熟化阶段，重金属也能与固化剂或其他添加剂中的化学成分充分反应，形成初步稳定的化合物。

影响原料成熟化的因素包括水分、时间、粒度和温度。适量的水分对于提升混合料的塑性及烧结砖的机械强度至关重要。水分不足可能导致混合料过干，塑性降低，不利于成型，且在烧结过程中容易出现断裂，影响重金属的固定效果和砖块的整体质量；而水分过多则可能导致坯体过于柔软，易于在脱模和干燥过程中损坏，降低成品率。一般而言，混合料中水分的适宜添加量为 13%～15%。成熟化时间的延长有助于提升混合料的细粉含量，从而增强成熟化效果，实际生产中通常推荐陈化时间为 3～5 d。原料的粒度越细小，水分向颗粒内部的渗透越有效，成熟化效果越佳。实验研究通常推荐使用通过 60 目筛的颗粒尺寸以获得较优的成熟化效果。此外，成熟化温度也是影响成熟化效果的一个关键因素，一般建议成熟化温度不低于 10 ℃，以确保成熟化过程顺利进行。

5.2.3 成型方式

确定成型方式的关键考量因素包括原料的物理特性、产品的尺寸与形状、生产过程中的传统做法，以及现有的技术水平等。在烧结砖的制造中，普遍采用的成型技术主要有干压成型和湿挤出成型两种方式。

1）干压成型

干压成型技术属于模压成型类别，其过程涉及将具有适当水分含量的粉末原料置于模具内，在压力机的作用下进行压制成型。原料处于半湿状态且水分含量相对较低，因此成型后的坯体通常较为紧凑，缺陷较少，尺寸精度高，便于烘干，并且能够有效地利用煤矸石、粉煤灰等非塑性材料。成型过程可分为三个阶段：初始阶段，固体颗粒在压力作用下相互挤压，破坏原有的较大气孔和颗粒间的桥接；中期阶段，随着压力的继续增大，颗粒间接触更为紧密，发生塑性变形，空气逐渐被排出，颗粒内含的水分被挤压至表面，促进颗粒间的黏合；最终阶段，颗粒间接触面积进一步扩大，空气被彻底排出，坯体得以充分密实，完成压制。成型质量受到压制参数、成型压力和粉末原料特性的影响。压制参数包括施加压力的条件和保压时长，其中施加压力的条件可为单面或双面施压，对于较厚的坯体，双面施压更为适宜。在达到最大压力后，需保持压力数秒，以防止快速卸压导致的坯体破坏，确保获得较优的成型品质。若成型压力不足，可能导致坯体压缩不充分、强度低、易产生裂纹；反之，若成型压力过大，则可能引起坯体分层、裂纹，甚至破坏。

2）湿挤出成型

湿挤出成型技术属于塑性成型工艺，它通过真空挤出机将泥料通过挤出口挤出，并按照预定尺寸进行切割。这种方法的优点在于生产效率高，且容易实现自动化。然而，湿挤出成型对泥料的塑性要求较高，泥料中添加了膨胀珍珠岩等大颗粒材料可能会对挤出成型过程产生不利影响。

5.2.4 坯体干燥工艺

在重金属污染土壤生产烧结砖的过程中，干燥环节至关重要。干燥过程旨在移除砖坯内的水分，通过蒸发将其转化为气体，从而预防在后续的烧结阶段发生破裂现象。这是因为在烧结过程中，随着温度的快速上升，坯体内的水分若未能及时排出可能会迅速蒸发，导致在砖体尚未形成足够强度时出现裂纹。

干燥过程涉及两个主要步骤：首先，水分从砖坯内部扩散至表面；其次，水分在砖坯表面蒸发。这一过程基于一个基本原理：当含湿物体的蒸气压超过周围环境的水汽分压时，水分会吸收环境热量并转化为气态。在此过程中，砖坯中的自由水和吸附水将被移除，而结合水由于其与固体之间较强的结合力而保留下来。在重金属污染土壤的高温固化处理中，通常使用鼓风干燥箱来完成干燥。操作时，先将样品表面清洁干净，然后将样品放入设定温度为 105 ℃±5 ℃ 的干燥箱内，持续加热直至样品重量稳定。干燥是否完成的判断依据是连续两次称量的质量差异不超过 0.2%，并且两次称量的时间间隔不少于 2 h。

5.2.5　高温处理过程

高温处理是烧结制品最重要的一道工序，也是决定重金属固定效果和砖块质量的关键步骤。在烧结过程中，随着温度的升高，物料各组分在高温（低于其熔化温度）作用下会发生一系列复杂的物理/化学反应，包括脱水、同质异晶转变、新的结晶相和液相生成等，使烧结体变得致密化，形成预期的显微结构，将重金属固定在晶体结构中，同时达到烧结制品的性能要求。

1. 烧结温度范围

在烧结过程中，坯体孔隙率显著减少且体积显著收缩时所对应的温度，称为起始烧结温度。随着温度的进一步上升，坯体孔隙率降至最低点、体积收缩达到最大且致密化程度最高时的温度，称为最终烧结温度。若温度持续上升，过量的熔融物质可能导致坯体无法维持其形状，从而发生变形或塌陷，因此在烧结砖生产中，焙烧温度的精确控制至关重要。

在重金属污染土壤的高温固化过程中，需要确定不同原料配比下的最终烧结温度。测定方法涉及完成不同配比的样本制备后，从 800 ℃ 开始，以 50 ℃ 作为一个温度节点，逐步升高温度，直至观察到烧结样品出现熔融变形现象为止。在此过程中，对不同焙烧温度下的坯体进行表观密度和真密度的测量，并据此计算出孔隙率。通过分析孔隙率的变化，可以确定不同原料配比的适宜烧结温度范围。真密度的测定采用比重瓶法，具体操作步骤如下：将烧结体研磨后过 100 目筛；将无水煤油注入李氏瓶（即比重瓶）至凸颈下 0.5 mL 刻度线范围内；将李氏瓶转移至恒温水温槽中，水温控制在 25 ℃±0.5 ℃，恒温 15 min 后读出煤油的初体积 V_0（精确到 0.05）；取出李氏瓶，迅速擦干外表面的水分，称量李氏瓶的重量 m_0；用小钥匙将待测物料缓慢装入李氏瓶中，下料速度不得超过瓶内液体浸没物料的速度，以免阻塞；当所有物料加入后，将李氏瓶轻轻晃动，排除煤油中的气泡，并将黏附在内壁的物料洗入煤油内；将李氏瓶重新转移至恒温水槽内浸没 15 min，读取体积 V_1，并将李氏瓶取出迅速擦净水分，称量质量 m_1；计算出坯体的真密度 $\rho=(m_1-m_0)/(V_1-V_0)$。

2. 保温时间

在烧结工艺的最高温段，制品所经历的持续加热时间被称为保温时间。重金属的固定化效果及烧结砖的品质不仅取决于烧结时所采用的温度水平，同样受到保温时长的影响。在砖体的烧制过程中，适当延长保温阶段可以为重金属与添加剂之间的反应提供更多时间，有助于晶体结构的生成，同时能够增强产品的抗压性能、减少其吸水性，并提升对冻融循环的抵抗力。随着保温时长的增加，烧结产品的抗压强度将逐步提高，而吸水率则会相应减少。但是一旦保温时间超出了最优时长，可能会导致已经形成的晶体结构受损，进而降低砖体的抗压强度。在实际的生产操作中，烧结时的保温时长推荐控制在 2～3 h。

5.3 场地重金属污染土壤固定处置效果评价

对于场地重金属污染土壤固定处置的产品，需要进行处置效果评价，主要包括两个方面。首先是重金属污染土壤处置效果的评价，即评估重金属在烧结后结构体中的稳定化程度。这一评估主要通过烧结体中重金属的浸出浓度来进行。浸出浓度的降低表示固定处置后重金属的释放和迁移得到有效控制，这对重金属污染土壤的处置效果至关重要。其次，作为资源化处置利用的产品，重金属污染土壤结构化固定处置后形成的烧结体还需要满足产品使用的性能要求，主要指标包括体积密度试验、无侧限抗压强度、渗透系数、放射性核素等。下面介绍体积密度试验、抗压能力测试、重金属固定化效果评价的具体操作步骤。

1. 体积密度试验

为了评估烧结砖的物理性能及后续的应用，需要进行烧结砖的体积密度试验，以确保烧结砖满足特定的质量标准和建筑规范要求。体积密度，即单位体积内物质的质量，对建筑材料而言，它是指材料质量与其体积的比值。作为反映材料密实程度的指标，体积密度是衡量建筑用材性能的关键参数之一。该项测试遵循《砌墙砖试验方法》（GB/T 2542—2012）进行。

1）仪器设备

鼓风干燥箱：最高温度为 200 ℃；
台秤：分度值不大于 5 g；
钢尺：分度值不大于 1 mm；
游标卡尺：分度值为 0.5 mm。

2）试块数量

试块数量不少于 5 块，并且所取试样应完好无损（具体试验时试样数量以材料标准为准）。

3）试验步骤

首先，需对烧结砖样品的表面进行彻底清洁，以确保测试的准确性。清洁后，将试样放入设定温度为 105 ℃±5 ℃的鼓风干燥箱内进行干燥处理,直至样品的重量达到恒定值。在干燥过程中,要求连续 2 次称量的结果差异不得超过 0.2%,并且 2 次称量操作之间的时间间隔应保持在 2 h 左右。记录恒重后的试样质量为 m。同时,还需对试样的外观进行仔细检查,确保试样边缘完整、无缺损或损坏。用游标卡尺测量干燥后的试样尺寸各 2 次,取其平均值并计算其体积 V。

4) 结果计算与评定

体积密度

$$\rho = m/V \times 10^9 \quad (5.1)$$

式中:ρ 为体积密度,kg/m³;m 为试样干质量,kg;V 为试样体积,mm³;体积密度以测试的平均值表示。

2. 抗压能力测试

抗压强度是指物体在外力施加压力时的强度极限,是强度试验中最重要的试验,其测试方法参照《砌墙砖试验方法》(GB/T 2542—2012)。以场地重金属污染土壤高温固化砖体材料利用为例,经黏土配比重金属污染土壤,高温烧结获得的砖体基本的性能是其无侧限抗压强度要求大于 50 psi(约 0.35 MPa);渗透系数表征土壤对水分流动的传导能力,经固化处理后的渗透系数一般要求不大于 1×10^{-6} cm/s。作为建筑使用的建材质量要求,固化后用于建筑材料的无侧限抗压强度至少要求达到 4 000 psi(约 27.58 MPa)。

3. 重金属固定化效果评价

在场地重金属污染土壤处置的重金属固定化效果方面,为了评估重金属固定效果及烧结产品长期环境暴露的重金属浸出风险,需要针对固化后土壤的不同再利用和处置方式,采用合适的浸出方法和评价标准。典型的固化/稳定化处理后重金属固定效果评价如表 5.2 所示。

表 5.2 典型的固化/稳定化处理效果评价方法

评价方法类型	主要评价方法	关键特征	优点	缺点
最大释放水平的测试	美国:USEPA 1311、1312 荷兰:NEN 7371 中国:HJ/T 299—2007、HJ/T 300—2007	固化体破碎后达到浸出平衡;参照固废的管理体系,带有一定的强制性;设定明确评价标准限值	方法简单,便于操作;时间和经济成本低;有较多的科学性验证结论	主要模拟非规范填埋场渗滤液和酸雨对污染物的浸提;浸出方法仅考虑最不利情况,过于保守;不能真实反映实际环境状况
动态释放能力的测试	荷兰:NEN 7375 欧盟:CEN/TS 14405:2004	保持固化体本身物理特性;基于动态释放通量;考虑风险积累	更接近实际环境状况;降低处理难度;能够反映随时间变化的趋势	操作相对复杂,所需时间长;影响因素较多,重现性不高
针对再利用的浸出方法	美国:USEPA 1313~1316	基于土壤再利用情景,设置 4 种不同的浸出方法	更接近实际环境状况;可以根据实际情况,选择不同的浸出方法	部分测试方法相对复杂,耗时较长;方法的稳定性和重现性有待改进;缺乏相应的评价标准

对于重金属污染土壤制备的烧结砖，其浸出毒性一般按《固体废物 浸出毒性浸出方法 硫酸硝酸法》（HJ/T 299—2007）方法进行浸出，具体方法如下。①配制硫酸硝酸浸提剂，将质量比为 2∶1 的浓硫酸和浓硝酸混合液加入去离子水（1 L 约 2 滴混合液）中，使 pH 为 3.2±0.05。②称取样品 10 g 置入 500 mL 聚四氟乙烯瓶中，按固液比 1∶10 加入硫酸硝酸浸提剂 100 mL，放在水平恒温振荡箱上振荡，振荡速率为 110±10 次/min，振荡时间为(18±2) h。③振荡完成静置片刻后过滤，得到的滤液用火焰原子吸收法分析重金属浓度。④根据所选用的检测元素的毒性特征，计算出浸出毒性指数，即样品中所检测元素的浓度与对应毒性标准的比值。⑤判断浸出毒性指数是否超出了相应的毒性标准，从而确定样品是否符合相关的毒性限制要求。

通过上述处置效果评价流程，可以确保重金属污染土壤制备的烧结砖在资源化利用的同时，不会对环境和公共健康造成新的威胁，同时也有助于提升产品的市场竞争力。

5.4 资源化处置产品的应用

土壤作为自然界中十分宝贵且不可再生的资源之一，其健康状况对于维持生态系统平衡、保障食品安全和促进经济发展具有至关重要的作用。然而，随着工业化和城市化的快速推进，重金属污染已成为全球性的环境问题，严重影响了土壤质量，导致大量土地资源的浪费与短缺。受污染的土地不仅无法用于农业生产，还可能对人类健康和生态环境构成威胁，迫切需要有效的修复与管理措施。在大量污染场地存在的背景下，国内外学者开始探索新的土壤修复理念，力求将受到重金属污染的土壤转化为可再次利用的再生资源。这种从"废"到"宝"的转变，不仅能够减少环境污染，还能够缓解土地资源的压力，实现经济与环境的双重收益。目前，重金属污染土壤的资源化研究方向主要包括制作生态水泥、砖材、陶粒、路基填料、绿化土壤等。

1）制作生态水泥

传统的水泥制造业因其高能耗、高污染和高资源消耗对自然资源和生态环境造成了显著的不利影响。为了减轻这些影响，生态水泥应运而生，它利用工业副产品、受重金属污染的土壤、市政污泥及生活垃圾焚烧产生的飞灰等作为原料，有效减少了生产过程中的能源消耗。生态水泥不仅满足了建筑行业的性能标准，同时也符合环境保护规范。特别是在使用受重金属污染的土壤作为原料时，其添加比例通常控制在 8%以下，这一比例在所有固废材料中属于较低水平。值得注意的是，众多研究已经证实，水泥窑的协同处理技术在无害化处理重金属污染土壤方面展现了积极的效果。

2）制作砖材

烧结砖作为一种历史悠久且使用广泛的建筑材料，长期以来在生产过程中消耗了大量的黏土资源。为了保护土地资源，我国目前已明令禁止使用黏土作为主要原料来生产烧结实心砖。尽管烧结砖对原料的特定要求并不苛刻，但其需求量相当大。受重金属污染的土壤中富含硅氧化物（SiO_2）、氧化铝（Al_2O_3）、氧化铁（Fe_2O_3）等成分，这些成分与制砖所需黏土原料的化学组成具有相似性，因此，这类土壤有潜力作为替代黏土的新原料。此外，砖窑内的高温烧结条件能够有效地将土壤中的重金属元素固定在烧结砖的硅酸盐基质中，从而降低重金属对环境造成的风险。

3）制作陶粒

近年来，陶粒因其轻质、高强度、耐热、耐蚀、绝热和抗震等特性在多个领域中的应用日益增多，被广泛认为是优质的建筑材料。陶粒的应用范围已经扩展到园艺、建造等多个行业。传统上，陶粒的生产主要依赖黏土和页岩等原料，而这些原料的大规模开采会对农田和自然环境造成破坏，增加环境的压力，这与绿色发展和可持续性原则相悖。采用受污染的土壤作为陶粒生产的原料，不仅能够促进资源的再循环利用，还能减少对自然资源的开采，从而减轻生产过程中对环境的影响。此外，高温烧结过程能有效固定土壤中的重金属，将其稳定在陶粒的陶瓷基质中，有效降低了这些重金属的生物可利用性和环境风险。

4）制作路基填料

路基填料的运用是实现固体废物资源化的有效手段。陈蕾等（2010）曾采用水泥固化法处理含铅污染的土壤，通过调整水泥的添加比例、养护时长等变量，评估了该方法对重金属固化效果的影响。研究结果表明，材料的无侧限压缩强度随水泥掺量的增加及养护时间的延长而提高，同时与重金属离子的浓度呈负相关。研究确定，当水泥的掺和比例超过 7.5%时，材料的压缩强度符合路基填料的标准需求，并且满足毒性浸出的环境保护标准。Xie 等（2021）将含有铬的污染土壤与氧化锌混合研磨，在高温状态下烧结成的二次材料模拟路基下填土环境，做了相关淋滤、毒性浸出实验，结果显示该材料满足路基下填料的环境风险指标，并将材料送检第三方机构测其抗压强度，结果满足路基强度指标。

5.5 重金属污染土壤高温结构化固定制砖过程安全控制

5.5.1 挖掘与运输过程中的安全控制

对于重金属污染场地土壤的挖掘与运输，首要任务是确保施工现场的安全，避免可能发生的重金属释放及对周边未污染区域的影响。在土壤挖掘之前，需要进行详细的场地调查，了解土壤污染的种类、程度和分布情况。制定详细的挖掘和运输计划，包括挖掘方法、运输路线、时间表和应急预案。划定施工区域之后，对施工区域内所有潜在障碍物的识别与处理，如建筑物、道路、沟渠、管道、高压线、地下缆线、树木等。所有可能影响施工安全的因素都应通过拆除、迁移或采取适当的防护措施来消除。此外，施工现场应设置围挡，特别是在靠近现行路段的地方，使用彩钢瓦进行围挡，并在出入口设置明显的安全警示标志。采用适当的挖掘技术和设备，减少对土壤结构的破坏。挖掘过程中应采取降尘措施，如喷雾降尘，减少扬尘对环境和人体健康的影响。夜间应开启警示灯，并定期进行检查，特别是在恶劣天气条件下，如大风、雨雪天气，以确保及时发现并处理潜在的安全隐患。

施工机械和土壤运输车辆经过的道路应事先进行必要的检查、加宽和加固，确保机械运行的安全。使用密闭的运输车辆，防止土壤在运输过程中散落或扬尘。制定合理的运输时间和路线，避免高峰时段和居民区，减少对交通和环境的影响。在运输过程中，需要遮盖车载土体，淋洗出厂车辆的轮胎，并定期清扫施工区道路，减少扬尘对环境和人体健康的影响。

5.5.2 煅烧制砖过程中污染土壤的储存管理

挖掘重金属污染土壤后，需要在场地范围内或制砖企业中临时搭建超标土壤储存仓库进行储存。对于重金属污染土壤储存仓库和储存过程，需要进行严格的安全控制，防止储存过程中重金属对场地和周边环境造成污染。

首先，应选择适当的地点建立临时储存设施，避免靠近居民区、水源保护区和其他敏感区域。储存设施应采用密闭式结构，通常采用砖砌或混凝土结构，并确保底部和四周进行水泥固化处理，以防渗漏。储存区域应配置渗层，如高密度聚乙烯（high density polyethylene，HDPE）膜，以防止污染土壤中的有害物质渗入地下。根据污染土壤的量和处理周期，确定储存设施的大小，确保所有被挖掘的土壤得到适当储存。

建立严格的接收程序，确保所有进入储存设施的污染土壤都有详细的记录，包括来源、数量和污染程度。使用密闭的运输车辆，减少转运过程中的扬尘和散落。车辆在进出储存区域时应进行清洗，以减少污染扩散。重金属超标土壤经挖掘转移至临时仓库后，应使用油毡布或其他覆盖材料遮盖土壤堆，防止雨水冲刷和风蚀。定期监测储存区域的环境状况，包括土壤湿度、周边空气质量和地下水质量。保持储存设施的良好状态，及时修补任何损坏，确保其功能正常。

在储存期间，应收集和处理储存设施内的雨水径流和清洗废水，防止污染扩散。如果储存设施内产生废气，应安装适当的排放控制系统，如集尘器或洗涤塔。在储存区域设置明显的警示标志和安全标志，提醒人员注意潜在的风险。制定应急预案，以应对可能发生的泄漏、火灾等紧急情况。

5.5.3 煅烧处理过程中排放物的分析与监测

在重金属污染土壤焙烧过程中，土壤中的低沸点重金属元素会在高温下蒸发，并随着烟气排出。例如，土壤中的汞在约350 ℃时开始挥发，砷在较低温度范围（300~400 ℃）下开始挥发，而铅、镉、镍等元素也会部分挥发。这些高温金属烟气在冷凝时会大量富集在飞灰中。因此，在利用重金属污染土壤进行制砖时，需要在生产处理过程中持续监测尾气浓度，出现异常报警和超标情况，立即停产检修，并调整污染土壤和固化材料的比例，待正常后才可继续生产。

重金属污染土壤的焙烧过程可能还会产生其他有害气体，如二噁英、氮氧化物和硫化物等。这些气体通常是由土壤中的有机物质在高温条件下热解或燃烧产生的。二噁英是一种极具毒性的有机物，常与重金属污染物一起存在于土壤中。在焙烧过程中，需特别关注二噁英的排放情况，并采取相应的控制措施，如引入高效的排放控制装置，以减少二噁英的排放量。

此外，氮氧化物和硫化物也是重金属污染土壤焙烧过程中的常见气体污染物。氮氧化物主要由土壤中的氮化合物在高温条件下氧化生成，而硫化物则来自土壤中的硫化物矿物在高温下分解产生。这些气体具有较强的腐蚀性和臭味，对环境和人体健康造成潜在风险。因此，在焙烧过程中，需要采取适当的气体处理措施，如引入脱硫和脱氮装置，以减少氮氧化物和硫化物的排放量。

综上所述，在重金属污染土壤高温结构固化处置的焙烧过程中，需要密切关注排放气体的监测与分析。通过及时检测和分析排放的污染物，有效处理和控制飞灰，以及引入适当的气体处理装置，最大限度地减少对环境和人体健康的潜在影响。

第 6 章 结构化固定修复后土壤再利用情景

我国从 20 世纪 90 年代开始进行"退二进三"产业政策调整，原主城区大批工业被迫搬迁、改造、停产或关闭。粗放式环境管理模式使得工业"三废"无序排放或发生泄漏，废渣违规堆放，对厂区及周边区域土壤和地下水造成了严重的污染，极大地威胁了周边居民生命安全（刘阳生 等，2020；骆永明，2011）。根据《中国环境年鉴》（1996—2010）（图 6.1），1995—2009 年，我国关停并转迁的工业企业总数达 23 万家。《中国城市建设统计年鉴》（2007—2016）显示，2015 年底，我国市区面积达到 207 万 km^2，较 2010 年增加了 9.28%（梁竞 等，2021）。随着我国城镇化历程的不断推进，工矿企业停产或搬迁后遗留的受污染场地的修复治理和安全再利用逐渐受到民众和政府部门的关注（臧文超 等，2015；廖晓勇 等，2011）。2014 年《全国土壤污染状况调查公报》显示，全国土壤污染点位总超标率为 16.1%。如图 6.2 所示，重污染企业用地和工业废弃地等污染地块是我国土壤污染的主要场地类型。我国工业废弃地土壤环境问题突出，超标点位占全部超标点位的 34.9%；污染物类型以无机污染物为主，超标点位数占全部超标点位的 82.8%，有机污染物次之；（于靖靖 等，2022；陈能场 等，2017）；工业污染场地污染特

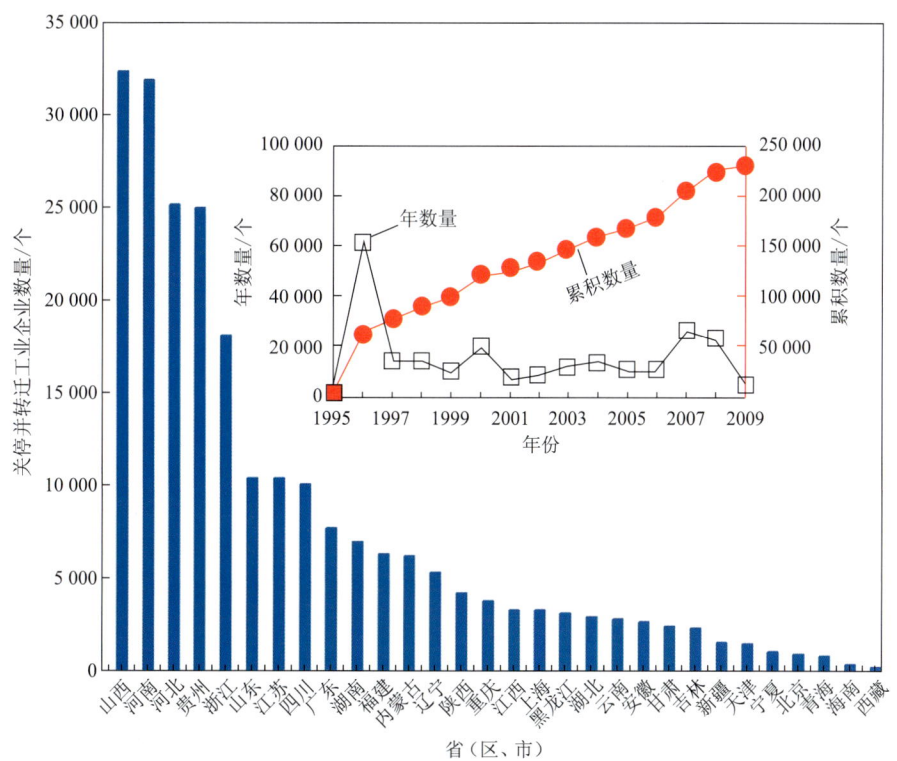

图 6.1　我国工业企业关停搬迁趋势（1995—2009 年）

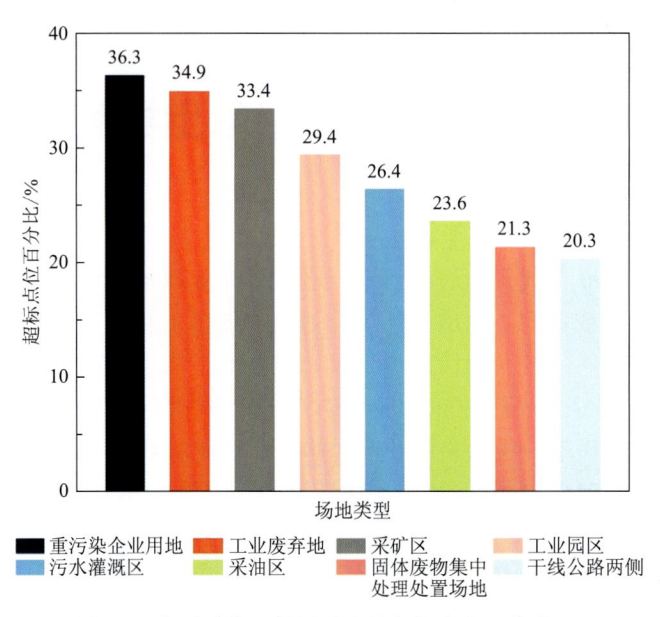

图 6.2 典型地块及其周边土壤超标点位污染状况

征集中表现为有机物与无机物复合污染、土壤与地下水共同污染、污染物特性复杂、污染程度严重、污染分布空间差异性大、场地地层结构和地下水条件复杂、场地环境风险水平高等（许春娅，2019；Mao et al.，2018；王艳伟 等，2017）。

我国污染场地治理修复市场产业规模逐年增加，污染场地修复技术也由单一的物理、化学和生物修复技术向联合修复技术发展，由异位修复技术向原位修复技术发展，并逐渐向基于环境功能的材料修复、基于设备化的快速场地修复，以及污染场地修复决策支持系统方向发展（郭媛媛 等，2019；王泓泉，2019；陈卫平 等，2018b；串丽敏 等，2016）。我国各省市污染场地修复项目分布呈现一定地域性集中的趋势：工业污染场地修复项目区域聚焦特征与我国工业布局、经济发展水平、环境问题突出密切相关。从污染场地修复项目数量来看，重庆最多，其次为江苏、湖南、北京、上海、浙江、湖北、广东等，且长江三角洲、珠江三角洲等南方区域污染场地修复项目数量多于北方（Shi et al.，2020）。

6.1　污染场地修复后土壤再利用概述

近年来，污染场地修复后土壤和场地再利用的安全性越来越受到重视。然而，目前对污染场地再利用的相关研究较少，且多集中于单个场地的污染状况和健康风险研究，对某一类型场地的总体研究较少（于靖靖 等，2022）。沈城等（2020）调研了上海市 50 块典型污染场地发现，工业场地土壤中 Hg、Cd 和 Pb 等具有较高的生态风险水平。陈展等（2021）提出在土地再利用过程中应加强重金属的生态风险管控并提高对交通运输源的关注。可见，污染场地与土壤的修复治理与安全再利用将成为当前我国环境保护领域的重要任务之一（潘思涵 等，2021；钟重 等，2021；Ren et al.，2015；臧文超 等，2015）。

自 2016 年国务院印发《土壤污染防治行动计划》以来，国家层面逐步构建了污染地块开发利用的调查、评估、治理修复程序和技术标准体系。为实现"住的安心"的目标，全国各地开展了大量污染地块的调查评估和治理修复工作。特别是京津冀、珠三角和长江经济带等经济快速发展地区，工业经济的快速发展不可避免地造成了严重的土壤污染，城市化进程的推进也带来了土地资源紧缺，这就导致这些地区的污染地块治理修复任务非常繁重。然而，现阶段污染地块的开发大多要求短时间内完成地块的治理修复，这就要求将大量的污染土壤外运修复或处置后再利用。即使污染地块土壤修复后已经符合相关国家标准，但这些土壤可能仍然存在着污染物残留问题。因此，实现污染土壤的合理处置和安全再利用，已经成为经济发达地区土壤污染治理工作的难点（钟重 等，2021）。

6.1.1 修复后土壤再利用现状

1. 国外土壤修复利用概况

欧美等发达国家工业化进程早于我国，随着可持续发展战略的提出，污染场地的治理与再利用越来越受重视。国外对污染土壤的再利用，大体分为仍用作土壤使用和建材化利用两种情况。仍用作土壤使用是指将污染土壤回填至特定地块中，使其重新发挥土壤生态功能，而建材化利用是根据污染土壤特性，将其作为原料应用于地基、沥青、水泥、砌块等（钟重 等，2021）。经过多年的研究与实践，欧美发达国家较早建立了相对完善的污染土壤再利用环境管理体系（宋飏 等，2015）。

美国自 20 世纪 80 年代开始，陆续颁布了《超级基金法》《棕地行动议程》《小企业责任减免及棕地再生法》等多部法律，以明确棕地的权责关系、再开发用途、奖励机制，以及风险评估问题（杨骐瑛 等，2023），从实施路径、专项基金、技术标准、社会参与、奖励机制等多方面共同推进污染场地治理与再利用。美国环保部门根据《超级基金法》建立了对污染场地进行管理需遵循的程序（图 6.3），该程序制定了"危害等级系统（hazard ranking system）"和"国家优先控制名单（national priorities list）"的运作方式，并建立了相应的超级基金来资助污染场地的管理和修复。20 世纪 80 年代末，污染场地问题同样引起了加拿大环境委员会的极大关注。为治理和修复污染场地，并解决污染场地管理过程中存在的污染责任认定和场地评估及修复方面的问题，1989 年加拿大实施了《国家污染场地修复计划》，在污染责任的分配方面，建立了污染土地责任分配管理原则，明确提出"污染者付费"是制定污染场地修复政策和法律的首要原则；在污染场地评估和修复方面，基于已有的土壤和地下水标准，按照不同的土地利用类型进行分区（主要分为农业用地、住宅用地和公园停车场、商业用地、工业用地），然后根据不同土地利用类型制定不同土壤中污染物质的含量限值，然后采用"国家分级系统"评价场地对环境与人体健康有无威胁性（刘志超 等，2015）。

美国在污染土壤再利用方面较早建立了较为完善的技术标准体系，涵盖污染物扩散模型构建、安全利用方式划分、再利用情景设置、长期监管策略，同时考虑了毒性重点、参数变异性、模型不确定性、土壤性质变化及土地利用方式差异等因素，并提出了相应的解决办法。美国的污染土壤再利用主要考虑污染物的生物可利用性和土壤生态功能变

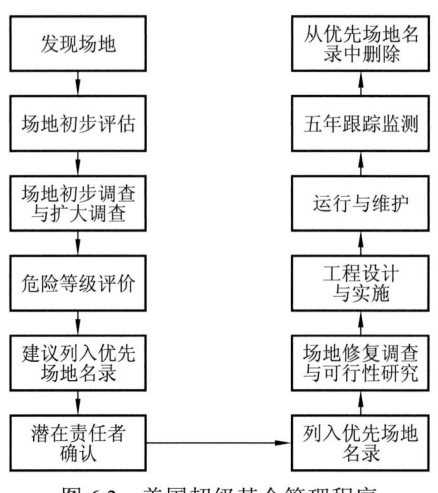

图 6.3 美国超级基金管理程序

化两方面。根据污染土壤的再利用途径，选择相应的指标评判生物可利用性或迁移性及毒性等，从而保护人体健康与生态环境安全。美国纽约州、新泽西州和宾夕法尼亚州针对污染土壤安全再利用分别颁布了《固体废物处置要求》《地块修复技术要求》《填埋管理规定》等法律法规与标准指南，从污染土壤的定义、安全再利用途径、场景的说明，以及监管程序要求等方面制定了完善的规范与标准。

欧盟国家中荷兰最先制定了土壤保护法，1987 年颁布了《土壤保护法》，2008 年颁布了《荷兰土壤质量法令》，该法建立了新的土壤质量标准框架，设立了 10 种不同土壤功能的国家标准。在修复标准方面，荷兰综合人类健康风险、生态风险和农业生产 3 个因素制定污染场地修复标准，并根据目标值、干预值（基于严重风险水平，确定修复的紧迫性）和国家土壤用途值（基于特殊土壤用途的相关风险）确定不同层次的修复目标（孔坤 等，2023；陈卫平 等，2018a）。早在 1995 年，荷兰颁布的《建筑材料指令》中就已经允许将符合要求的污染土壤用作建筑材料的生产；其后又发布《建筑材料土壤粒径标准》，将用于建造材料的土壤粒径范围进行了详细规定（钟重 等，2021；宋云 等，2014）。德国针对污染土壤再利用问题主要发布了《土壤区域规划法案》和《建设条例》，制定了污染土壤处置后再利用的操作细则（温丹丹 等，2018）。英国采用全面性的土地利用规划政策体系来实施场地修复，从规划层面源头控制污染场地管理，并对污染场地的土地利用类型严格要求，必须使其修复达到"适合使用"的标准，再进行下一步的开发利用（Christie and Teeuw，1998）。在污染土壤再利用方面，早在 20 世纪 90 年代，英国就兴建了日处理 1 000 t 受污染土壤的玻璃制造工厂，生产的玻璃用于铺砌路面、玻璃管道和研磨介质（Li et al.，2019）。瑞典的污染土壤再利用思路主要借鉴了荷兰的《建筑材料指令》，近年来，瑞典环境保护部门颁布了一项关于固体废物在建材化利用方面的指南，将污染土壤再利用类型划分为一般用途和填埋覆盖土。一般用途主要包括沥青混合填料、路基、市政工程用土、砂浆、混凝土和铁路碎石等，该指南还规定了污染土壤再利用程序和环境影响评价方法（钟重 等，2021）。此外，日本具有将核污染土壤处理后用于道路建设和建筑材料的经验，将放射性铯在 5 000～8 000 Bq/kg 以下的污染土壤用于全国的道路建设等公共事业，并于 2018 年制定发布了相关指导文件（宋飏 等，2015）。

从欧美等发达国家土壤污染修复历程来看，随着理念更新、技术进步，地块原位修复比例不断增加，异位修复或土壤外运比例逐年降低。在土壤修复治理方面，德国的理念是根据土壤的污染情况，充分考虑土地未来的规划用途，分析经济上的可行性，区别对待，选择不同的修复治理方法，需要采用技术治理的仅占污染地块的一小部分（温丹丹 等，2018）。针对污染土壤修复后再利用，欧美国家主要采用绿化土、建材化利用和下填土三种方式。对于污染土壤用作绿化土的修复治理，欧美国家常采用原位修复技术。当污染程度比较严重，分布范围大、深，且对地下水也已经造成污染时，对污染源进行清挖、换土费用太高，因此一般选择就地隔离封闭处理，阻止污染物进一步向外扩散，在隔离层之上铺大约 2 m 厚可供植物生长的新土层，进行景观再造为休闲场所（郑晓笛，2015；赵茜，2015）；针对污染程度较轻的情况，采用植物修复手段，在封闭场地内种植超富集植物。填埋是瑞典应用相对较多的污染土壤处置方法，但是随着近年来修复土壤量的不断增加，填埋压力越来越大。除填埋外，针对污染土壤，瑞典的做法主要包括两类：一类是修复后回填；另一类是让有资质的单位进行处置后再利用（钟重 等，2021）。建材化利用最早始于 20 世纪 70 年代的加拿大，随后被广泛应用。针对下填利用，由于填埋费用高昂，欧美国家要求较高，通常需要先将土壤中有用元素尽可能回收利用，以减少填埋量。

2. 我国修复后土壤再利用现状

我国人口多，城市化程度高，土地开发利用强度大，当前我国典型的污染场地主要是工业企业拆迁后形成的待开发棕地（尧一骏和陈樯，2020）。然而由于历史发展等多方面原因，没有重视污染场地的管理与修复问题；环境保护领域的基本法——《中华人民共和国环境保护法》，未对污染场地和污染土壤建立针对性的管理规章，缺乏具体措施要求（王波，2018）。我国在 21 世纪初开始对污染场地进行管理，2004 年，国家环境保护总局发布了《关于切实做好企业搬迁过程中环境污染防治工作的通知》（环办〔2004〕47号），提出了原企业若改变土地使用功能，必须委托环境部门对场地土壤进行检测，并依据监测评价报告确定土壤功能修复实施方案，完成修复并达到指标要求后才能进行开发再利用。2008 年，环境保护部发布了《关于加强土壤污染防治工作的意见》（环发〔2008〕48 号），提出了"谁污染、谁治理"的原则。2014 年，环境保护部发布了《场地环境调查技术导则》（HJ 25.1—2014）、《场地环境监测技术导则》（HJ 25.2—2014）、《污染场地风险评估技术导则》（HJ 25.3—2014）、《污染场地土壤修复技术导则》（HJ 25.4—2014）等相关导则及标准[①]，使我国对于污染场地环境管理有了较为完整的体系。2016 年国务院颁布了《土壤污染防治行动计划》，提出了一系列措施，有效推动了土壤环境质量监测、调查、评估及后期土壤修复治理等相关技术的发展，推进了土壤污染防治法规立法，健全了法规标准体系，形成了一套以政府部门为主导、企业负主要责任、公众与社会进行监督的土壤污染防治体系。2020 年，国家发展和改革委员会印发《美丽中国建设评估指标体系及实施方案》（发改环资〔2020〕296 号），将土壤安全纳入美丽中国建设评估指标。

目前我国环境部门的工作重心主要集中在场地环境调查、安全性评估和污染修复。北京、上海、广东等东部发达省市，在修复后土壤再利用方面走在全国前列。北京市出

注：①现行以 HJ 25.1—2019、HJ 25.2—2019、HJ 25.3—2019、HJ 25.4—2019 代替相关导则及标准。

台了《污染场地修复后土壤再利用环境评估导则》(DB11/T 1281—2015)，明确了修复后土壤再利用环境评估的程序、方法、内容和技术要求，并规定自然保护区、饮用水水源保护区及其补给径流区、特殊地下水资源保护区、基本农田保护区、重要湿地等环境敏感区域不能作为修复后土壤再利用区域。广东省编制了《广东省污染地块修复后土壤再利用技术指南（征求意见稿）》，明确了原址和异址再利用方式，并针对建筑用地回填、道路设施用土、绿地用土等类型再利用提出了风险管控技术要点。虽然我国目前针对污染土壤再利用的标准缺失，但部分行业标准有涉及污染土壤的再利用，也具有一定的指导作用。如《绿化种植土壤》(CJ/T 340—2016)对用于绿化种植土壤的重金属含量、有机质含量、pH、土层厚度和容重等进行了规定；《城镇道路工程施工与质量验收规范》(CJJ 1—2008)要求对路基土进行天然含水量、液限、塑限、标准击实、承载力等测试，必要时还需做颗粒分析、有机质含量、易溶盐含量、冻膨胀和膨胀量等试验。《水泥窑协同处置固体废物污染控制标准》(GB 30485—2013)和《通用硅酸盐水泥》(GB 175—2023)对污染土壤建材化利用过程中应用材料、处理工艺、工程设施的安全利用指标提出了标准要求。总体而言，我国污染土壤再利用尚处于起步阶段，基础研究薄弱，再利用的继发风险认识不足；污染土壤再利用过程中的责任边界不清，监管缺位严重；针对污染土壤再利用的政策与技术标准不完善，再利用效率低下（钟重 等，2021）。

6.1.2 修复后土壤的特点

1）具有低污染残留特征

土壤修复是指采用物理、化学或生物的方法固定、转移、吸收、降解或转化场地土壤中的污染物，使其含量降低到低风险水平，或将污染物转化为低毒害物质或无害物质的过程。《建设用地土壤修复技术导则》(HJ 25.4—2019)指出场地修复目标为场地环境调查和风险评估确定的目标污染物对人体健康和生态受体不产生直接或潜在危害，或不具有环境风险的污染修复终点。我国现行的《土壤环境质量 建设用地土壤污染风险管控标准（试行）》(GB 36600—2018)明确了保护人体健康的建设用地土壤污染风险筛选值和管制值，并规定需要采取修复措施的场地，其修复目标应当低于风险管制值。污染场地土壤修复后仍然会有低浓度污染物残留，以水泥窑技术为例，使用该技术处置重金属污染土壤实质上是对高浓度的污染土壤进行稀释，处理后依然存在污染扩散的风险（侯德义 等，2021）。现有环境标准中，残留污染物浓度限值主要考虑人体健康暴露风险，而对环境风险、生态风险的考虑较少。因此，修复后土壤再利用过程中，低水平的污染物残留是否会对周边环境和生态造成不可控的风险是当前急需关注的重点之一（王国玉 等，2020）。

2）理化性质显著变化

目前，土壤修复市场主要应用土壤淋洗、热脱附、固化/稳定化等技术。随着目标污染物的移除或降低，土壤原有理化性质受修复技术和工艺的影响，往往会出现显著变化，部分甚至是不可逆变化，如：①土壤酸化，土壤 pH 低于正常值（<5.5）；②土壤盐碱化，过量 Na^+ 造成土壤硬化，降低水力传导能力；③土壤物理性状发生改变，包括土壤板结、容重增加、团聚性变差，质地过于沙质或黏质等；④养分和有机质含量下降，N、P、K

等营养元素失衡；⑤有害物质积聚，抑制植物生长发育（王国玉 等，2020）。

3）原有生态功能受损

土壤中生活着大量的微生物和动植物，它们是土壤发挥物质循环、转化、储存和能量转换等生态功能的重要环节。现阶段我国土壤修复主要集中在对旧工业基地的化学和物理修复，（微）生物等生物修复技术存在修复速率慢、周期较长、难以处理深层污染等问题，应用范围有限。物理、化学处理能降低污染物浓度或毒性，但是修复措施可能会造成微生物、动物的养分制造、物质分解、结构改良等关键功能受损，甚至灭失。如在低温条件下（250 ℃）厌氧热处理汽油污染土壤，土壤微生物群落结构会发生改变，而在加热温度大于 500 ℃时，土壤微生物群落基本无复活能力（叶渊 等，2021）。

4）具有"邻避"潜在属性

修复后土壤具有低污染残留、结构指标改变、生态功能受损的特点，加上再利用后对环境、生态和人体健康的影响程度不明确，且缺乏公众宣传和科学监管，使得修复后土壤再利用，尤其是用于与人密切接触的环境中，存在着"邻避效应"的消极抵制，增加了再利用的难度（王国玉 等，2020）。

6.1.3 修复后土壤再利用方式分析

"场地土壤污染成因与治理技术"重点专项"污染场地修复后土壤与场地安全利用监管技术和标准（2018YFC1801400）"项目团队通过资料整理和现场调研的方式收集了国内外的修复后土壤再利用案例 217 个，形成了修复后土壤再利用的案例库。通过对案例的分析和分类，确定修复后土壤的再利用方式主要是建材化利用、下填土利用和绿化土利用，其中涉及建材化利用案例 95 个，下填利用 133 个，绿化利用 16 个，这些案例主要集中于我国东部区域。根据不同分类方式总结的污染场地修复后土壤再利用去向具体如下。

1）不同行业类型污染场地修复后土壤再利用去向

污染场地主要涉及的行业类型为化工（88 个）、冶炼（22 个）、电镀（22 个）、机械制造（21 个）和农药（14 个）。这些行业类别共占修复案例总数的 76.96%。近一半（41 个）化工行业污染场地修复后土壤采用下填的再利用方式，其中路基下填利用 7 个、绿化下填利用 3 个、其他下填利用 31 个。31 个化工行业污染场地修复后土壤采用建材化再利用方式，其中制备陶粒 1 个、制砖 2 个、制备水泥 28 个。7 个化工行业污染场地修复后土壤采用绿化再利用方式。一半以上（14 个）冶炼行业污染场地修复后土壤采用下填再利用方式，其中路基下填 6 个、绿化下填 1 个、其他下填 7 个。12 个冶炼行业污染场地修复后土壤采用建材化再利用方式，其中 3 个用于制砖、8 个用于生产水泥。一半以上（14 个）电镀行业污染场地修复后土壤采用下填再利用方式，其中路基下填 2 个、绿化下填 1 个、其他下填 11 个。10 个电镀行业污染场地修复后土壤采用建材化再利用方式，其中 1 个用于制砖、9 个用于生产水泥。1 个电镀行业污染场地修复后土壤采用绿化再利用方式。大部分机械制造业行业污染场地修复后土壤采用下填再利用方式，剩下少部分修复后土壤为建材再利用，且主要用于生产建材水泥。整体来看，仅有 13 个修复后场地污染土壤再利用方式为绿化用土，包括部分化工污染场地、制造业、电镀、电力生产行业。绝大多数行业污染场地修复后土壤采用下填和建材化的再利用方式。

2）不同种类污染物污染场地修复后土壤再利用去向

在已收录的 217 个案例中，重金属污染场地共有 78 个，占比 35.9%。重金属污染场地经修复达到修复目标后，修复后土壤再利用去向主要为下填利用，共有 51 个（65.4%）重金属污染场地土壤修复后用作下填土。13 个污染场地土壤修复后被建材化利用，仅有 4 个场地土壤修复后用作绿化，10 个场地采用了复合再利用方式。

已收录案例中有机污染场地共有 53 个，占比 24.4%。有机污染场地修复后土壤再利用情况为 47.2%（25 个）为下填利用；35.9%（19 个）为建材化利用，且全部用于制作水泥；2 个被绿化土再利用，7 个采用复合利用方式被再利用。此外，已收录案例中复合污染场地共有 76 个，占比为 35.0%。其中主要以有机物+重金属污染场地为主，共有 67 个；重金属+无机污染场地 5 个；有机+重金属+无机污染场地 3 个；有机+无机污染场地 1 个。复合污染场地经修复达到场地修复目标值后，土壤再利用情况为 52.6%（40 个）的场地（33 个有机+重金属污染场地、5 个重金属+无机污染场地、1 个有机+重金属+无机污染场地、1 个有机+无机污染场地）经修复后土壤被作为建材再利用；34.2%（26 个）的场地（24 个有机+重金属污染场地、2 个有机+重金属+无机污染场地）经修复后土壤被作为下填土再利用。

3）不同修复方式修复污染场地后土壤再利用去向

根据浙江省生态环境科学设计研究院收集的 210 条场地修复案例分析可知，污染场地涉及的修复方式种类较多，主要包含固化/稳定化、化学氧化/还原、热脱附、气相抽提、淋洗、生物修复 6 种。除破碎筛分常规处理外，固化/稳定化是污染场地土壤修复的最主要修复方式，共 98 个，占比 46.67%；其次为化学氧化/还原，共 56 个，占比 26.67%。除破碎筛分外，进行单一修复技术处理的污染场地案例共 93 个，进行多种修复技术组合处理的污染场地案例共 50 个。利用单一破碎筛分处理的场地中，有 60 个（64.5%）污染场地修复后的土壤再利用方式为建材化利用，3 个为直接下填处理，2 个为建材+下填的复合方式再利用，1 个为绿化+建材的复合方式再利用，1 个为绿化+下填的复合方式再利用。经单一固化/稳定化处理后的土壤，72.8%（43 个）的污染场地再利用方式为下填，6.7%（4 个）的再利用方式为建材化利用，3.3%（2 个）的再利用方式为绿化，15.2%（9 个）的再利用方式为建材+下填，剩下 1 个场地的再利用方式为绿化+下填。经单一化学氧化/还原处理后的土壤，11 个再利用方式为下填，5 个为建材化利用，1 个为建材化利用+下填的复合再利用方式，1 个为绿化+下填的复合再利用方式。经单一热脱附处理的土壤（共 9 个），6 个再利用方式为下填，1 个再利用方式为绿化，1 个再利用方式为建材化，1 个再利用方式为绿化+下填的复合再利用方式。经单一淋洗处理的土壤（共 3 个）再利用方式分别为下填（1 个）、建材化利用（1 个）和建材化+下填（1 个）。经单一气相抽提处理的土壤（共 2 个）再利用方式均为下填。经单一生物修复处理的土壤（共 2 个）再利用方式分别为绿化利用和建材化+下填。多种修复技术组合处理的污染场地再利用情况为 74%（37 个）的场地经修复后再利用方式为下填，8%（4 个）的场地经修复后再利用方式为建材化利用，6%（3 个）的场地经修复后再利用方式为绿化，6%（3 个）的场地经修复后再利用方式为建材化利用+下填，6%（3 个）的场地经修复后再利用方式为绿化+下填。

6.2 修复后土壤建材再利用

随着我国生态文明建设的快速推进，修复后土壤建材化再利用逐渐成为我国目前修复后土壤再利用的主要方式之一，其核心是将污染土壤修复后转化为建材再次利用。目前将污染土壤与配料按不同比例混合进行烧结、固化等处理后制成水泥、混凝土集料、陶粒等建材产品的处理方式已被广泛应用。这种再利用方式不仅能将污染土壤转化为有价值的建材资源，实现"变废为宝"，还能有效减少对天然矿物的需求量，达到可持续发展的目的，具有良好的经济效益和社会效益。目前最主要的建材化再利用类型有制备水泥、制备陶粒和制备砖体等。

6.2.1 水泥窑协同处置

1. 水泥窑协同处置技术发展历程

水泥窑协同处置技术起源于 20 世纪 70 年代的能源危机，旨在利用含有一定热值的废弃物替代传统燃料，减轻化石燃料费用高涨的压力。20 世纪 70 年代，加拿大 LAWRENCE 水泥厂将聚氯苯基的化工废料作为替代燃料用于水泥生产试验并获得成功，拉开了水泥窑协同处置废物的序幕（朱增银 等，2020；彭政 等，2016）。二十世纪八九十年代，水泥窑协同处置技术得到普及和发展，德国、日本等发达国家利用水泥窑协同处置危险废物和城市生活垃圾，同时还建立了从废物源头管理到水泥窑协同处置终端的完善质量保证体系（孙绍锋 等，2015）。我国水泥窑协同处置技术研究起步较晚，20 世纪 90 年代初才在少数水泥企业开展研究试验，1995 年，北京水泥厂研发了国内第一条处置工业废弃物的环保示范线，成功将废弃物处置技术与水泥熟料煅烧技术结合，并于 2005 年首次实现了水泥窑大规模协同处置固体废物（李海燕 等，2017）。我国最早将水泥窑协同处置污染土壤作为一种应急处置措施。北京地铁 5 号线宋家庄地铁站地块原为农药厂场址，2004 年发生了工人中毒事件，北京金隅水泥厂作为环境应急处置单位，使用焚烧的方式处置宋家庄地铁站污染土壤。2007 年，北京金隅水泥厂在国内率先开展了水泥窑协同处置污染土壤的业务，协同处置了 20 万 t 主要含滴滴涕和六六六等农药污染物的土壤。2007 年以来，水泥窑协同处置技术在国内污染土壤修复行业得到广泛应用，江苏、北京和湖北等地成功实施了多个污染土壤修复项目（常跃畅 等，2022）。2016 年 10 月，我国工业和信息化部发布《建材工业发展规划（2016—2020 年）》，提出支持利用现有新型干法水泥窑协同处置生活垃圾、城市污泥、污染土壤和危险废物，并将其列入重点推广工程。数据资料显示，水泥窑协同处置污染土壤项目呈现逐年增加的趋势，截至 2020 年底，水泥窑协同处置技术应用占比大于 20%（常跃畅 等，2022）。根据江苏省

2021年中标项目污染土壤修复技术使用情况，中标的18个地块选用水泥窑协同处置技术，占比高达66.67%，其中南京的5个地块全部采用了水泥窑协同处置，反映出南京作为老工业区在城市发展过程中存在大量急需修复的污染场地，水泥窑协同处置技术的优势也契合城市土地开发的需要（马路和江绪安，2023）。

2. 水泥窑协同处置污染土壤技术规范与标准

水泥窑协同处置技术标准相对全面，预处理、进料浓度、投加位置、烟气排放及水泥产品各个方面均有相应规范，应用的技术规范及标准见图6.4。污染土壤运至水泥厂后堆放至暂存场地内，土壤贮存、预处理过程中的废气可导入水泥窑高温焚烧，或经预处理后达到大气排放标准后排放（马路和江绪安，2023）。在《水泥窑协同处置固体废物环境保护技术规范》（HJ 662—2013）中对协同处置设施明确了相关技术要求，限定了进入水泥窑协同处置的固体废物特性，在处置运行操作、污染物排放及人员与制度等方面进行了规范，土壤投加比须满足HJ 662—2013要求，重金属含量可参考《水泥窑协同处置固体废物技术规范》（GB/T 30760—2024）中的推荐限值。尾气中颗粒物、SO_2、氮氧化物、氟化物排放浓度须满足《水泥工业大气污染物排放标准》（GB 4915—2013）要求；HCl、HF、重金属及二噁英排放浓度须满足《水泥窑协同处置固体废物污染控制标准》（GB 30485—2013）要求。水泥产品物理性能指标参考《通用硅酸盐水泥》（GB 175—2023）和《硅酸盐水泥熟料》（GB/T 21372—2024）标准；重金属含量及浸出浓度须满足《水泥窑协同处置固体废物技术规范》（GB/T 30760—2024）要求（马路和江绪安，2023；郭宝蔓等，2022；钟重等，2021）。

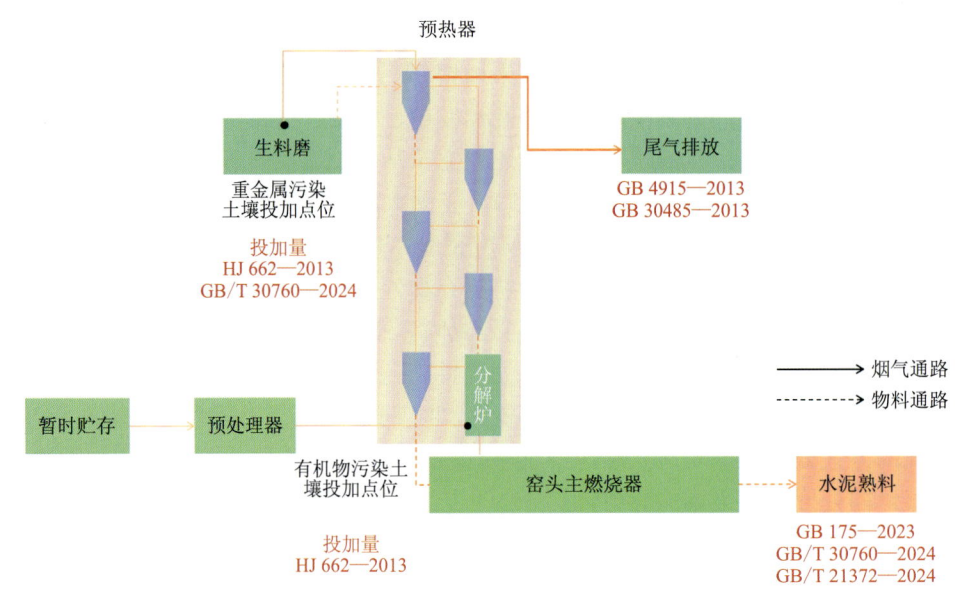

图6.4 水泥窑协同处置固体废物技术规范与标准

3. 水泥窑协同处置污染土壤技术的优势与问题

水泥窑协同处置污染土壤技术具有窑内温度高、烟气停留时间长、无废渣排放、热容量高、碱性环境、焚烧状态稳定等特点，可在生产水泥熟料的过程中将污染土壤进行固化处理。相较其他技术，该技术拥有明显优势。

（1）处置温度高，无害化处置彻底。窑内气相温度能够达到 1 800 ℃，物料的温度能够达 1 450 ℃，物料在高温环境中的停留时间至少可达 30 min，气体在高于 800 ℃下的停留时间达 15~20 s，处置温度高能够保证污染物处置彻底，相较于其他焚烧技术无害化处置效果好（陈慧，2019）。

（2）热稳定好，焚烧状态稳定。水泥回转窑因特定的煅烧体系及优良的隔热性能，可保证在投入量和性质发生变化时温度不产生较大的波动，从而不影响系统稳定。

（3）酸性物质排放量少。水泥窑煅烧物料形成碱性环境，在水泥窑的高温条件下，能够迅速挥发和分解污染土壤中的有机污染物，窑内的高温烟气与高浓度、高温、高吸附性、高均匀性、高细度分布的碱性物料充分接触，酸性物质的排放得到有效抑制，使硫和氯等以无机盐类形式固定下来（陈慧，2019；何允玉，2011）。

（4）固化处理土壤中的重金属。在熟料煅烧过程中，能够将原料中绝大部分的重金属固化在水泥熟料中（白召军 等，2016；何允玉，2011）。

（5）资源化利用程度高，经济效益明显（洪甜蜜，2019）。处置 1 万 t 污染土壤时，含水率按20%计，损失按5%计，有效转化为水泥的量为 0.75 万 t，该部分污染土壤产生的水泥售价可达到412.5~513 万元。污染土壤的加入降低了生料材料的成本，污染土壤的添加量为4%时，材料成本下降约1.71 元/t生料，水泥厂接收处置 1 万 t 污染土壤的收入为 660 万元。因此，处置 1 万 t 污染土壤，水泥厂获得的产品收入、原料节约费用及业务销售收入可达到 1 113.1 万~1 213.6 万元。

虽然水泥窑协同处置污染土壤技术优势明显，但目前还存在一些问题，主要包括以下几个方面。

（1）投加量小，处置能力有限。如产能 5 000 t/d 左右的水泥生产线，其土壤处置能力低于 400 t/d，当污染物浓度升高时处置能力随之下降。对于处置规模大且工期紧张的项目，需委托多家水泥厂进行处置。以安徽合肥某钢铁厂某片区土壤修复为例，水泥窑协同处置污染土壤方量约 10 万 m³，该工序的处置工期仅 200 d，需委托 10 余家水泥厂进行处置。针对大规模的修复项目，若污染场地周边水泥厂数量较少，该技术实际应用则具有一定的困难（郭宝蔓 等，2022）。

（2）缺少有机物标准。水泥窑协同处置过程中，进料浓度、尾气排放及水泥熟料中缺少有机物的标准限值。有机污染土壤从生料磨投加，将导致污染物在进入高温焚烧区之前挥发，无法被彻底破坏分解。

（3）重金属固化效果缺少长期验证。水泥窑协同处置过程中，重金属污染物的固定机理主要包括晶体固溶和水泥水化反应固化。高挥发性重金属（如 Pb、Cd、Hg 等）会挥发进入烟气中被捕集进窑灰，窑灰返回回转窑或直接与水泥熟料混合，构成水泥产品的组成部分（吴聪 等，2019）。对于不挥发的重金属，水泥窑协同处置过程中总量未减少，其浓度降低是与其他原料混合后被稀释造成的。目前，对水泥在使用过程中重金属的长期浸出行为缺少深入研究，固化的稳定持久性仍然有待验证（侯德义 等，2021）。

（4）监管体系有待完善。该技术为异地处置技术，需加强土方外运、接收及处置过程的监管。在土壤外运过程中，需落实外运及接收过程台账管理，制定严格的噪声、废水、扬尘及土壤二次污染防护措施。加强水泥熟料监测，保证水泥质量。水泥厂可建设数字智能化系统，随时监控各批次土壤处置的各个环节，保存完整记录及影像资料。同时尽快落实处置过程的监管制度及要求，坚决杜绝水泥厂粗放式管理造成治理效果不彻底及污染扩散（郭宝蔓 等，2022）。

4. 水泥窑协同处置污染土壤技术工艺与参数

1）水泥窑协同处置过程

通过对实际案例整理分析，水泥窑协同处置过程应至少包括方案编制与评估、污染土壤清挖与运输、污染土壤水泥窑处置三部分。

（1）方案编制与评估。根据项目场地的污染现状及特点，合理编制修复工程实施方案，并由业主单位组织专家评审。专家评审通过并修改完毕的实施方案作为项目现场实施依据，项目经理部正式进场前要完成项目技术交底工作。现场进行必要的场地准备措施，包括清挖区域场地平整，清除地表杂草、建筑垃圾等废弃物；根据设计图纸进行场地测量放线，划定污染土壤清挖边界及拐点，确认清挖范围。核实地块内开挖区域存在的地上和地下障碍物，应提前与相关部门沟通解决。必要时对场地进行补充调查，进一步摸查土壤污染程度及异味情况，为后续科学开挖提供必要依据。

（2）污染土壤清挖与运输。按照交底范围与深度清挖污染土壤，清挖过程中，同时进行基坑降排水和基坑支护工作，保证清挖工作顺利进行，过程严格实行二次污染防治措施。土壤清挖严格遵守"分区、分层"和"随时清挖、随时转运"的策略，严禁污染土壤与非污染土壤混合。采用环保密封车辆运输，车辆行驶过程控制车速，平稳驾驶。污染土壤在密闭大棚内预处理，大棚配有尾气处理系统，保证废气有组织达标排放。采用专用筛分设备去除土壤中夹杂的钢筋、垃圾及其他大块建渣，土壤粒径及含水率指标要满足与水泥厂沟通确定的要求，筛出渣石经现场冲洗干净并检测合格后进行资源化利用。

（3）污染土壤水泥窑处置。污染土壤入窑前需先对污染土壤的成分进行分析，再根据分析结果，结合水泥生产要求，确定单位时间的焚烧量，然后再煅烧污染土壤。污染土壤处置后，废气通过尾气处理系统后达标排放，避免有毒气体的逸散对大气造成二次污染。水泥窑协同处置完成后，水泥熟料应满足重金属浸出浓度相关标准，同时需要开具处置证明文件，作为污染场地效果评估必备支撑资料。

2）水泥窑协同处置污染土壤工艺流程

水泥窑协同处置污染土壤技术将窑头热风作为烘干机热源，采用顺流式回转烘干工艺对污染土壤中的有机物进行热解析处置，热解析之后的污染土壤进入生料配料系统，随生料进入预热器系统最终参与熟料煅烧过程。热解析烘干后的污染土壤大颗粒经拉链机输送至指定棚内；废气中携带的污染土壤细颗粒物经旋风收尘器气固分离后形成固体物料，该固体物料输送到指定棚内与热解析烘干后的污染土壤大颗粒混合后自然冷却；热解析处置后的冷却混合污染土壤输送至砂岩堆棚作为部分替代原料使用。热解析工艺产生的经旋风收尘器气固分离后的气体通入两线篦冷机后进入窑内彻底焚烧。具体工艺流程见图 6.5。与污染土处置相关的工艺设施主要包括污染土大棚、烘干机、输送机、下料翻板、皮带秤、排渣系统、中控室等。

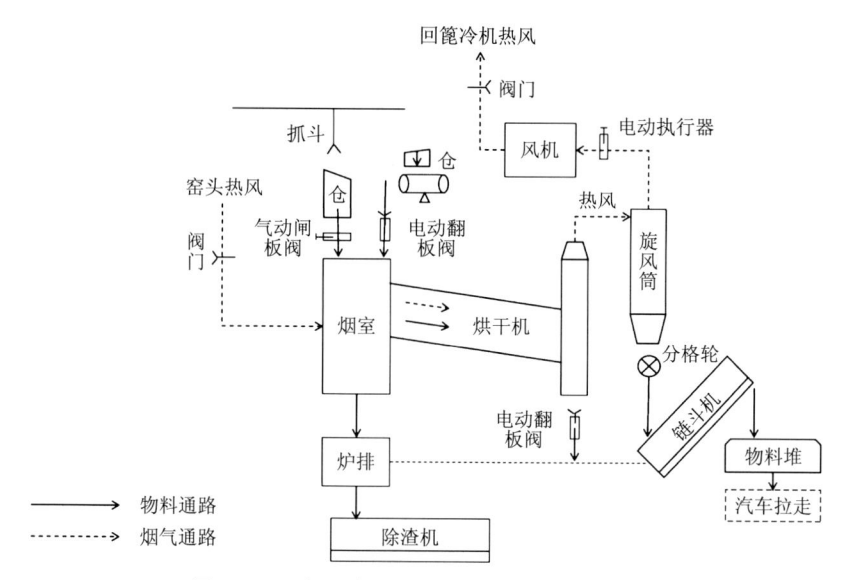

图 6.5 污染土壤水泥窑协同处置工艺流程图

3）水泥窑协同处置污染土壤关键参数

（1）污染土壤物质组分。污染土壤入窑前需对其中的有机物和无机物含量进行检测，其中重金属含量需符合《水泥窑协同处置固体废物污染控制标准》（GB 30485—2013）中的控制要求，并根据碱性物质、氟氯元素、硫元素等含量综合确定污染土壤的投加量。

（2）尾气控制。协同处置污染土壤过程中，烟气中的污染物排放应符合相关标准的要求。水泥窑排放的废气中主要成分为 N_2、CO_2、O_2、H_2O、NO_x、SO_2、CO、HCl、HF等。目前水泥企业烟气中 SO_2、NO_x 的排放备受关注。应按照《水泥窑协同处置固体废物污染控制标准》（GB 30485—2013）和《水泥工业大气污染物排放标准》（GB 4915—2013）要求，对协同处置水泥窑排放烟气进行控制和监测。我国相关标准中尚未对重金属的排放限值提出要求，但处置含重金属危险废物的水泥窑必须要重视挥发性较强的重金属，并配备较为完善的尾气处理系统。

（3）浸出毒性控制。熟料的可浸出重金属含量应满足《水泥窑协同处置固体废物技术规范》（GB/T 30760—2024）中强制性规定的可浸出重金属含量限值（李寅明 等，2019）。

6.2.2 修复后土壤制备陶粒

1. 陶粒制备原料

工业化快速发展产生了大量的工业固体废弃物和生活固废，如何运用这些废弃物生产陶粒现已成为一个研究热点。为加快推进工业固废规模化高效利用，国家出台了很多鼓励政策，对粉煤灰等固体废物制备的材料进行税收减免，提升固体废弃物综合利用率（赵飞燕 等，2024）。陶粒因其密度小、质轻、保温、隔热、耐火性、抗震性、抗冻性、耐久性和吸水率低等优异性能，在废水处理、环境处理、隔音材料、保温材料、建筑材料、回填等方面应用广泛。陶粒制备的原材料包括粉煤灰、淤泥、污泥、尾矿、煤矸石、页岩等。陶粒主要是通过在原料中加入添加剂，经破碎、混合、造粒成型、高温焙烧、冷却等工艺技术制备而成的一种轻集料。杜芳和刘阳生（2010）采用全固废原料（铁尾矿、粉煤灰和污泥），以陶粒的吸水率和堆积密度为评价指标，得到 700 级轻质陶粒的最佳配比为铁尾矿 40.3%、粉煤灰 44.7%、污泥 15%；同时也验证了在烧结情况下，重金属的浸出量极少或者是未检出。蔡爽等（2015）采用正交实验，利用东湖淤泥制备超轻陶粒发现，最佳工艺为烧结时间 20 min，烧结温度 1 150 ℃，预烧温度 600 ℃；陶粒中的氧化铁在高温下分解可以产生氧气，因此能够有效增加陶粒孔隙并调节孔隙结构。

2. 陶粒制备影响因素

陶粒制备过程中的影响因素很多，如陶粒各组分配比、烧结热力学参数等。刘明伟和刘芳（2016）以污水污泥和河道淤泥为主要原料，研究了几种常见氧化物对陶粒烧结的影响：在 SiO_2 为 35%、Al_2O_3 为 11%~19%、MgO 为 1.2%~3%、Fe_2O_3 为 3.5%~7%时，可以得到表面致密、抗酸性强和强度大的陶粒，这项研究为利用固体废弃物生产陶粒提供了很好的数据支撑和理论指导。王兴润等（2008）以污泥为主要原料，外掺 SiO_2、Al_2O_3、$CaCO_3$ 和 Na_2CO_3 等，从晶体相的反应变化中讨论各组分对烧结建材的影响，结果表明，加入适量 Si 可以增加制品中的网状结构，提高制品强度，但是过高则会引起液相的减少，不利于烧结；适量增加 Al 有助于提高制品强度，且 Al 会与原料中的 P 反应，生成 $AlPO_3$；增加钠质可以降低烧结点，但不利于提升强度；增加钙质会提高耐火性但不利于烧结。Dondi 等（2016）通过大量的文献总结了影响轻质骨料烧制的重要因素，包括化学组分和相组成、颗粒和球粒大小、玻璃相黏度、烧成时间、炉内气氛和设计、添加剂（尤其是膨胀剂）的使用等；同时认为利用 Riley 或 Cougny 模型的氧化物组分来预测陶粒总体膨胀是不可靠的，而玻璃相对轻集料在烧制过程中的烧胀、微观结构和物理性能具有关键作用。Liu 等（2017）的研究表明，Fe、Ca、Mg 的氧化物含量（以物质的量计，后同）之和与 Al、Si 氧化物含量之和的比值 K 可以作为决定由污泥或河流淤泥等固体废物制成的轻集料性能的重要参数，即

$$K = n_{Fe_2O_3+CaO+MgO} / n_{SiO_2+Al_2O_3}$$

当 K 值在 0.15~0.3 时，可以获得高质量的轻集料；当 K 值为 0.2 时，改变 Fe、Ca、Mg 氧化物或者 Al、Si 氧化物的比例，同样对轻集料的性能具有影响；研究还发现，不同 K 值轻集料中的重金属以稳定的结晶形式存在，即便遭到破坏或损失，其对重金属也具有优异的固化能力。

3. 修复后土壤制备陶粒技术工艺与参数

根据《轻集料及其试验方法 第 1 部分：轻集料》（GB/T 17431.1—2010），按主要原料，陶粒可分为黏土陶粒、页岩陶粒、粉煤灰陶粒、污泥陶粒等（郑伍魁 等，2023）；按性能，陶粒可分为普通陶粒、高强陶粒、超轻密度陶粒；按应用范围，陶粒可分为建筑陶粒、栽培陶粒、水处理陶粒；按制备工艺，陶粒可分为焙烧陶粒和免烧陶粒（伍树森 等，2023）。其中，焙烧陶粒又分为烧结陶粒和烧胀陶粒，目前研究较多的为烧胀陶粒。烧胀陶粒的主要成分可分为三种：一是 SiO_2、Al_2O_3 等结构组分；二是碱性氧化物

等助熔成分；三是生物质等造孔剂或烧失组分。这三种组分的配比在很大程度上影响着烧胀陶粒的最终性能。总体而言，烧结陶粒的成分主要是 SiO_2、Al_2O_3、Na_2O、K_2O 等组分，与污染土壤中的成分相同，这也是重金属污染土壤制备陶粒轻集料的物质基础。在生产工艺方面，重金属污染的处理方式之一是高温处理技术，包括热解析技术、玻璃化技术等。热解析技术主要是以高温促使重金属挥发再对烟气等进行处理，主要应用于 Hg、Se 等；玻璃化技术主要是利用高温环境下重金属和土壤中的其他物质发生固相和液相反应，生成含重金属元素的不溶物或者生成坚固的包裹层，从而阻止重金属的浸出。重金属的高温处理技术与焙烧陶粒的生产过程也存在高度的一致性，这也是重金属污染土壤制备陶粒轻集料的工艺基础。

4. 陶粒制品的安全性

现阶段，越来越多的企业使用固体废弃物作为原料制备陶粒，而固体废弃物中普遍存在重金属等有害物质。影响陶粒中重金属浸出的因素有很多：烧结组分、陶粒大小、酸碱度、浸出时间、陶粒是否破碎等；而且不同重金属的影响趋势也存在差异，这就给了研究者广泛的探讨空间。张洁等（2015）在含 As 废渣中加入各种氧化物组分，探究原料烧结组分对 As 的影响，结果表明 MgO 和 CaO 对砷的固化有着良好效果，它们和 As 在烧结过程中生成了稳定的 $Mg_3(AsO_4)_2$ 和 $Ca_3(AsO_4)_2$，有效降低了 As 的浸出；而 Al_2O_3 和 SiO_2 的作用效果不明显。丁庆军等（2014）以污泥和页岩为原料，探究陶粒制备的焙烧和膨胀机理，总结了陶粒烧结中的气体来源（有机质、挥发组分、硫化物、氧化铁分解、碳酸盐分解），以及这些过程发生的温度节点；同时还指出，高温下氧化铁生成的不稳定的磁铁矿可能会再次氧化，又再次分解，起到促进陶粒膨胀的作用。田梦莹等（2015）探究了浸出时间对不同重金属浸出量的累积变化，推断出重金属的释放形式，结果表明 Cr、Ni、As 以扩散控制为主，Pb 以表面冲刷为主。贾鲁涛等（2016）验证了淤泥烧结制品重金属固化的效果和烧结过程中气体排放的有害性。总体而言，目前针对污染土壤制备陶粒制品安全性的研究鲜有报道，亟须深入开展相关研究。

6.2.3 修复后土壤制砖

1. 砖制备原料

在房屋建筑中墙体材料约占建筑总重的 50%，长期以来，我国的墙体材料一直以烧结黏土砖为主，然而随着自然资源的日益消耗，发展利废环保型墙体材料已成为实现资源持续利用发展目标的重要举措。可通过制砖、制陶粒等资源化利用方式解决修复后土壤消纳的问题（刘爽 等，2022），目前常用于制砖的固体废弃物有粉煤灰、城市垃圾、碱矿渣、红壤土、钢渣、煤矸石及污染土壤等（吕浩阳，2017）。如陶亮等（2015）采用基于矿物晶体结构的异位固化处置方法，以黏土为基质，将电镀厂搬迁场地的重金属污染土壤与黏土充分混合后压制焙烧成砖。徐佳丽等（2023）采用轻度重金属污染土壤和页岩按照 3∶7 的比例制作砖坯，生产的烧结砖满足《烧结多孔砖和多孔砌块》（GB/T 13544—2011）要求，其浸出重金属浓度显著低于标准限值。高晓杰等（2023）评估了烧结砖和免蒸免烧砖等制砖工艺流程和工艺条件对红土岭黄金尾矿制砖的影响，发现制备烧结砖的最佳工艺条件为膨润土占比15%、成型水分7%、成型压力15 MPa、升温速率10 ℃/min，烧成终温1 050 ℃，保温时间2 h，由此条件制备的烧结砖抗压强度等级至少能达到MU25；免蒸免烧砖最佳工艺条件为成型压力25 MPa、成型水分13%、水泥配比20%。刘俊杰等（2020）在铁尾矿与熟石灰、标准砂、水泥、石膏质量比为100∶25∶22∶15∶2、水固比为10%、成型压力为20 MPa条件下制备出的免烧砖的抗压强度能够达到MU10。张全宏等（2011）以铁尾矿为基础用料，通过添加钙质材料、粗质材料及调节剂，在成型压力为20 MPa、蒸汽压力为1.0 MPa，升温2.5 h，恒温8 h，自然降温3 h条件下制备蒸压砖，结果发现，铁尾砂、河砂、石灰比为74∶15∶11、外加占石灰质量2%的磷石膏、水灰比为0.11时，蒸压砖的强度最佳。

2. 制砖机理与影响因素

张卫卫（2015）利用铜陵铁尾矿制备免烧砖，发现免烧砖最优质量比为铁尾矿∶水泥∶粉煤灰＝82∶10∶8，制备的免烧砖抗压强度满足《非烧结垃圾尾矿砖》（JC/T 422—2007）MU15的要求。此外，还对免烧砖强度机理进行了研究，发现铁尾矿免烧砖的强度主要来源于三个方面：①物理作用，原料在搅拌和轮碾处理之后，水泥粉煤灰得以充分均化，坯料经高压压缩后形成密实度高的坯体；②水泥水化作用，水泥颗粒在水化之后生成水化硅酸钙、水化铝酸钙等凝胶物质将原料包裹，经养护后形成密实、具有强度的免烧砖；③水泥、尾矿和粉煤灰中活性物质发生反应生成具有强度的铝硅酸钙。在三个方面的综合作用下，免烧砖承受外界载荷，形成强度，其中水泥水化是强度的主要来源。烧结砖是以黏土、页岩、煤矸石或粉煤灰等为原料，经成型和高温焙烧制成的用于砌筑承重和非承重墙体的砖。崔瑞等（2019）利用河南灵宝矿山金尾矿制备烧结砖和免蒸免烧砖，并探讨了制砖机理。研究发现，烧结砖的性能取决于制砖原料的化学成分，烧结砖原料中SiO_2的含量非常重要；免蒸免烧砖制备过程中，熟料中硅酸三钙、硅酸二钙及铝酸三钙发生水化反应，生成水化硅酸钙、水化铝酸钙和氢氧化钙，在养护过程中，物料中的SiO_2会与水化反应产生的$Ca(OH)_2$溶液反应生成具有黏结性的水化产物，结晶度高的水化硅酸钙胶凝物质将物料黏结起来，使砖体具有较高的强度。土壤中与制造烧结砖所用的页岩等原料成分相似，均含有大量的SiO_2、Al_2O_3和Fe_2O_3，具备替代页岩等制砖的潜力。而砖窑中的高温烧结环境可以将土壤中的重金属固化在烧结砖硅酸盐基体中（Polettini et al.，2004），从而使环境风险可控。崔长颢等（2023）的研究证实，以70%的比例掺加重金属污染土壤制备烧结砖，烧结砖中重金属可浸出浓度显著低于《水泥窑协同处置固体废物技术规范》（GB/T 30760—2024）的限值要求。

3. 制砖安全性

近年来，利用市政或工业污泥、河道底泥、尾矿渣和重金属污染土壤为主要原料高温烧结制砖的研究日益增多，然而这些材料中存在大量的重金属元素，为了避免二次污染，必须关注制砖产品的重金属潜在环境效应。梁效等（2024）证实以钒尾矿和水泥为主要原料制备免烧砖的毒性浸出及放射性实验结果均满足建材标准的要求。李玉香（2018）利用Cd、Pb、Cu、Zn复合重金属污染场地土壤制砖，利用正交试验得出的最佳烧结配方为污染土壤添加量62.5%、黏土添加量25%、玻璃粉添加量12.5%、最终烧成温度 950 ℃，此条件下制得的砖块重金属浸出浓度满足地表水环境质量规定的限值。林云青等（2015）用 Cr 污染土壤与黏土、添加剂等混合制砖，利用砖坯烧制过程中的高温与还原气氛将土壤中的 Cr^{6+} 还原成 Cr^{3+} 并封存在砖体中，以达到含 Cr 固废解毒与减少黏土消耗的目的，Cr^{6+} 浸出浓度为 0.06 mg/L，总 Cr 浸出浓度为 0.08 mg/L，满足《铬渣污染治理环境保护技术规范（暂行）》（HJ/T 301—2007）的要求。田梦莹等（2015）研究了烧结砖样品中 Cr、Ni、As、Cd 和 Pb 的释放特性，Ni、Cr、Pb、As、Cd 在烧结砖中释放速率依次递减，其中 Cr、Ni、As 的释放机理主要为扩散控制，Cd 为溶解作用，Pb 为表面冲刷作用。

总体而言，国内外针对烧结砖的研究重点集中在两个方面：①研究尾矿渣（周伟伦 等，2021；Wei et al.，2021；王晓明 等；2021）、污泥（崔敬轩 等，2020）、飞灰（Gauray et al.，2024；Liu et al.，2024）、钻井岩屑（张忠亮 等，2021；王之超 等，2020）等固体废物作为替代原料对烧结砖质量的影响，评估固体废物制备烧结砖的力学性能；②研究 Cr、As、Cd 及 Pb 等重金属在高温烧结条件下的固化（Li et al.，2017）、浸出（Chen et al.，2019）和迁移规律（田梦莹 等，2015；刘敬勇 等，2013），判断烧结砖在烧结和使用过程中的环境安全性。综合国内外烧结砖相关研究发现，利用含重金属土壤作为替代原料制备烧结砖可行性的研究较少，且实际开展的烧结砖窑工业化试验仍然不足（崔长颢 等，2023）。

6.3 修复后土壤下填再利用

修复达标土壤用作地势低洼处的回填土以平整土地是修复后土壤资源化再利用方式之一，填土上方通常需要加盖覆盖层，避免残留污染物对人群的直接暴露风险。但实际中仍存在较大的风险，特别是修复达标土壤回填在淋滤作用下对回填区地下水污染的风险，因此开展修复后土壤下填土再利用对地下水污染的环境风险评价是必不可少的（罗文婷 等，2022）。修复后达标土壤的回填利用方式主要包括绿化下填、矿坑填埋、道路（建筑）填埋、垃圾填埋场等，以期能够最大化地消纳修复后土壤。

6.3.1 国内外研究现状

由于欧洲国家填埋费用较高，所以通常会将土壤中有用组分尽可能回收利用，以减少填埋体积。德国北杜伊斯堡公园将包含重金属、多环芳烃和砷等污染物的土壤采用隔离与修复的方式进行处理，即用混凝土进行封盖，并以未被污染土壤覆盖后种植适宜性植物（郑晓笛，2015）。20 世纪 80 年代，美国新泽西州沃林顿乳胶厂场地污染土壤修复工程中，污染土壤经过直径两英寸的筛滤后进入回转窑，处理后的土壤压实之后回填到挖掘区域。美国西雅图煤气厂公园项目使用新土覆盖表层，再配合生物降解和深层耕种的方法修复污染土壤，煤气厂公园的污染治理过程主要采用了隔离覆盖与原位修复的治理策略，随后纽约高线公园也延续了这种修复策略（赵茜，2015）。美国加利福尼亚州长滩港"S"码头通过化学稳定方法整治污泥，并将处理过的固化物就地掩埋，历经多年的环境整治和土壤填埋，使长滩港"S"码头成为一个可开发的海运码头。

我国对污染修复后土壤的下填利用主要包括原位修复后土壤填埋利用、生活垃圾填埋、矿坑填埋等方式,下填土主要集中于生活垃圾填埋场的公园改造设计,如北京园博园建立在建筑垃圾填埋场上,改变了曾经沙坑遍地、满目苍凉的状况;武汉园博园通过封场填埋,并在垃圾场上堆土,设计改造后形成园博园景观和文景山公园等。有关下填土再利用方面的研究主要集中在下填土的危害及防止措施建议方面。张永军(2001)在关于生活垃圾杂填土对钢筋混凝土结构等建筑物基础的腐蚀作用研究中,提出了生活垃圾杂填土的工程措施意见,包括规避建议与防止建议。郭亚丽和赵由才(2004)研究了上海老港生活垃圾填埋场6年填埋龄和10年填埋龄陈垃圾基本特性,发现填埋6年以上的陈垃圾已具有相当稳定的性状,原始垃圾特征已完全消失,表现出在自然条件下难以形成的、极为优良的基质特征,可用作污染物生物处理基质或作物培育基质。此外,矿坑填埋多以一般工业固体废弃物、建筑渣土、生活垃圾等为主,且在完成填埋后进行封场覆盖。如重庆市沙坪坝中梁镇矿坑填埋项目中采用了工业厂区污染修复后土壤,并进行了绿化种植等生态恢复(刘启承和龙良俊,2016)。

6.3.2 我国下填土再利用相关标准

目前针对修复后土壤再利用的相关标准较少,有关修复后土壤的下填土再利用标准亟须制定出台。2015年,北京最早出台了关于修复后土壤再利用风险的《污染场地修复后土壤再利用环境评估导则》,主要包括了修复后土壤再利用的工作程序及长期监管监测等主要内容。2018年,广东省编制了《广东省污染地块修复后土壤再利用技术指南(征求意见稿)》,内容主要为规范化修复后土壤在建筑用地回填和道路设施用土再利用时的工程控制和制度控制措施。针对修复后土壤的矿山填埋、工程填土、填埋等典型利用方式的应用场景,经稳定化修复后的高浓度污染土壤可进行安全填埋,填埋场须满足底层和侧壁防渗、顶部防淋等要求。有关于修复后土壤的下填土再利用方面的技术标准尚未出台,目前修复后土壤用于下填依然参照建筑工程有关技术规范(表6.1)。

表6.1 下填土利用相关技术规范

典型场景	技术标准	主要内容
矿山	《矿山生态环境保护与恢复治理技术规范(试行)》(HJ 651—2013) 《一般工业固体废物贮存和填埋污染控制标准》(GB 18599—2020)	对矿产资源开发后的矿山工业场地、沉陷区、矿山污染场地等提出规范性恢复治理要求,对酸碱污染场地或可采用碱性物料回填等方法进行场地修复;同时提出对大气环境、水环境等方面的评估与监测
工程填土	《城镇道路工程施工与质量验收规范》(CJJ 1—2008) 《建筑地基基础工程施工质量验收标》(GB 50202—2018)	对道路路基或建筑基础工程的填土质量、土壤压实系数、土料配比及防渗措施等提出要求,保证建筑基础的安全性
填埋	《生活垃圾填埋场污染控制标准》(GB 16889—2024) 《生活垃圾卫生填埋处理技术规范》(GB 50869—2013)	修复后的高浓度污染土壤安全填埋应根据垃圾填埋处置技术及污染物限值等规定执行,同时提出相关污染防渗措施,保证地下管道、线缆等设施安全及地下水、周边环境的安全

虽然部分省（区、市）陆续出台了关于修复后土壤再利用的风险评估及风险管控相关标准及地方污染地块再利用风险评估标准，但是这些标准不足以解决修复土壤消纳后区域背景下的风险管控问题。因此，需要针对区域背景下修复后土壤下填再利用后可能产生的潜在问题制定科学有效的应对策略，特别是应对突发事件的应急处理处置方案。

6.3.3 下填土再利用技术难点

修复后场地土壤再利用的技术适用性对土壤或者修复后的土壤要求较高。修复后土壤作为下填土再利用时，须考虑土壤修复过程中影响土壤结构稳定化的问题，同时还需要考虑在不同情景下住建部门或生态环境部门对下填土壤的要求，如道路验收要求、建筑地基要求等。此外，还要关注填埋区地质构造，特别是重金属是否有浸出，以及区域防渗要求。虽然在一些研究中对修复后土壤下填利用中的问题已有相关研究，但尚不全面；修复达标土壤下填再利用时，分为不同再利用情景，如建筑用地回填用土、道路设施用土、绿地回填用土、矿坑填埋等，因此需要根据不同的再利用场景具体问题具体分析。当前针对下填土壤的研究主要包括土壤理化性质及其环境影响等（表6.2）。

表 6.2 修复后土壤下填利用主要关注指标

土壤物理性质	土壤化学性质	土壤环境影响
土壤渗透性	酸碱性	污染物残余
土体稳定性	氧化还原性	地下水环境
土壤压实度（沉降情况）	重金属生物有效性	防渗层性能
土壤孔隙度	有机碳含量	周边区域环境
土体承载力		人体健康风险
土体抗剪强度		

6.3.4 修复后土壤下填利用的安全性

修复后土壤作为下填土再利用时，影响其安全性的因素有很多（图6.6），要进行场地适用性评估和环境风险评估，在风险可接受情况下，需制定风险管控措施并开展监测。修复后土壤原址再利用时，由于其土壤修复目标是基于本地块条件的人体健康风险评估得出的，场地概念模型未发生变更，场地条件与前期风险评估的场地条件一致，且按照地块治理与修复工程设计和实施的要求处理达标，其修复效果评估结果在本地块有效。因此，在不改变具体暴露途径的情景下，可直接根据修复方案中的具体要求，实施相应的风险管控，进行安全再利用。修复后土壤异址再利用时，原地块的修复目标可能不再适用，再利用情景可能存在风险，需进行修复后土壤的采样调查和再利用区的环境调查，通过环境可接受性评估来确定风险，在风险可接受的情况下实施风险管控，再进行安全再利用。

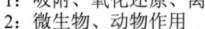

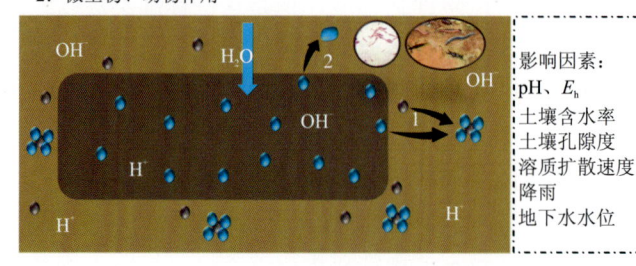

图 6.6　下填再利用场景安全性的影响因素

评估土壤污染淋滤风险的关键是要对下填情景下土壤污染物的淋出和迁移进行预测，目前有关的地下水水质预测模型包括 MODFLOW、HYDRUS 等数值模型和 BIOCHLOR、EPACMTP 等解析模型。数值模型等需要较详细的场地参数，因此较难应用在早期风险优先级评估中，而作为解析模型的 EPACMTP 模拟软件需要获取的参数相对较少、计算简单，当场地数据有限时，应用 EPACMTP 模型有利于进行早期风险优先级评估，目前也有较多学者应用该软件进行地下水污染物预测，以及地下水污染风险评价（罗文婷 等，2022）。徐亚等（2018）应用 EPACMTP 等多种模型结合，模拟渗滤液的长期动态过程及其对地下水的影响。季文佳等（2010）应用 CMTP 模型模拟危险废物填埋处置对地下水环境造成的健康风险。Spreadbury 等（2021）运用嵌合了 CMTP 模型的 IWEM 模型模拟再生沥青路面处置对敏感点地下水的水质影响。

修复后土壤的典型再利用场景包括建筑用地回填、道路路基下填、矿坑下填、垃圾填埋场下填等。用于建筑用地回填和道路下填再利用时，在原地块修复效果评估合格的污染物，其残留浓度可能存在风险，因此需要对再利用的土壤进行采样调查。土壤样品的取样、检测和统计方法须与原地块修复效果评估保持一致。修复后土壤用作矿坑下填和垃圾填埋场覆土时，由于目前还没有相关污染物的浓度限制标准，在大部分情景下远离人体活动范围，对覆土的质量要求较宽松，一般只需要满足矿坑下填和垃圾填埋场工程技术要求即可。建筑用地回填、道路路基下填、矿坑下填、垃圾填埋场下填等再利用情景应满足的相关标准分别如下。

（1）建筑用地回填再利用时，土料配比、含水量、有机质含量、压实系数等指标应满足《建筑地基基础工程施工质量验收标准》（GB 50202—2018）中 9.5 的要求；

（2）道路路基下填再利用时，施工前需要按现行国家标准《土工试验方法标准》（GB/T 50123—2019）的规定，对回填土进行测试；其强度、液限、塑限、压实度等应满足《城镇道路工程施工与质量验收规范》（CJJ 1—2008）中 6.3 的要求，含盐量、冻膨胀和膨胀量等指标应满足 6.7 的相关要求；

（3）矿坑下填再利用时，结合工业场地、沉陷区、酸碱污染场地、道路、绿化等具体应用地点和方式，满足《矿山生态环境保护与恢复治理技术规范（试行）》（HJ 651—2013）中的相关要求；

（4）垃圾填埋场下填再利用时，填埋场需满足《生活垃圾卫生填埋处理技术规范》（GB 50869—2013）中底层和侧壁防渗、顶部防淋等要求，同时渗滤液和填埋气体的处理应满足《生活垃圾填埋场污染控制标准》（GB 16889—2024）中的相关要求。

6.4 修复后土壤绿化土再利用

绿化土壤作为植物生长的物质基础，是生态环境的重要组成部分，其质量直接影响植物的生长状况及生态效益的发挥。我国常采用的方式主要是在原位修复的场地上直接种植植物，而植物生长状态的好坏会受到多方面条件的限制。修复后土壤在经受长期的侵蚀后，原有性状已经很大程度改变了，出现土壤板结、盐碱化严重、养分缺乏、二次污染等问题。

作为重要的城市基础设施，在各级政府部门的长期努力下，我国城市绿地总量水平和总体面貌得到了极大的提升和改善，但内在生态质量效益水平却不容乐观，其重要原因之一是我国在城市绿化建设中普遍重视地上植物部分而忽略了地下土壤质量。土壤作为绿地植物生长的介质和功能发挥的载体，是整个绿地系统的基础，土壤质量决定了绿地能产生的环境效益与美学价值（施少华 等，2014）。已有相关学者结合园林绿化工作实践，提出了土质差、密实度高、土壤深度不足等"土质性缺土"（伍海兵 等，2012；于法展 等，2006），回填种植土土源短缺等"资源性缺土"（狄多玉和吴永华，2008），以及管理体系不完善造成的"功能性缺土"（裴建文，2012；狄多玉和吴永华，2008）等突出问题，并在表土保护、原土改良、淤泥再利用等方面开展了大量的研究（柏营 等，2019；施少华 等，2014），为解决绿化土壤紧张的问题做了有益探索。目前修复后土壤绿化利用主要有种植土和地形塑造两种。绿化利用为种植土又分为原址绿化利用种植土和异址利用绿化种植土。不同的种植土需符合相应指南或规范的要求。如原址绿化利用种植土应符合《园林绿化用城镇搬迁地土壤质量分级》（T/CHSLA 50005—2020）的要求；异址绿化利用种植土应符合《绿化种植土壤》（CJ/T 340—2016）中 4.1 的一般要求，4.2 的通用要求、土壤肥力相关要求、土壤入渗要求及障碍因子指标。对不满足要求的修复后土壤可实施土壤改良，改良后符合上述标准方可使用。修复后土壤被绿化利用为地形塑造时，同样需根据不同建设用地类型，符合《土壤环境质量 建设用地土壤污染风险管控标准（试行）》（GB 36600—2018）的环境质量要求。地形塑造修复后土壤底部应至少高于地下水最高水位 1.0 m，且底部宜铺设厚度不小于 0.5 m 的黏土阻隔层（压实度 90%）（王国玉 等，2020）。

综上，修复后土壤用于园林绿化可以说是"有产出、有需求"，但因城镇绿地具有景观、游憩、防灾避险等综合功能，是为城市居民提供优质生态产品的重要载体，其自身生态品质也是居民百姓关注热点。因此，修复后土壤在园林绿化的应用也受到高度关注，在技术、标准、机制等方面均存在一系列需要突破的难点。

6.4.1 园林绿化再利用难点

根据当前修复后土壤特点、园林绿化土壤现状特点及技术参数标准综合分析，修复后土壤园林绿化再利用的难点主要包括修复土壤特征限制、再利用影响不明，指标参数多样、标准覆盖不全，管理衔接缺位、资金保障缺乏等。

1）修复土壤特征限制、再利用影响不明

城市绿地土壤与自然土壤相比具有显著差异。修复后土壤园林绿化再利用，应充分考虑城市绿地土壤的土壤密实，结构差，土壤侵入体多，土壤养分亏缺和土壤污染等背景特征（韩继红 等，2003；李玉和，1997）。因此，修复后土壤低浓度污染物残留造成的影响可能不是最突出的，但现行国标限值内的低污染残留对人体有无影响及不同含量水平的环境影响大小尚不明确。陈平等（2019）指出修复后土壤用于园林绿化，除了需要考虑污染物等土壤环境质量，也需要特别重视土壤物理性质、土壤养分、土体分层类型等特性（如图 6.7）。目前，修复后土壤作为绿化土再利用对植物生态影响的定量研究起步较晚，修复后土壤园林绿化再利用的技术途径、风险控制措施等尚不明确。

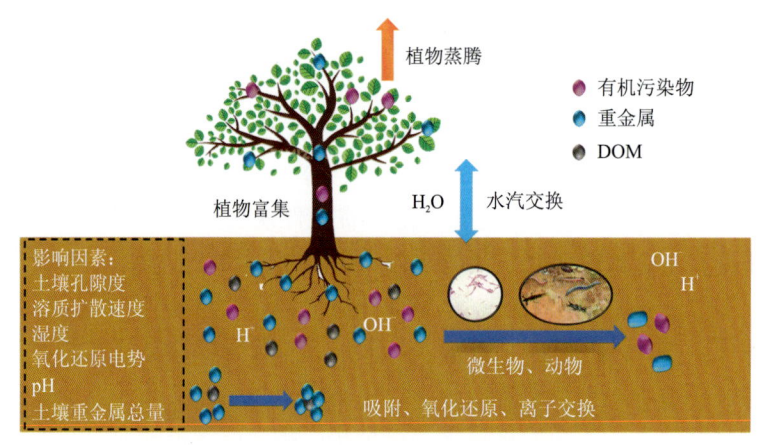

图 6.7 绿化再利用安全性影响因素

2）指标参数多样、标准覆盖不全

目前涉及绿地土壤指标参数要求的标准或规范较少。近年来，随着城镇化建设和棕地开发的不断推进，在《绿化种植土壤》（CJ/T 340—2016）的基础上，逐步研究编制了《园林绿化用城镇搬迁地土壤质量分级》（T/CHSLA 50005—2020）、《园林绿化棕地土壤质量分级（征求意见稿）》等团体标准，明确了有机质含量、pH、土层厚度和容重、土壤肥力等指标对植物生长的重要性。因此，修复后或经改良后的土壤本体，其肥力、结构、理化性质及其他基本指标均应在一定的范围之内，才能够被用作绿化土，为植物生长提供基本的土壤条件（王国玉 等，2020）。当前绿化土壤各标准关注的土壤技术参数如表 6.3 所示。

表 6.3 当前绿化土壤标准中选用的土壤指标情况

土壤指标		行业标准 CJ/T 340—2016	地方标准 上海	北京	重庆	广州	深圳	青岛	天津	团体标准 T/CHSLA 50005—2020
物理性质	质地	√			√	√		√		√
	通气孔隙度		√	√	√		√			√
	土壤入渗率	√						√		

续表

土壤指标		行业标准 CJ/T 340—2016	地方标准							团体标准 T/CHSLA 50005—2020
			上海	北京	重庆	广州	深圳	青岛	天津	
物理性质	石砾含量	√	√	√	√	√		√	√	
	土层厚度	√	√	√	√	√	√	√	√	√
	容重		√	√	√	√	√	√	√	√
化学性质	pH	√	√	√	√	√	√	√	√	√
	电导率		√		√	√	√			
	含盐量	√		√						
	阳离子交换量	√	√		√					
	有机质含量	√	√	√	√	√	√	√	√	√
	有效磷	√								
	速效钾	√								
	碱解氮				√					
	水解性氮	√	√	√		√		√	√	
	有效硫	√								
	有效镁	√								
	有效钙	√								
	有效铁	√								
	有效锰	√								
	有效铜	√								
	有效锌	√								
	有效钼	√								
	可溶性氯	√								
	重金属含量	√	√		√			√	√	
土体特性	杂填土埋深									√
	不透水层埋深									√
地下水	地下水位									√

注：引自王国玉等（2020）

《土壤环境质量 建设用地土壤污染风险管控标准（试行）》（GB 36600—2018）从环境角度给出了各类污染物含量的风险筛选值和管制值。《建设用地土壤修复技术导则》（HJ 25.4—2019）明确了场地修复的原则、程序、内容和技术要求，重点关注污染物环境风险目标及技术经济可行性，但对土壤生态的关注较少，导致修复过程往往会造成土壤生态的破坏，成为污染土壤修复后园林绿化再利用的主要障碍。

3）管理衔接缺位、资金保障缺乏

目前《中华人民共和国土壤污染防治法》《土壤污染防治行动计划》等相关法规政策明确了将建设用地土壤环境管理要求纳入城市规划和供地管理、土地开发利用必须符合土壤环境质量要求的总体要求，但在具体操作层面，缺乏管理细则和技术标准的支撑。修复后场地和土壤的"供—建—用"全过程的风险管控流程与机制尚不健全。近年来，广东省开展了尝试性探索，取得了较好的示范效果。粤港澳大湾区在借鉴国外及港澳发达城市管理经验的基础上，从城市群尺度逐步完善了生态环境、自然资源、城乡规划、土地储备、城乡建设等部门有效衔接的管控程序和制度体系（常春英和李芳柏，2019），有效地支撑了污染场地安全再利用的流程化推进。

当前《关于进一步加强环境治理保护项目储备库建设工作的通知》（环办规财〔2017〕19号）等政策为土壤修复提供了资金保障，但并未涵盖治理完成后的土壤再利用环节。若修复后作为城市绿地土壤再利用，一般多采用异位修复，相比常规工程技术流程，修复后土壤用作绿化种植土技术上还需增加酸碱调节、土质增肥、配比调节等一系列改良措施，以及后续的污染残留监管设施设备等，以实现修复后土壤再利用环境风险的科学管控。这些工程措施会导致工程造价大幅提升，但又不属于现有工程建设造价范畴，因此修复后土壤再利用仍缺乏资金保障（王国玉 等，2020）。

6.4.2 园林绿化再利用相关建议

1）夯实修复后土壤安全再利用的基础研究

2018—2020年，针对巨大环保需求和技术发展趋势，国家通过重点研发计划"场地土壤污染成因与治理技术"重点专项对相关研究形成滚动支持。初步统计，3年间共计支持立项项目达63项，其中重点涉及污染场地土壤污染成因、修复技术、风险管控等方面的项目有19项，涉及再利用的项目仅有1项。修复后低污染安全再利用、环境风险管控等一系列技术研究刚刚起步。针对修复后土壤的安全再利用方面"评价-实施-监测-管控"的系统化、精细化基础研究尚待进一步推进。

2）健全修复后土壤绿化再利用的标准与规范

增加土壤生态保护与修复内容，从技术、经济、生态多维度综合考虑，筛选可行的技术路线，进行污染土壤的修复，降低再利用难度。编制《修复后土壤园林绿化再利用及风险评估技术指南》，从选材、施工、管护、监测等不同阶段全面覆盖修复后土壤再利用情景，为系统化开展修复后土壤再利用形成标准引领。

3）协同优化修复-再利用路径与策略

优化污染土壤修复技术，降低再利用难度，根据污染场地特征条件、修复目标、修复要求及后续再利用方式，合理选择和确定污染场地修复总体思路，鼓励采用经济、绿色、可持续的资源化修复方式。在工业产业调整、退城入园过程中腾退地块的城镇绿化再利用适宜性评价基础上，开展"棕地复绿、留白增绿"工程。针对大型污染地块，结合城市规划和景观设计，优化修复后土壤再利用模式，实现区域内土方平衡。推进修复后土壤园林绿化再利用分级分类管理，助力永续利用。结合园林绿地类型与功能定位，建立一级禁用，二级慎用，三级可用的修复后土壤再利用绿地清单。结合智慧园林技术，构建土壤全生命周期管理数据库，支撑土尽其用。将土壤所在地块的生产活动信息，地块调查评估、风险评估、管控和修复工程，效果评估报告，再利用形式等信息纳入土壤全生命周期数据库。探索建立监测采集等风险管控体系，对一般区域采取定位监测等措施管控风险；对修复后土壤集中使用区域，采取定期监测、富集植物安全处置等措施，保障绿地环境安全和人体健康风险可控。

4）理顺管理机制，出台支持政策

尽快理顺"场地调查-风险评估-修复/风险管控实施方案-修复/风险管控效果评估-供地审批-开发建设-使用维护"的污染地块土壤修复风险管控"全生命周期"管理机制，衔接生态环境、自然资源、国土规划、土地储备、城乡建设等管理环节，将修复后土壤再利用相关工作纳入国家和各级地方政府环保项目储备库建设工作范畴，配套出台相关资金保障文件，将修复后土壤用作园林绿化土的实施、监测、维护纳入专项资金支持。

5）加强环保宣传，有效防范再利用的"邻避效应"

引导规划设计方案编制过程中增加"土壤资源保护与修复利用"专章内容，并完善规划设计方案的公示与公众参与机制，加强公众引导与沟通，强化正确的风险认识和环保参与意识，有效缓解修复后土壤再利用过程中"邻避思想"严重的公众极端反应（王国玉 等，2020）。

第 7 章　污染场地修复后土壤再利用过程环境风险评估

污染土壤修复后再利用已经成为缓解我国土壤资源严重短缺的有效手段（Abayneh Ayele et al.，2018；赵其国，2009）。当前国内外对修复后土壤安全利用主要分为环境应用和工程应用两大方面。环境应用主要是将修复后的污染土壤用作肥料等营养物质，或者直接将修复后土壤填埋回其来源地，使其重新恢复原有功能；工程应用主要是根据修复后污染土壤的性质，将其应用于工程建设中，如建材、路基、水泥、沥青等（Song et al.，2017）。为规范修复后土壤的资源化处置技术，美国、德国、荷兰等国家先后设置了较为完善合理的技术准则，如美国加利福尼亚州环保局于 2008 年发布了《重金属污染土壤修复技术指南》，规范了污染土壤资源化利用；德国发布了《土壤区域规划法案》和《建设条例》，制定了污染土壤处置再利用的操作细则；荷兰发布了《建筑材料土壤粒径标准》，对用于建筑材料的土壤粒径范围进行了详细规定（Liu et al.，2018a；Tianlik et al.，2016；陈梦舫 等，2011）。

近年来，我国各地也逐渐制定并出台了修复后土壤再利用相应的环境评估导则。例如，北京市在 2015 年发布了地方标准《污染场地修复后土壤再利用环境评估导则》（DB11/T 1281—2015），广东省在 2018 年 7 月发布了《广东省污染地块修复后土壤再利用技术指南（征求意见稿）》，分别针对北京市和广东省内修复后土壤的几种常见再利用途径，明确了污染土壤修复后再利用的工作程序。但这些标准并没有对不同风险等级下的修复后土壤提出差异化的管理要求，且未对再利用情景模式的环境风险，尤其是未对长时间尺度的环境风险进行规定（于靖靖 等，2022；Xie et al.，2021）。

同时，国家层面的污染场地修复后土壤再利用的环境风险评估和标准体系仍然较为缺乏，对修复后土壤再利用过程的污染发生机制尚无系统研究，亟待通过深入研究和示范，建立修复后土壤再利用技术体系和质量标准体系。依照不同来源土壤和安全利用途径选取风险计算特征参数，确定下填土利用、绿化土利用和建材利用等安全利用途径的风险控制限值，并综合考虑科学性、可行性和一致性，制定不同行业和土地利用方式下修复后土壤安全利用等级的划分标准，以保障生态环境安全和居民健康安全。

7.1　重金属污染土壤修复后风险评估研究进展

当前我国对于重金属污染土壤修复后再利用时可能产生的重金属环境风险还没有明确的评估方法，评估主要以各种修复技术对重金属污染土壤的修复效果评价为主，其中修复后土壤重金属的浸出效果评估是目前国内外最为常用的风险评估方法。

7.1.1 国际常用浸出毒性评估方法

美国环境保护署已经发布的浸出评估方法主要包括 TCLP（toxicity characteristic leaching procedure，Method 1311，模拟填埋场渗滤液过程）、SPLP（synthetic precipitation leaching procedure，Method 1312，模拟酸雨淋溶过程）和 MEP（multiple extraction procedure，Method 1320，模拟填埋场地经过多次酸雨冲蚀过程）等，这些评估方法也是评估重金属污染土壤稳定化修复效果的常用浸出方法（图 7.1）。

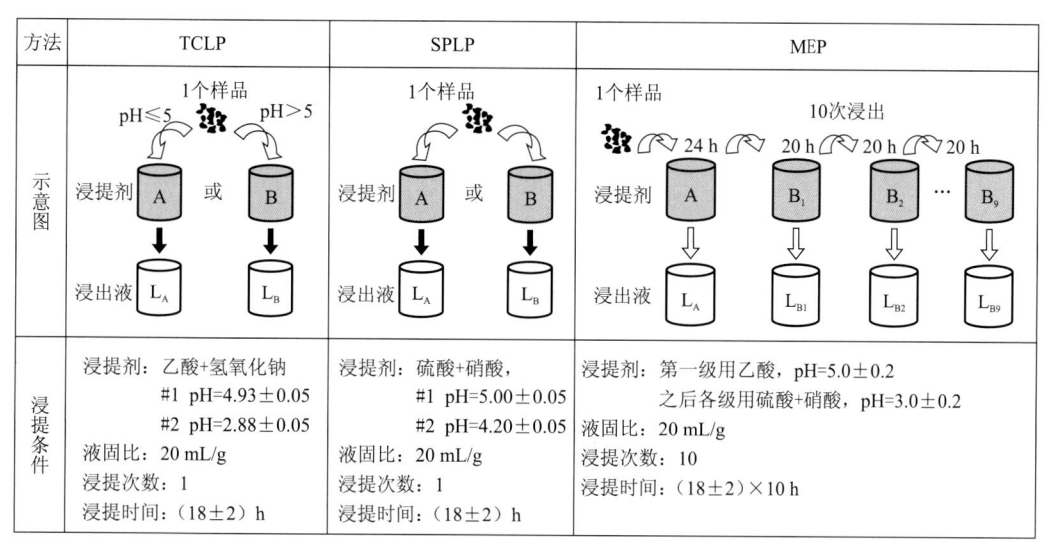

方法	TCLP	SPLP	MEP
示意图	1个样品，pH≤5 或 pH>5，浸提剂 A 或 B，浸出液 L_A、L_B	1个样品，浸提剂 A 或 B，浸出液 L_A、L_B	1个样品，10次浸出，24 h、20 h、20 h、20 h，浸提剂 A、B_1、B_2…B_9，浸出液 L_A、L_{B1}、L_{B2}、L_{B9}
浸提条件	浸提剂：乙酸+氢氧化钠 #1 pH=4.93±0.05 #2 pH=2.88±0.05 液固比：20 mL/g 浸提次数：1 浸提时间：(18±2) h	浸提剂：硫酸+硝酸， #1 pH=5.00±0.05 #2 pH=4.20±0.05 液固比：20 mL/g 浸提次数：1 浸提时间：(18±2) h	浸提剂：第一级用乙酸，pH=5.0±0.2 之后各级用硫酸+硝酸，pH=3.0±0.2 液固比：20 mL/g 浸提次数：10 浸提时间：(18±2)×10 h

图 7.1 美国环境保护署浸出评估方法示意图

引自张琢等（2015）

1. TCLP 浸出方法

TCLP 浸出方法最早制定于 1984 年，主要用于对危险废物和固体废物的管理，也是美国环境保护署指定的重金属释放效应评估方法，近些年在污染土壤稳定化修复效果评估研究中已经得到非常广泛的应用。TCLP 浸出方法主要针对工业固体废物在垃圾填埋场进行共处置的情景而设计，在与生活垃圾等各种复杂成分的共处置条件下，渗透的雨水与固体废物经降解后产生的水溶性混合物作为浸提剂。选择乙酸作为浸提剂能够最为接近地模拟垃圾填埋场的实际情况。以保护地下水为目标，如果能够通过该浸出毒性方法，则可以认为危险废物或者污染土壤能够达到填埋场的入场要求，如果不能通过该浸出方法，则认为该危险废物或者污染土壤不能达到填埋场的入场要求，并可能对地下水安全产生影响。

2. SPLP 浸出方法

SPLP 浸出方法由美国环境保护署于 1998 年发布，该方法以硫酸硝酸混合溶液作为浸提剂模拟酸雨对危险废物或土壤中重金属浸出的影响。其应用范围包括无机废物在填埋场的处置和堆积等。该方法针对保护地表水和地下水设定目标，对自然降雨导致的重金属浸出可以给出更为贴合的评估（刘锋 等，2008）。

3. MEP 浸出方法

MEP 浸出方法主要用来模拟简易卫生填埋场经过多次酸雨冲蚀后危险废物或者污染土壤的浸出情况。通过连续（10 次）和长时间（7 天）的连续提取获得填埋场危险废物或者污染土壤可能浸出组分的最高浓度来进行评估。MEP 浸出方法也可用于危险废物或者污染土壤的长期浸出性测试。

上述浸出方法以填埋应用作为对应的处置情景，主要模拟了垃圾渗滤液和酸雨浸出这两种主要的重金属污染物释放过程。路基应用、绿化下填应用及工程回填应用等其他处置方式的浸出评估方法还需进一步细化和明确，才能达到在特定用途下修复后土壤的风险控制需求。TCLP 浸出方法作为模拟固体废物共处置时管理不当情景下的毒性浸出，这种不利情景的模拟对于固体废物的分类管理是有利的，但其浸出结果往往只限于填埋特定情境下的使用。美国国家环境保护署和固体废物管理局等部门为便于对固体废物的统一管理，提出了更为完善的固体废物浸出方法，形成了一个能适用大范围废物类型和释放情景的统一方法体系。基于此，新型的 LEAF（leaching environmental assessment framework，浸出环境评估框架）方法体系应运而生，该方法由美国范德堡大学联合荷兰能源研究中心等多家单位共同提出，也已得到了美国环境保护署的认可。

4. LEAF 方法体系

LEAF 方法体系由 4 个浸出测试方法组成，包括多 pH 平行浸出方法（liquid-solid partitioning as a function of extract pH using a parallel batch extraction procedure，Method 1313）、上流式渗滤柱浸出方法（liquid-solid partitioning as a function of liquid-solid ratio for constituents in solid materials using an up-flow percolation column procedure，Method 1314）、半动态槽浸出方法（mass transfer rates of constituents in monolithic or compacted granular materials using a semi-dynamic tank leaching procedure，Method 1315）和不同液固比平行浸出方法（liquid-solid partitioning as a function of liquid-to-solid ratio in solid materials using a parallel batch procedure，Method 1316）（图 7.2）。这 4 种方法既可以单独使用，也可以联合使用。该方法体系也已较为广泛地应用于固体废物处置、修复后土壤再利用及污染土壤固化/稳定化修复效果评估等领域。

1）多 pH 平行浸出方法（Method 1313）

多 pH 平行浸出方法主要考虑短时期内不同 pH（2、4、5.5、7、8、9、10.5、12 和 13）条件对浸出效果的影响。该方法可敏感识别微小 pH 变化对浸出量变化的影响、计算溶液酸中和能力和进行地球化学物质模拟等，可用于表征各种类型的固体废物（包括黏土和沉积物等低渗透性物质）在不同酸碱胁迫条件下的浸出测试。

2）上流式渗滤柱浸出方法（Method 1314）

上流式渗滤柱浸出方法主要采用上流式填充柱浸出，以不同液固比（0.2 mL/g、0.5 mL/g、1 mL/g、1.5 mL/g、2 mL/g、4.5 mL/g、5.0 mL/g、9.5 mL/g 和 10 mL/g）探究对最终固液分配的影响。该方法主要反映固体物质的动态浸出性能，通常是对更接近长

方法	Method 1313	Method 1314
示意图	n个样品　多pH平行浸出 S₁　S₂　S₉ 浸提剂　A　B　…　n 浸出液　L_A　L_B　…　L_n	上流式渗滤柱浸出 气封 浸出液 样品 N₂ or Ar 浸提剂　泵
浸提条件	9种pH溶液（2, 4, 5.5, 7, 8, 9, 10.5, 12, 13） pH调节：HNO₃/NaOH 液固比：10 mL/g 浸提时间：18~72 h	9种液固比溶液（0.2 mL/g, 0.5 mL/g, 1 mL/g, 1.5 mL/g, 2 mL/g, 4.5 mL/g, 5 mL/g, 9.5 mL/g, 10 mL/g） 浸提液：去离子水 浸提液每天流量：（0.75±0.25）mL/g
方法	Method 1315	Method 1316
示意图	1个样品　n个时间段浸出 块体或压实颗粒　Δt₁　Δt₂　…　Δt_n A₁　A₂　…　A_n　浸提剂 L₁　L₂　…　L_n　浸出液	n个样品　不同液固比平行浸出 S₁　S₂　S₉ 浸提剂　A　B　…　n 浸出液　L_A　L_B　…　L_n
浸提条件	间隔时间：2 h、25 h、48 h、7 d、14 d、28 d、42 d、49 d、63 d 浸提液：去离子水 单位面积浸提液量：（9±0.1）mL/cm²	5种液固比溶液（0.5 mL/g、1 mL/g、2 mL/g、5 mL/g、10 mL/g） 浸提液：去离子水 浸提时间：18~72 h

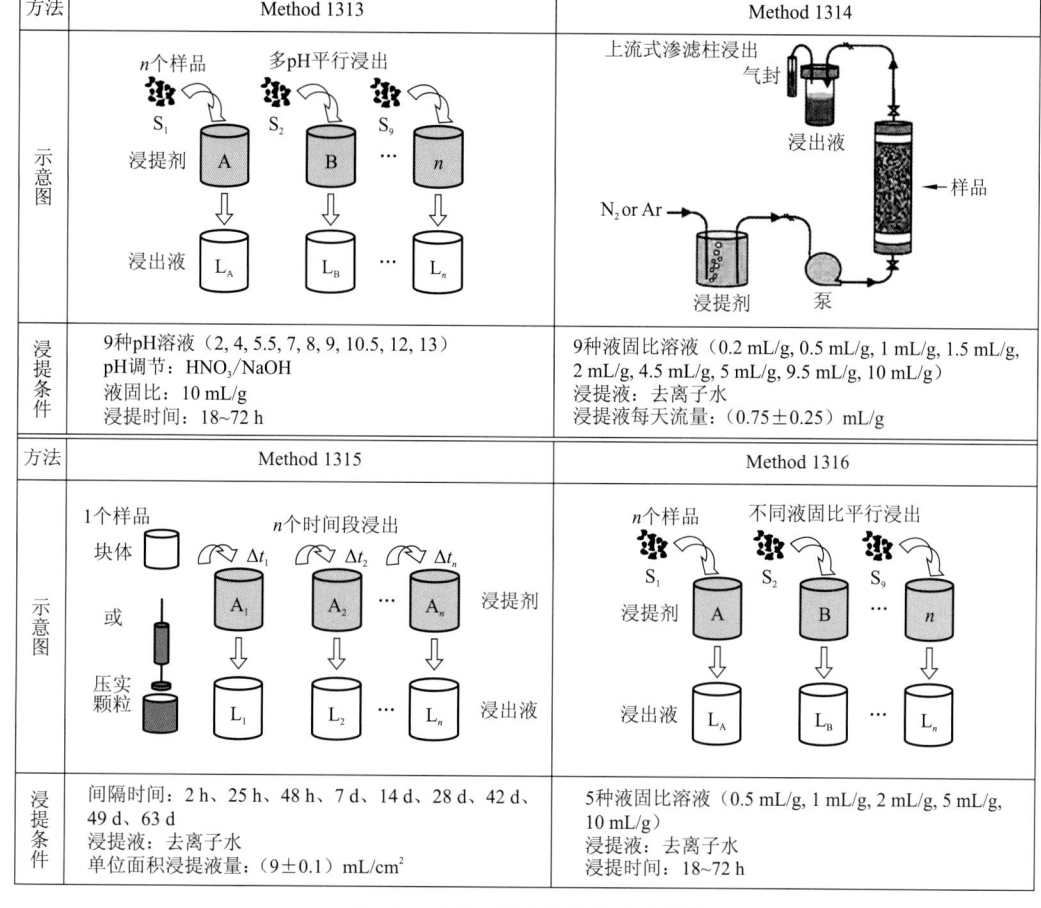

图 7.2　LEAF 浸提方法体系示意图

引自张琮等（2015）

期浸出性能的实际情形进行模拟。在较低的液固比条件下，浸出液的浓度基本可以反映土壤中孔隙水浓度。上流式渗滤柱浸出适用于渗透性较强的固体废物浸出评估，在低渗透性固体废物（如黏土等）的浸出测试方面存在一定局限性。

3）半动态槽浸出方法（Method 1315）

半动态槽浸出方法通过将样品进行浇筑或挤压形成标准尺寸的圆柱体，在半动态流通槽中分别在 2 h、25 h、48 h、7 d、14 d、28 d、42 d、49 d、63 d 进行浸出性能测试，计算长期浸出速率和累计浸出量。因为低渗透性物质通常发生表面绕流，所以此方法更加适合低渗透性物质的浸出测试。

4）不同液固比平行浸出方法（Method 1316）

不同液固比平行浸出方法属于液-固分配测试的另一种方法，主要采用土壤颗粒以不同液固比（0.5 mL/g、1 mL/g、2 mL/g、5 mL/g 和 10 mL/g）短期混合翻转振荡进行测试，通过最终浸出液的 pH、电导率和污染物浓度测试，判断液固比对动态平衡和浸出率的影响。

与传统的浸出方法相比，LEAF 方法体系优点在于不限于特定的处置情景，而是考虑大范围的处置和污染释放情景，尽可能考虑实际管理过程中遇到的各种环境条件。缺点是对填埋等释放情景较少的处置情况的评估，采用 LEAF 方法体系比较烦琐；此外，LEAF 方法体系虽然考虑了大范围的污染释放情景，但并没有考虑实际过程中可能存在的碳化、冻融等长期环境影响的浸出情况。

7.1.2 国内常用浸出毒性评估方法

当前的固化/稳定化修复后土壤的环境风险评估主要集中在修复后土壤中重金属的环境释放能力，通过修复后的重金属释放效应来计算相对于干净土壤、地表水和地下水的环境风险。目前国内最常用的两种浸出方法：①国家环境保护总局于 2007 年发布《固体废物 浸出毒性浸出方法 醋酸缓冲溶液法》（HJ/T 300—2007），该浸出评估方法主要以保护地下水为目标，其核心思想与美国环境保护署提出的 TCLP（Method 1311）浸出评价方法较为相似，能够模拟工业废弃物在加入填埋场后产生的渗滤液可能对地下水造成的影响；②国家环境保护总局于 2007 年提出的《固体废物 浸出毒性浸出方法 硫酸硝酸法》（HJ/T 299—2007），该方法与美国环境保护署提出的 SPLP（Method 1312）浸出评价方法思路较为一致，能够模拟酸雨对重金属污染土壤浸出效果的影响，主要以保护地表水和地下水为目标。两种浸出评价方法适用于不同的场景，其具体的规范和限值也存在较大的不同，如表 7.1 所示。

表 7.1 两种浸出评价方法规定的重金属限值　　　　（单位：mg/L）

重金属	HJ/T 300—2007 《生活垃圾填埋污染控制标准》（GB 16889—2024）	HJ/T 299—2007 《危险废物鉴别标准 浸出毒性鉴别》（GB 5085.3—2007）	HJ/T 299—2007 《重金属污染土壤填埋场建设与运行技术规范》（DB11/T 810—2011）	HJ/T 299—2007 《危险废物填埋污染控制标准》（GB 18598—2019）
汞	0.05	0.1	0.1	0.12
铜	40	100	100	120
锌	100	100	100	120
铅	0.25	5	5	1.2
镉	0.15	1	1	0.6
铍	0.02	0.02	—	0.2
钡	25	100	100	85
镍	0.5	5	5	2
砷	0.3	5	5	1.2
总铬	4.5	15	15	15
六价铬	1.5	5	5	6
硒	0.1	1	1	—

7.1.3 现有浸出毒性评估方法存在的问题

我国现有的、能够用于重金属污染土壤修复后再利用情景环境风险评价的方法存在的主要问题包括多种用途场景下的评价难以实现、复杂应用场景的长期评价难以实现、重金属浸出评价限值标准缺乏等（Guo and Wang，2019；Wu et al.，2009；刘锋 等，2008）。

《固体废物 浸出毒性浸出方法 醋酸缓冲溶液法》(HJ/T 300—2007)和《固体废物 浸出毒性浸出方法 硫酸硝酸法》(HJ/T 299—2007)已经成为国内固化/稳定化修复后土壤最为常用的评估方法。但是这两种评估方法针对的场景较为单一：醋酸法主要针对填埋场景，以保护地下水为目标；硫酸法主要针对酸雨自然淋滤场景，以同时保护地表水和地下水为目标。但是随着土壤修复产业的不断发展，修复后土壤的去向和应用场景也越来越多样化，如进行路基利用、回填利用和绿化利用等，这些应用场景的暴露途径和环境受体与醋酸法和硫酸硝酸法设定的场景存在较大差异，因此在实际应用过程中，往往存在高估或者低估风险的情况，简单的评价方法难以满足日益增多的应用需求。

国内现有的醋酸法（HJ/T 300—2007）和硫酸硝酸法（HJ/T 299—2007）设定的评价期限都相对较短，难以评估修复后土壤的长期释放效应。然而恰恰是修复后土壤中重金属的长期效应最容易被各相关方关注。因为随着应用时间的延长，光照的影响、降雨的影响产生的冻融作用、碳化作用和干湿循环作用等，都会对修复后土壤中重金属的长期效应产生影响。土壤是一个复杂的开放综合体，冻融作用、碳化作用和干湿循环作用的发生能够使土壤内部结构和重金属的赋存形态发生变化，进而影响重金属的释放特征。如冻融作用通过破坏土壤团聚体的稳定性，进而促进水稳性有机质聚集体的释放，增强土壤的渗透性，使得存在于土壤矿物颗粒内或吸附于土壤胶体表面的重金属赋存形态发生变化（Mohanty et al.，2014）。大气中的CO_2能够通过土壤中的孔隙溶解于毛细管中的液相，进而在土壤的固、液和气三相中发生复杂的物理化学反应，降低土壤孔隙液的 pH，提高重金属的溶解度。因此，各种不同利用场景的长期释放效应应该被考虑到浸出方法体系中。

当前我国现有的土壤环境质量标准均为重金属浓度总量标准，并没有土壤重金属修复后浸出的评估限值标准（杜延军 等，2011）。对于污染土壤经过固化/稳定化修复后的效果评估，通常只能借助已有的醋酸法(HJ/T 300—2007)和硫酸硝酸法(HJ/T 299—2007)浸出评估方法，以较为严格的《地下水质量标准》（GB/T 14848—2017）作为限值标准。虽然在地方标准中已有北京市的《重金属污染土壤填埋场建设与运行技术规范》（DB11/T 810—2011），标准取值也与生活垃圾填埋场对重金属元素的入场控制标准接近，但是相应的行业标准和国家标准还较为缺乏。因此，制定修复后土壤重金属浸出评估限值标准，能够为规范污染土壤修复后评价提供有力的帮助。

7.2 重金属污染土壤修复后风险评估程序

重金属污染土壤修复后的风险评估是指对重金属污染土壤进行固化/稳定化或其他技术手段修复后，由于重金属在复杂的外部条件影响下可能释放或泄漏对生态环境和人体健康产生的潜在危害程度进行的概率估计,它是一项多学科交叉的复杂系统工程。

7.2.1 修复后土壤风险评估的基础理论

1. 生态风险评估基础理论

重金属在生态系统中主要以离子形式存在,重金属离子很容易被吸收和富集在生物体内,因为它们的溶解度在生态环境中较高,具有潜在的毒性。土壤重金属的生态风险主要体现在生物毒性和物理作用两个方面。一方面,重金属可在环境中发生生物累积,高浓度的重金属会直接危害生物,影响其正常生理功能,破坏生态系统平衡。另一方面,重金属在土壤中的富集可能影响土壤的物理结构,降低土壤通透性,造成土壤板结,降低植物根系发育和土壤肥力。因此,重金属污染土壤经修复后可能产生的生态风险同样不容忽视。

修复后土壤可能产生的重金属风险主要由在修复后再利用情景环境条件下易释放的游离态重金属导致,其产生的生态风险计算方法也常参照土壤重金属的生态风险计算方法,主要包括:①次生相与原生相分布比值法(陈静生 等,1987),由于土壤中残渣态重金属化学性质稳定,难以释放到周围环境中,所以除残渣态外的其他4种形态都有可能对环境造成不同程度的影响,采用次生相与原生相分布比值法可以更好地对其生态风险进行评估,通过计算以残渣态为原生相和以除残渣态以外4种形态为次生相的比值,来反映重金属化学活性及其生物可利用性;②风险评价编码法(Perin et al.,1985),利用土壤中重金属的生物可利用性进行评价,主要对重金属存在于环境中的活性形态(可交换态、碳酸盐结合态)进行分析,能更好地判定重金属可能释放到环境中所造成的风险程度;③潜在生态风险评价法(Hakanson,1980),利用求积评价重金属污染和生态危害风险的方法,通过引入毒性响应系数,综合反映重金属对生态环境的影响力,也可直观地反映因子对区域污染的贡献程度和变化趋势,从而有效地反映重金属造成的潜在生态风险。

2. 人体健康风险评估基础理论

修复后土壤的人体健康风险评价主要是指经固化/稳定化修复后土壤在再利用环境下可能释放的重金属进入人体的数量、评估剂量与负面健康效应间的关系。人体摄取重金属污染物的途径主要包括三个方面:经口摄入、皮肤接触和呼吸吸入。通常采用不同类型剂量来表示重金属进入人体各阶段含量。呼吸和饮食途径主要指达到或进入人体口鼻部分的重金属含量,皮肤接触途径主要指可能和皮肤接触的重金属含量。重金属对人体产生不良效应用剂量-反应关系表示,包括非致癌效应和致癌效应两个方面。对于非致癌重金属,通常认为存在阈值现象,即低于该值就不会产生可观察到的不良效应。对于致癌和致突变类重金属,通常认为无阈值现象,即任意剂量的暴露均可能产生负面健康效应。

毒性评估是人体健康风险评估的关键,毒性评估强调重金属可能对人体健康产生的危害程度。毒理学家将污染物分为致癌污染物和非致癌污染物,并分别建立了毒性数据库，评估者借助数据库提供的致癌或非致癌毒性参数对重金属污染物暴露情景进行定量分析。对于非致癌重金属来说，低于临界含量的暴露剂量不会引起健康危害。在评估非致癌效应时，最常用的毒性指标为非致癌参考剂量（Reference dose，RfD）。根据暴露途径不同，可以将 RfD 进行细分，如经口摄入参考剂量（RfD_o）、皮肤接触参考剂量（RfD_d）和呼吸吸入参考剂量（RfD_i）。致癌效应与非致癌效应不同，并不存在污染物引发人群受体致癌的临界浓度，致癌效应是一种"非临界效应"，即任何暴露都有致癌风险。对致癌效应来说，在评估时要首先对重金属毒性权重证据进行分类，然后计算重金属致癌斜率因子（slope factor，SF）。致癌斜率因子是对重金属剂量-风险关系解析定量评估的标准。

7.2.2 修复后土壤风险评估的工作程序

重金属污染土壤修复后再利用情景下的风险评估技术是基于人类对暴露重金属污染物毒理学的现有认知进行的一项模拟评估手段。我国的《建设用地土壤污染风险评估技术导则》（HJ 25.3—2019）规定了污染场地人体健康风险评估的原则、内容、程序、方法和技术要求，适用于污染场地对人体健康的风险评估和污染场地土壤风险控制值的确定。参照《建设用地土壤污染风险评估技术导则》（HJ 25.3—2019）给出的风险评估工作内容，修复后土壤的生态风险和人体健康风险评估可采用一致的风险评估程序，包括危害识别、毒性评估、暴露评估和风险表征四项基本内容。

1. 危害识别

危害识别是定性判断再利用场景中重金属污染物是否具有潜在健康危害。依据再利用环境调查获取的资料，结合土地规划利用方式，明确再利用情景下关注的主要重金属污染物、场地内污染物的浓度及空间分布、可能的敏感受体（如儿童、成人、地下水体等）。

2. 毒性评估

毒性评估是建立重金属污染物暴露剂量与致病概率之间的关系。在危害识别的工作基础上，分析再利用场地土壤中关注的重金属污染物进入并危害敏感受体的情景，确定重金属污染物对敏感人群的暴露途径，确定重金属污染物在环境介质中的迁移模型和敏感人群的暴露模型，确定与场地污染状况、土壤性质、地下水特征、敏感人群和关注重金属污染物性质等相关的模型参数值，计算敏感人群摄入来自土壤和地下水的重金属污染物对应的暴露量。

3. 暴露评估

暴露评估是应用监管控制手段，确定人体暴露于重金属污染物的风险。在危害识别的工作基础上，分析、关注重金属污染物对人体健康的危害效应，包括致癌效应和非致癌效应，确定与关注重金属污染物相关的毒性参数，包括参考剂量、参考浓度、致癌斜率因子和单位致癌因子等。

4. 风险表征

风险表征是对重金属污染物引起潜在人体健康风险级别的定量描述，并分析不确定性。在暴露评估和毒性评估的工作基础上，采用风险评估模型计算单一污染物经单一暴露途径的风险值、单一污染物经所有暴露途径的风险值、所有污染物经所有暴露途径的风险值；在计算的同时开展不确定性分析，包括对重金属污染物经不同暴露途径产生健康风险的贡献率和关键参数取值的敏感性分析，根据需要进行风险的空间表征。风险表征计算的风险值包括单一污染物的致癌风险值、多个关注污染物的总致癌风险值、单一污染物的危险商值和多个关注污染物的危害指数。

污染场地土壤重金属的环境风险评估已有几十年的发展历程，但修复后土壤中的重金属生态风险和人体健康风险评估开展时间还较短，在生态风险和人体健康风险评估方法、评估过程中的不确定性、风险交流和风险信息等方面还须进行更为深入的研究和探索。

7.2.3 修复后土壤风险评估的概念模型

重金属污染土壤修复后再利用情景的环境风险评估，关键是在再利用情景分析和环境胁迫分析的基础上，厘清潜在污染源到迁移途径再到敏感受体的环境风险评估概念模型。在潜在污染源方面，研究对象为固化/稳定化修复后的重金属污染土壤，当修复后再利用时，其中被固定的重金属在风化、淋溶等作用下，可能会成为新的污染源。在迁移途径方面，重点考虑淋溶下渗、地表水和地下水迁移扩散等情景，对于一些特殊的再利用情景，修复后土壤还应考虑以大气颗粒物等形式的迁移扩散。在实际应用中，不管是建材化再利用还是路基下填再利用，更多地需考虑经口摄入、皮肤接触、呼吸吸入重金属土壤颗粒物等暴露途径。另外，在暴露途径方面，除了《建设用地土壤污染风险评估技术导则》（HJ 25.3—2019）列出的经口摄入、皮肤接触和呼吸吸入途径，还应考虑是否有食用修复后土壤再利用区域产出的农产品和水产品等途径。以下为修复后土壤用作再利用回填、绿化下层覆土和路基下填材料三种典型方式的概念模型介绍。

1. 再利用回填概念模型

重金属污染土壤经固化/稳定化修复后现场回填时，表层有混凝土等硬质覆盖层，可一定程度地防止雨水冲刷和酸雨淋洗；但通常其底层没有敷设防渗层，修复后土壤中的重金属在长期浸泡和淋溶作用等情况下可能释放并进入地下水，影响地下水环境质量。如果这些受影响的地下水被用作周边人群生产和生活用途，将影响受体人群的健康。对于再利用回填场景，概念模型须重点考虑污染源为回填区域地面下的修复后重金属污染土壤，可能涉及的迁移扩散途径包括淋溶下渗、地下水横向迁移和地表径流迁移等，由于修复后土壤埋藏于地下，可不考虑粉尘颗粒物飘散的迁移途径。

2. 绿化下层覆土概念模型

重金属污染土壤经过固化/稳定化修复后作为工程填土外运暂存，后续再作为绿化带下层覆土进行再利用，再利用场地通常无防雨防渗设施，且地表无硬质覆盖层。修复后土壤中的重金属可能通过降水和酸雨的淋溶作用进入地表水或地下水中。如果地下水较浅，地下水可直接浸泡修复后土壤，导致重金属溶出进入地下水。用作绿化用土后种植绿化植物并恢复植被时，修复后土壤中重金属则可能对植物和土壤生物产生影响。修复后土壤作为工程填土和作为绿化下层覆土时，重金属对地下水、地表水、植物、土壤生物和人体健康均可能产生影响。

3. 路基下填材料概念模型

重金属污染土壤经过固化/稳定化修复后作为市政道路建设的路基材料再利用时，表层有沥青路面或混凝土等硬质覆盖层，可一定程度地防止雨水冲刷和酸雨淋洗。但是由于底层无防渗层，修复后土壤重金属可通过地下水长期浸泡作用进入地下水中，影响地下水环境质量。对于路基材料再利用场景，概念模型同样重点考虑污染源为路基下层的修复后土壤，可能涉及的迁移扩散途径包括淋溶下渗、地下水横向迁移和地表径流迁移等。

7.3 修复后土壤建材化利用环境风险评估案例

近年来，重金属污染土壤经固化/稳定化修复后制成砖体等建材进行再利用逐渐被广泛应用。在复杂的再利用环境条件下，已经被固定的重金属仍然存在释放到再利用场地的潜在风险，应当对修复后土壤建材化利用的生态风险和人体健康风险进行定量评估，这也是修复后土壤建材化再利用的保障。

7.3.1 修复后土壤建材化利用环境风险产生情景模拟

1. 热固化修复过程

高温热固化法是一种高效的重金属污染土壤修复方法。如第 3 章和第 5 章所述，基于高温烧结后形成砖体过程中的相变，有害重金属与砖体基体中的主要成分相互作用后，可以晶体结构的组成成分进入某些特定的晶体结构中。因此，有害金属可以在致密的矿物结构中得到很好地稳定，处理后的含重金属固体可以进一步作为制造建筑砖、陶粒和集料等陶瓷产品的原料加以利用。已有研究报道了铜、镍、镉与富铝陶瓷前体烧结成相应的尖晶石结构。而对于"AB_2O_4"尖晶石，以往的研究主要集中在利用铝（Al）作为"B"将二价重金属并入"A"位置的潜力。在污染场地土壤中，由于场地周围的工业活动释放出的金属具有多样性，有害重金属通常共存。与单一金属的情况相比，土壤中多种金属的共存表现出交互作用和综合生态效应，使土壤修复更具挑战性。

在污染场地土壤的有害重金属中，Zn 和 Cr 被认为是两种有严重污染问题的重金属，会在较多情境中共存并同时具有毒害性。Cr 存在两种常见的氧化态[Cr(III)和 Cr(VI)]，将 Cr(VI)还原成 Cr(III)是降低 Cr 迁移率和毒性的首选态。当 Zn(II)与 Cr(III)共存时，锌和铬都可以被纳入尖晶石结构中。因此,本案例通过人工配制富 Zn 和 Cr 污染土壤为试验材料,将 ZnO 与 Cr_2O_3 的混合物制备成重金属共存体系,通过高温烧结,探索 Zn 与 Cr 的结晶过程,然后进行热固化修复后污染土壤再利用环境风险评估的研究。具体的试验材料配制过程为 ZnO 和 Cr_2O_3 粉末总干重为 100 g,Zn∶Cr(物质的量之比,下同)=1∶2 用来制备 Zn 和 Cr 污染土壤;在取自广州市某公园的 90 g 未污染土壤样品中人工添加 10 g 的 $ZnO+Cr_2O_3$ 混合物(Zn∶Cr=1∶2)制备试验用土;土壤的混合过程是将粉体在水泥浆(100 g)粉体中加入 100 mL 水,球磨 18 h,转速为 180 r/min;而后将浆液样品在 105 ℃ 的烘箱中干燥 24 h,然后在玛瑙研钵中继续研磨 10 min,使其均匀化。将粉末混合物压制成直径为 20 mm 的球团,保证烧结过程中粉末样品的均匀压实;在 320 MPa 的压力和 1 min 的保持时间下,从 3 g 的粉末混合物中挤压出每个小球,经过高温热处理后的修复土壤,在自然状态下冷却至室温即可进行下一步分析研究(Wu et al.,2019;Tang et al.,2016)。

以页岩和煤矸石为固定基质材料进行污染土壤高温固定处置,具体制备过程为将混合物放入球磨机中,加入一定量的水,形成水浆状,在球磨机中混合 18 h,使其充分混合;混合物干燥后在压片机中以 650 MPa 压力压制成直径 20 mm、高度 5 mm 的柱状体;在高温炉中设置目标温度(1 000 ℃)煅烧柱状体 3 h,然后自然冷却至室温;煅烧后的柱状体部分经玛瑙研钵研磨至粒径小于 10 μm 的粉末用于分析。为了尽量避免试验过程中来自其他方面(如试验用土本身)的 Zn 和 Cr 的含量干扰,在人工配制富 Zn 和 Cr 的污染土前,对干净土壤、煤矸石和页岩等原料进行 Zn 和 Cr 的含量分析,采用三酸消解法($HCl-HNO_3-HClO_4$)进行消解,采用电感耦合等离子体发射光谱仪(inductively coupled plasma optical emission spectrometry,ICP-OES,Optima 8000,Perkin Elmer)测定 Zn 和 Cr 的浓度,干净土壤的 Zn 和 Cr 含量见表 7.2。

表 7.2　所有制备原料中 Zn 和 Cr 的含量　　　　(单位:mg/kg)

重金属	干净土壤	煤矸石	页岩	混合土样
Zn	27.7±3.8	23.0±1.7	90.6±5.7	3 413.7±205.6
Cr	66.9±10.2	40.5±8.1	184.0±14.1	12 009.4±435.7

2. 再利用情景及风险评估流程

基于尖晶石($ZnCr_2O_4$)热固化修复技术进行热固化修复后土壤主要应用于建材化再利用和路基下填再利用两种现实场景,通过构建建材化再利用和路基下填再利用概念模型,同时依照危害识别、毒性评估、暴露评估和风险表征的工作程序进行修复后土壤重金属的潜在生态风险和人体健康风险评估。

在建材化再利用方面,通过高温烧结形成尖晶石结构的方法,将 Zn 和 Cr 固化后开展不同 pH 条件下的浸提实验和 BCR 形态分步提取实验,依次探究经过高温固化修复后土壤(砖体)的 Zn 和 Cr 的浸提特征;高温固化修复后土壤在经过浸提后重金属的形态变化特征;建立 Zn 和 Cr 浸出浓度、酸溶解态、与浸提剂 pH 等的函数关系,确定修复后土壤中 Zn 和 Cr 的潜在环境风险浓度,结合生态风险评价编码法和《建设用地土壤污染风险评估技术导则》(HJ 25.3—2019)中人体健康风险的计算方法,计算获得高温固化修复后土壤在不同土地利用情景下的生态风险和人体健康风险。路基下填利用方面将在 7.4 节进行详细论述。

7.3.2 修复后土壤建材化利用环境风险评估模型构建

修复后土壤建材化利用环境风险评估模型的构建是一个复杂且多步骤的过程，旨在评估和量化修复后土壤在建材化利用过程中可能对环境造成的风险。修复后土壤中重金属的潜在环境风险浓度是构建修复后土壤建材化利用环境风险评估模型的关键。基于尖晶石（$ZnCr_2O_4$）热固化土壤修复技术特点，采用修复后土壤中重金属的酸浸出浓度结合重金属形态分步提取（BCR 分步提取法）获得的酸溶解态浓度进行多项式拟合的方法，获得修复后土壤中重金属的潜在环境风险浓度（Xie et al.，2021）。潜在环境风险浓度获取的具体步骤如下。

1. 修复后土壤中重金属的酸浸出浓度提取

配制不同 pH 的硫酸硝酸混合溶液，浸提经高温固化修复后的土壤，获得 Zn 的浸出浓度。修复土壤样品和未修复土壤样品均研磨为粒径小于 45 μm 的细粉末，配制 6 个不同 pH 梯度（pH=2、4、6、8、10 和 12）的浸提液对经热固化修复后土壤进行浸提。浸提液的配制参照我国《固体废物 浸出毒性浸出方法 硫酸硝酸法》（HJ/T 299—2007），浓硫酸（H_2SO_4）和浓硝酸（HNO_3）采用质量比为 2∶1 的模式进行初始溶液配制，而后使用去离子水和氢氧化钠（NaOH）溶液进行中和，达指定目标 pH。取 0.5 g 修复土壤和未修复土壤粉末样品，倒入装有 10 mL 浸提剂的离心管中，充分摇匀后以 30 r/min 的速度进行翻转试验，依次于试验过程的 1 d、3 d、7 d、14 d、21 d、28 d、42 d 和 56 d 进行取样，总共取样 8 次。最后将获得的修复土壤样品和不修复土壤样品的浸提液样于电感耦合等离子体发射光谱仪中测定样品中 Zn 和 Cr 的酸浸出浓度。

研究结果表明：对于未修复土壤样品，Zn 的平衡浸出浓度从第 1 天开始增加，直到第 7 天后逐步稳定（图 7.3），并且平衡浓度随着浸提剂 pH 的增加而逐渐降低，达到稳定后 Zn 的平衡释放浓度（7 d 和 14 d 重金属释放浓度的平均值）从 pH=2 时的 1 315.8 mg/kg 降至 3.94 mg/kg（pH=4）、1.87 mg/kg（pH=6）、2.18 mg/kg（pH=8）、

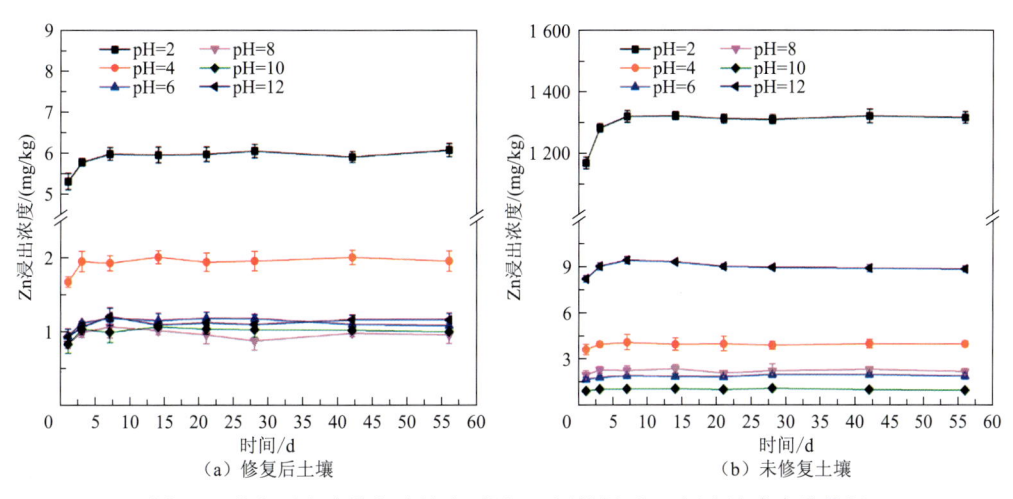

图 7.3　修复后和未修复土壤在不同 pH 浸提剂下 Zn 浸出浓度变化特征

1.01 mg/kg（pH=10）和 9.06 mg/kg（pH=12）。热固化技术修复很好地将人工配制的重金属严重污染土壤样品中的 Zn 固定住，Zn 的平均稳定释放浓度从 pH=2 时的 5.98 mg/kg 降至 1.95 mg/kg（pH=4）、1.14 mg/kg（pH=6）、0.96 mg/kg（pH=8）、1.12 mg/kg（pH=10）和 1.13 mg/kg（pH=12）。通过二次多项式拟合能够建立修复后土壤中 Zn 平衡浸出浓度与浸提剂 pH 间的函数关系，具体的拟合公式如下，二次多项式拟合效果较好。

$$C(\text{Zn})_{\text{leachate}}=0.11\times \text{pH}^2-1.90\times \text{pH}+8.78, \quad R^2=0.91 \tag{7.1}$$

同样的，通过二次多项式拟合能够建立未修复土壤中 Zn 平衡浸出浓度与浸提剂 pH 间的函数关系，具体的拟合公式为

$$C(\text{Zn})_{\text{leachate}}=29.48\times \text{pH}^2-506.17\times \text{pH}+1\,977.1, \quad R^2=0.79 \tag{7.2}$$

二次多项式拟合结果表明，修复后土壤中 Zn 平衡浸出浓度与浸提剂 pH 之间均有较好的拟合效果。

对于未修复土壤中的 Cr，平衡浓度随着浸提剂 pH 的增加而逐渐降低，但较 Zn 的幅度较低（图 7.4）。达到稳定后 Cr 的平衡释放浓度（7 d 和 14 d 重金属释放浓度的平均值）从 pH=2 时的 15.54 mg/kg 降至 12.22 mg/kg（pH=12）。对于修复后土壤中的 Cr，其平均释放浓度从 pH=2 时的 3.18 mg/kg 降至 0.75 mg/kg（pH=12）。通过二次多项式拟合能够建立修复后土壤中 Cr 平衡浸出浓度与浸提剂 pH 间的函数关系，具体的拟合公式如下，二次多项式拟合效果较好。

$$C(\text{Cr})_{\text{leachate}}=0.06\times \text{pH}^2-1.02\times \text{pH}+4.37, \quad R^2=0.61 \tag{7.3}$$

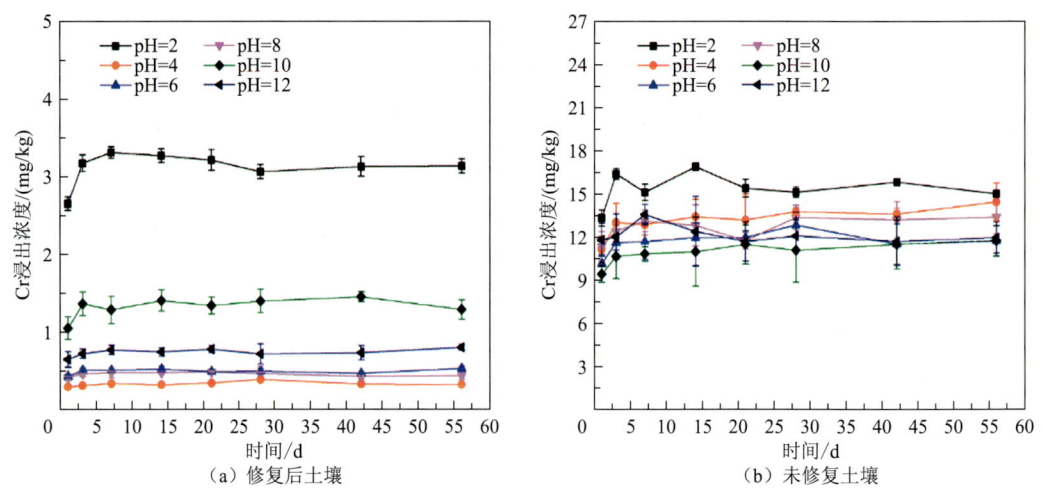

图 7.4 修复后和未修复土壤在不同 pH 浸提剂下 Cr 浸出浓度变化特征

同样的，通过二次多项式拟合能够建立未修复土壤中 Cr 平衡浸出浓度与浸提剂 pH 间的函数关系，具体的拟合公式为

$$C(\text{Cr})_{\text{leachate}}=0.07\times \text{pH}^2-1.24\times \text{pH}+17.59, \quad R^2=0.74 \tag{7.4}$$

二项式拟合结果表明，修复后土壤中 Cr 平衡浸出浓度与浸提剂 pH 之间也具有较好的拟合效果，但拟合系数略低于 Zn。

2. 修复后土壤中重金属的酸溶解态浓度提取

将完成浸提的修复后土壤，运用 BCR 分步提取法进行修复后土壤中重金属的不同赋

存形态的分步提取,依次获得修复后土壤中重金属的酸溶解态浓度、还原态浓度、氧化态浓度和残渣态浓度。

BCR 分步提取结果表明,修复后土壤样品中酸溶解态、还原态、氧化态和残渣态中 Zn 的浓度分别为 2.27~4.52 mg/kg、0.53~0.81 mg/kg、4.75~5.00 mg/kg 和 3 305.55~3 484.57 mg/kg。未修复土壤样品中分别为 1 282.51~1 448.18 mg/kg、640.51~879.18 mg/kg、119.52~189.84 mg/kg 和 1 121.78~1 314.72 mg/kg(图 7.5)。很显然,经热固化技术修复后土壤的酸溶解态、还原态和氧化态浓度均要小于未修复土壤,而残渣态浓度要显著大于未修复土壤,表明尖晶石热固化技术能很好地将更容易迁移的 Zn 赋存形态转化为较难迁移的 Zn 残渣态。

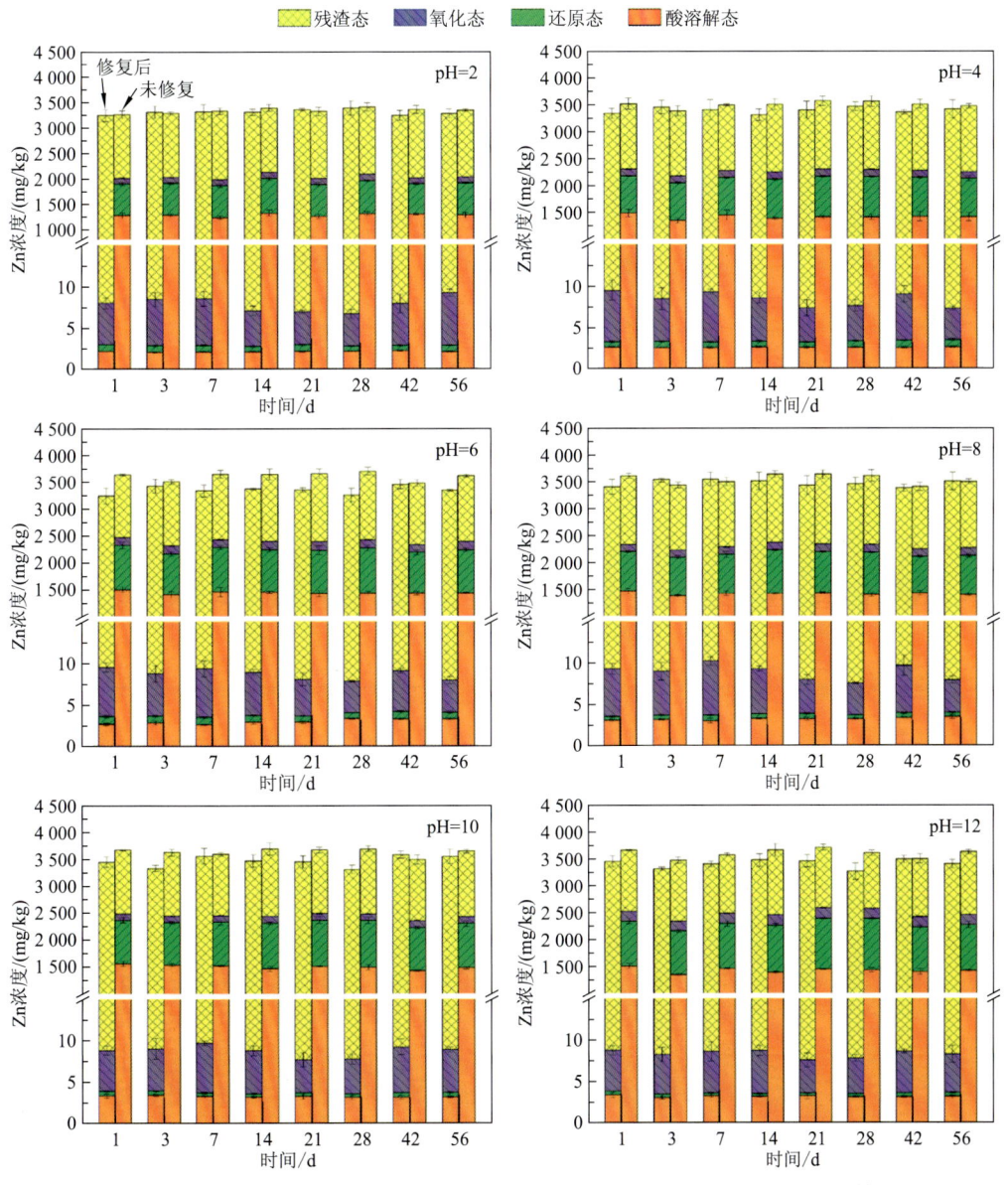

图 7.5 修复后和未修复土壤在不同 pH 浸提剂下 Zn 的四种赋存形态变化特征

BCR 分步提取结果显示，修复后土壤样品中酸溶解态、还原态、氧化态和残渣态中 Cr 的浓度分别为 4.25～7.04 mg/kg、1.16～6.61 mg/kg、17.20～21.61 mg/kg 和 11 130.44～12 412.08 mg/kg；未修复土壤样品中分别为 8.63～11.13 mg/kg、0.76～1.38 mg/kg、5.15～8.28 mg/kg 和 11 249.92～12 015.86 mg/kg（图 7.6）。结果表明，经热固化技术修复后土壤的酸溶解态浓度显著低于未修复土壤，说明尖晶石热固化技术能很好地将更易迁移的 Cr 赋存形态转化为较难迁移的形态。

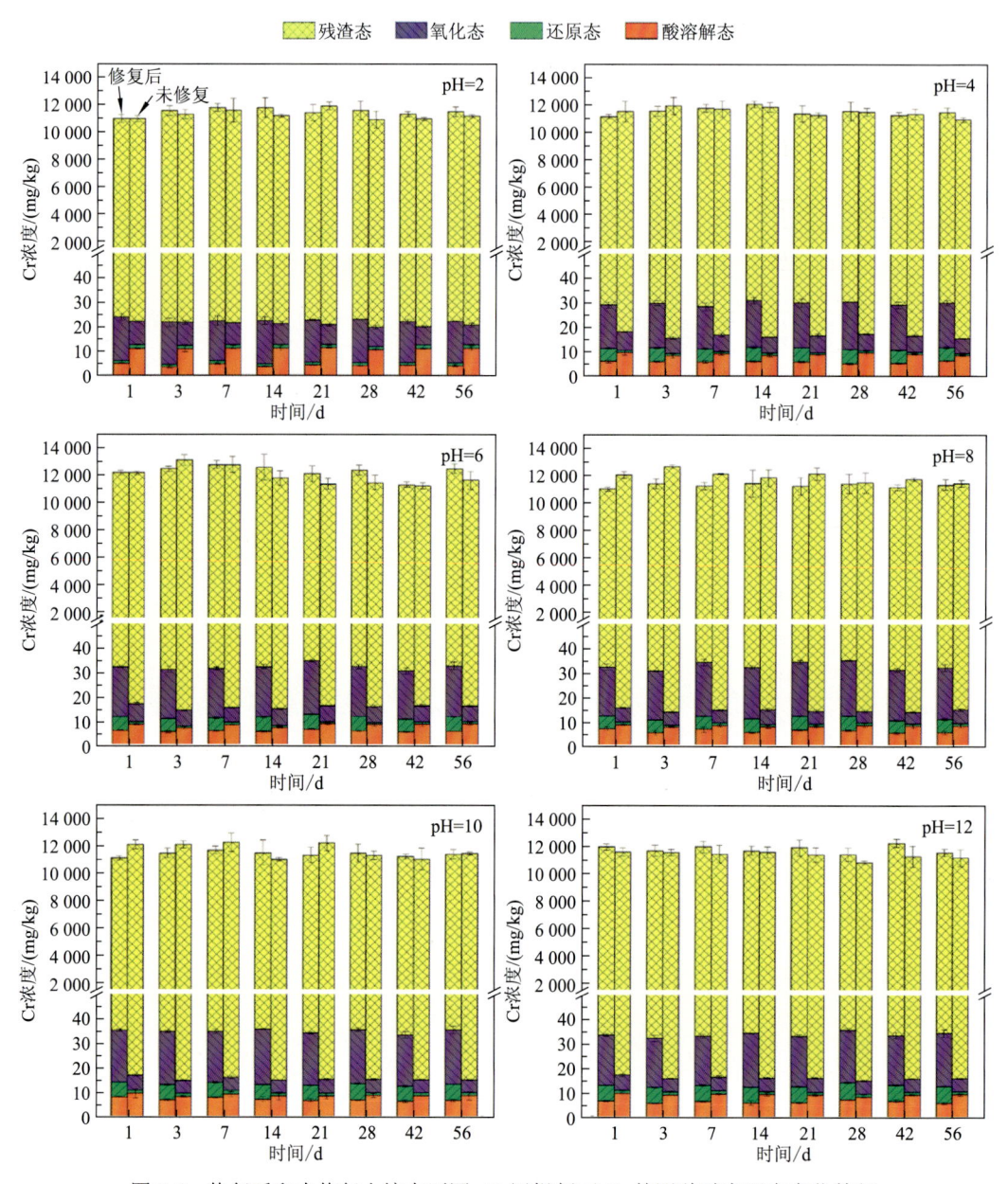

图 7.6 修复后和未修复土壤在不同 pH 浸提剂下 Cr 的四种赋存形态变化特征

重金属的生物毒性不仅与其总量有关，而且在很大程度上取决于其赋存形态分布，而重金属赋存形态的差异直接影响环境中重金属的迁移和循环（Palleiro et al., 2016；

Krishnamurti and Naidu, 2002)。特别是对于 Zn，随着 ZnCr$_2$O$_4$ 尖晶石在烧结过程中的形成，未烧结样品中的酸溶解态含量逐步转化为其他三个相对更稳定的形态。对于 Cr，由于在尖晶石结构形成过程中 Cr 占据的结构点位不同，其易迁移形态转化的量小于 Zn（Wu et al.，2019；Tang et al.，2011）。

热固化技术修复后的重金属污染土壤中的重金属赋存形态组成发生了变化。为进一步明确浸提剂 pH 与修复后土壤和未修复土壤重金属间的相互关系，对浸出浓度和形态分布提取结果进行 Pearson 相关性分析（表 7.3）。Pearson 相关性分析结果表明，浸提剂 pH 与浸出液中 Zn 和 Cr 的总含量呈现显著的负相关关系，pH 越低 Zn 和 Cr 的含量越高，表明酸性条件更加有利于 Zn 和 Cr 的释放。通过二次多项式拟合能够建立修复后土壤中 Zn 和 Cr 酸溶解态浓度与浸提剂 pH 之间的函数关系（图 7.7）。具体的拟合公式为

表 7.3　浸提剂 pH 与浸出液 Zn 和 Cr 四种形态含量的相关关系

相关系数	pH	浸出浓度	酸溶解态	还原态	氧化态	残渣态
修复后土壤中的 Zn	1					
	-0.739**	1				
	0.732**	-0.677**	1			
	-0.758**	0.303	-0.519**	1		
	-0.041	0.054	-0.032	0.112	1	
	0.503**	-0.497**	0.570**	-0.328	0.143	1
未修复土壤中的 Zn	1					
	-0.653**	1				
	0.644**	-0.900**	1			
	0.831**	-0.701**	0.714**	1		
	0.657**	-0.432**	0.349*	0.651**	1	
	-0.756**	0.574**	-0.554**	-0.644**	-0.601**	1
修复后土壤中的 Cr	1					
	-0.449**	1				
	0.715**	-0.641**	1			
	0.767**	-0.867**	0.830**	1		
	0.809**	-0.566**	0.770**	0.780**	1	
	-0.421*	-0.105	-0.22	-0.06	-0.452**	1
未修复土壤中的 Cr	1					
	-0.739**	1				
	-0.625**	0.771**	1			
	0.311	0.173	0.410*	1		
	-0.856**	0.748**	0.790**	0.01	1	
	0.192	-0.429**	-0.293	-0.003	-0.31	1

注：**表示在 0.01 水平上显著相关（双边）；*表示在 0.05 水平上显著相关（双边）

$$C(\text{Zn})_{\text{acid}} = -0.03 \times \text{pH}^2 + 0.54 \times \text{pH} + 0.01, \quad R^2 = 0.66 \tag{7.5}$$

$$C(\text{Cr})_{\text{acid}} = -0.05 \times \text{pH}^2 + 0.84 \times \text{pH} + 2.87, \quad R^2 = 0.73 \tag{7.6}$$

通过二次多项式拟合能够建立未修复土壤中 Zn 和 Cr 酸溶解态浓度与浸提剂 pH 间的函数关系，具体的拟合公式为

$$C(\text{Zn})_{\text{acid}} = -3.51 \times \text{pH}^2 + 60.53 \times \text{pH} + 1\,193.6, \quad R^2 = 0.75 \tag{7.7}$$

$$C(\text{Cr})_{\text{acid}} = 0.06 \times \text{pH}^2 - 0.99 \times \text{pH} + 12.62, \quad R^2 = 0.78 \tag{7.8}$$

二次多项式拟合结果表明，修复后土壤中 Zn 和 Cr 的平衡浸出浓度与浸提剂 pH 间均有较好的拟合效果。

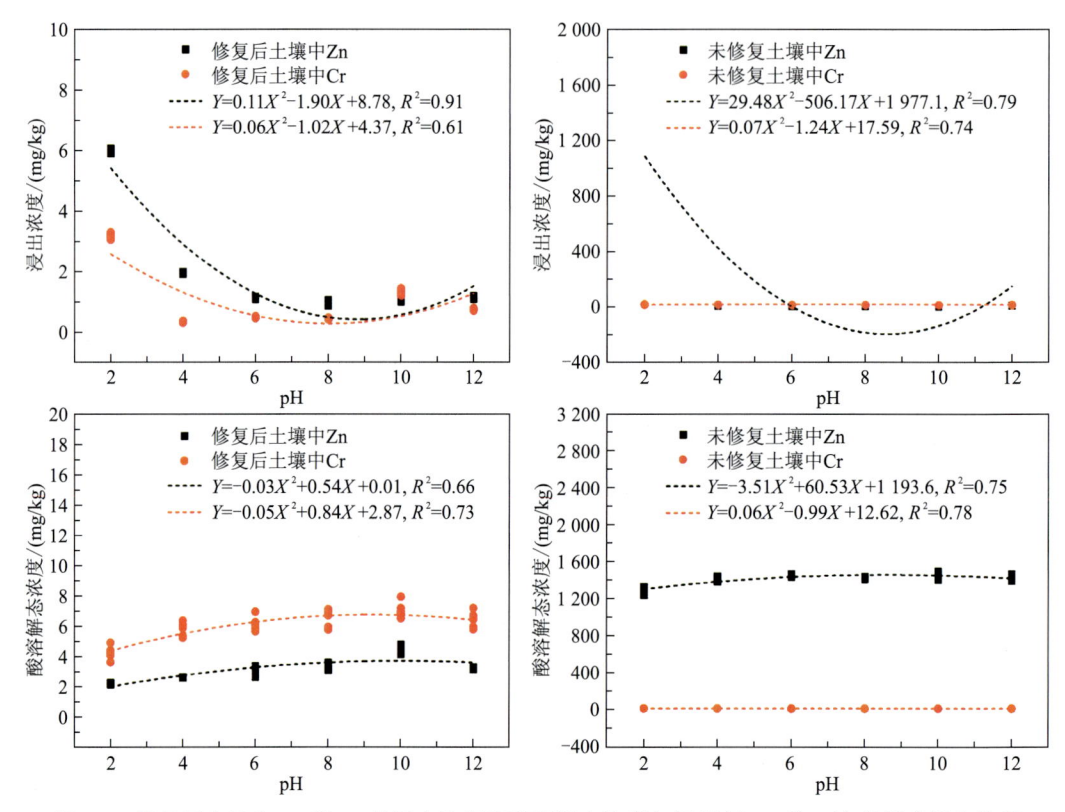

图 7.7　修复后土壤中 Zn 和 Cr 的浸出浓度和酸溶解态浓度与浸提剂 pH 的二次多项式拟合关系

3. 修复后土壤中重金属的环境风险浓度计算

将修复后土壤和未修复土壤的酸浸出浓度和酸溶解态浓度进行相关性分析发现，修复后土壤和未修复土壤中 Zn 和 Cr 的浸出浓度和酸溶解态浓度间存在显著的负相关关系，表明 Zn 和 Cr 的酸浸出浓度和酸溶解态浓度存在很强的互补关系，修复后土壤中重金属的环境风险浓度由酸浸出浓度和酸溶解态浓度共同决定。修复后土壤中不同形态重金属和浸提剂 pH 间的相互关系是明确修复土壤潜在环境风险浓度的关键，也是构建热固化修复后土壤重金属环境风险评估方法的重要依据（Xie et al., 2021）。进一步，将修复后土壤 Zn 和 Cr 的平衡浸出浓度 C_{leachate} 与修复后土壤 Zn 和 Cr 的酸溶解态浓度 C_{acid} 进行联合分析，获得修复后土壤 Zn 和 Cr 的环境风险浓度 C_{risk}，其具体计算公式为

$$C_{\text{risk}} = 0.5 \times C_{\text{leachate}} + 0.5 \times C_{\text{acid}} \tag{7.9}$$

式（7.9）的计算结果即为修复后土壤建材化再利用的生态风险和人体健康评估中需要用到的潜在环境风险浓度。

7.3.3 修复后土壤建材化利用的生态风险和人体健康风险

1. 修复后土壤建材化利用的生态风险计算

通过情景模拟和模型构建获得了修复后土壤重金属的潜在环境风险浓度，参照生态风险评价编码法中计算土壤重金属生态风险的计算方法（谢邵文 等，2022；林承奇 等，2019），结合修复后土壤中 Zn 和 Cr 的浸出浓度和酸溶解态浓度与不同浸提剂 pH 的相互关系拟合获得的潜在环境风险浓度 C_{risk}，可以计算修复后土壤的重金属生态风险 R，其具体计算公式为

$$R = C_{\text{risk}} / (C_{\text{risk}} + C_3 + C_4 + C_5) \times 100\% \tag{7.10}$$

式中：C_3、C_4 和 C_5 依次为修复后土壤经 BCR 分步提取方法获得的 Zn 和 Cr 的还原态、氧化态和残渣态的含量。

修复后土壤的重金属生态风险 R，共分为 5 个风险等级：当 $R \leq 1\%$ 时，为安全等级；当 $1\% < R \leq 10\%$ 时，为低风险等级；当 $10\% < R \leq 30\%$ 时，为中风险等级；当 $30\% < R \leq 50\%$ 时，为高风险等级；当 $R \geq 50\%$ 时，为超高风险等级。显然，热固化修复后的土壤样品其生态风险远低于未修复土壤样品的生态风险。

未修复土壤样品中 Zn 的生态风险依次为 27.80%（pH=2）、20.1%（pH=4）、19.9%（pH=6）、20.1%（pH=8）、20.1%（pH=10）和 19.8%（pH=12）。在 pH=2 时处于中风险水平，当 pH>2 时，仍然属于中风险水平。然而，经热固化修复后的土壤样品中 Zn 的生态风险分别为 0.12%（pH=2）、0.07%（pH=4）、0.06%（pH=6）、0.06%（pH=8）、0.08%（pH=10）和 0.06%（pH=12），均为安全等级（图 7.8）。热固化修复技术显著降低了 Zn 污染土壤的生态风险，有效地避免了低估修复后土壤在中性和偏碱性条件下重金属生态风险的可能，也避免了高估未修复土壤在中性和偏碱性条件下重金属生态风险的可能，实现了重金属修复后土壤在再利用过程的定量准确评估。

（a）Zn的生态风险　　（b）Cr的生态风险

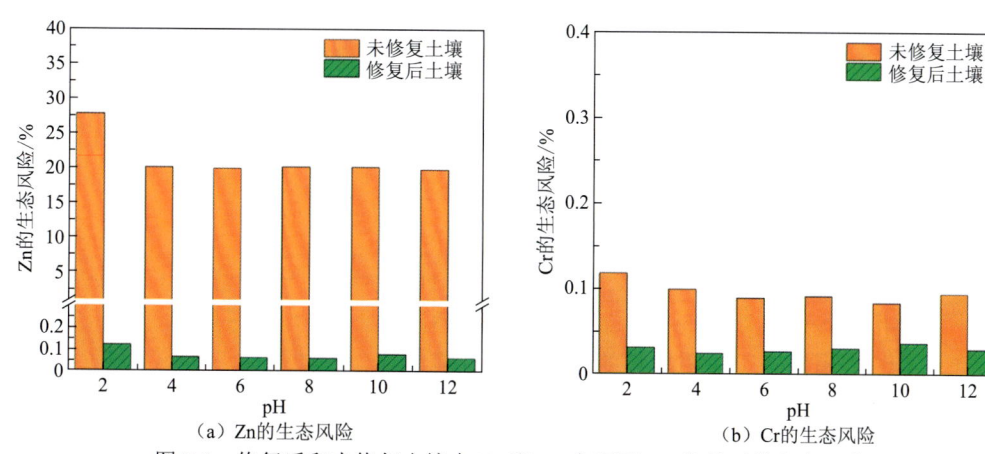

图 7.8　修复后和未修复土壤中 Zn 和 Cr 在不同 pH 条件下的生态风险

对于 Cr，其生态风险变化相对于 Zn 较小，在 6 个 pH 梯度下分别由 0.12%、0.10%、0.09%、0.09%、0.08%和 0.09%依次下降到 0.03%、0.02%、0.03%、0.03%、0.04%和 0.03%。Zn 和 Cr 的生态风险差异主要取决于其自身特点带来的酸浸出态和酸溶解态组分含量的差异。

2. 修复后土壤建材化利用的人体健康风险计算

依据人体健康风险评估程序和我国最新出台的《建设用地土壤污染风险评估技术导则》（HJ 25.3—2019），修复后土壤再利用情景主要包括以住宅用地为代表的第一类用地和以工业用地为代表的第二类用地。同时该标准还规定了 9 种主要暴露途径和暴露评估模型，包括经口摄入土壤、皮肤接触土壤、吸入土壤颗粒物、吸入室外空气中来自表层土壤的气态污染物、吸入室外空气中来自下层土壤的气态污染物、吸入室内空气中来自下层土壤的气态污染物共 6 种土壤污染物暴露途径，以及吸入室外空气中来自地下水的气态污染物、吸入室内空气中来自地下水的气态污染物、饮用地下水共 3 种地下水污染物暴露途径（Wang et al.，2020b；Hu et al.，2017）。

根据《建设用地土壤污染风险评估技术导则》（HJ 25.3—2019），第一类用地（住宅用地）的人体健康风险计算公式如下。

经口摄入的致癌和非致癌风险：

$$\text{OISER}_{ca} = C_{risk} \times S_{Fo} \times \frac{\text{OSIR}_c \times \text{EF}_c \times \text{ED}_c}{\text{BW}_c \times \text{AT}_{ca}} + \frac{\text{OSIR}_a \times \text{EF}_a \times \text{ED}_a}{\text{BW}_a \times \text{AT}_{ca}} \times \text{ABS}_o \times 10^{-6} \quad (7.11)$$

$$\text{OISER}_{nc} = \frac{C_{risk}}{\text{RfD}_o \times \text{SAF}} \times \frac{\text{OSIR}_c \times \text{EF}_c \times \text{ED}_c}{\text{BW}_c \times \text{AT}_{nc}} \times \text{ABS}_o \times 10^{-6} \quad (7.12)$$

经皮肤接触的致癌和非致癌风险：

$$\text{DCSER}_{ca} = C_{risk} \times S_{Fd}$$
$$\times \left(\frac{\text{SAE}_c \times \text{SSAR}_c \times \text{EF}_c \times \text{ED}_c \times E_v \times \text{ABS}_d}{\text{BW}_c \times \text{AT}_{ca}} \times 10^{-6} \right. \quad (7.13)$$
$$\left. + \frac{\text{SAE}_a \times \text{SSAR}_a \times \text{EF}_a \times \text{ED}_a \times E_v \times \text{ABS}_d}{\text{BW}_a \times \text{AT}_{ca}} \times 10^{-6} \right)$$

$$\text{DCSER}_{nc} = \frac{C_{risk}}{\text{RfD}_d \times \text{SAF}} \times \frac{\text{SAE}_c \times \text{SSAR}_c \times \text{EF}_c \times \text{ED}_c \times E_v \times \text{ABS}_d}{\text{BW}_c \times \text{AT}_{nc}} \times 10^{-6} \quad (7.14)$$

经吸入表层颗粒物摄入的致癌和非致癌风险：

$$\text{PISER}_{ca} = C_{risk} \times S_{Fi} \times \left(\frac{\text{PM}_{10} \times \text{DAIR}_c \times \text{PIAF} \times \text{ED}_c \times (\text{fspo} \times \text{EFO}_c + \text{fspi} \times \text{EFI}_c)}{\text{BW}_c \times \text{AT}_{ca}} \times 10^{-6} \right.$$
$$\left. + \frac{\text{PM}_{10} \times \text{DAIR}_a \times \text{PIAF} \times \text{ED}_a \times (\text{fspo} \times \text{EFO}_a + \text{fspi} \times \text{EFI}_a)}{\text{BW}_a \times \text{AT}_{ca}} \times 10^{-6} \right) \quad (7.15)$$

$$\text{PISER}_{nc} = \frac{C_{risk}}{\text{RfD}_i \times \text{SAF}} \times \frac{\text{PM}_{10} \times \text{DAIR}_c \times \text{PIAF} \times \text{ED}_c \times (\text{fspo} \times \text{EFO}_c + \text{fspi} \times \text{EFI}_c)}{\text{BW}_c \times \text{AT}_{nc}} \times 10^{-6} \quad (7.16)$$

针对第二类用地（工业用地）的人体健康风险计算公式如下。

经口摄入的致癌和非致癌风险：

$$\text{OISER}_{ca} = C_{risk} \times S_{Fo} \times \frac{\text{OSIR}_a \times \text{EF}_a \times \text{ED}_a}{\text{BW}_a \times \text{AT}_{ca}} \times \text{ABS}_o \times 10^{-6} \quad (7.17)$$

$$\text{OISER}_{nc} = \frac{C_{risk}}{\text{RfD}_o \times \text{SAF}} \times \frac{\text{OSIR}_a \times \text{EF}_a \times \text{ED}_a}{\text{BW}_a \times \text{AT}_{nc}} \times \text{ABS}_o \times 10^{-6} \quad (7.18)$$

经皮肤接触的致癌和非致癌风险：

$$\text{DCSER}_{ca} = C_{risk} \times S_{Fd} \times \frac{\text{SAE}_a \times \text{SSAR}_a \times \text{EF}_a \times \text{ED}_a \times E_v \times \text{ABS}_d}{\text{BW}_a \times \text{AT}_{ca}} \times 10^{-6} \quad (7.19)$$

$$\text{DCSER}_{nc} = \frac{C_{risk}}{\text{RfD}_d \times \text{SAF}} \times \frac{\text{SAE}_a \times \text{SSAR}_a \times \text{EF}_a \times \text{ED}_a \times E_v \times \text{ABS}_d}{\text{BW}_a \times \text{AT}_{ca}} \times 10^{-6} \quad (7.20)$$

经吸入表层颗粒物摄入的致癌和非致癌风险：

$$\text{PISER}_{ca} = C_{risk} \times S_{Fi} \times \frac{\text{PM}_{10} \times \text{DAIR}_a \times \text{PIAF} \times \text{ED}_a \times (\text{fspo} \times \text{EFO}_a + \text{fspi} \times \text{EFI}_a)}{\text{BW}_a \times \text{AT}_{ca}} \times 10^{-6} \quad (7.21)$$

$$\text{PISER}_{nc} = \frac{C_{risk}}{\text{RfD}_i \times \text{SAF}} \times \frac{\text{PM}_{10} \times \text{DAIR}_c \times \text{PIAF} \times \text{ED}_a \times (\text{fspo} \times \text{EFO}_a + \text{fspi} \times \text{EFI}_a)}{\text{BW}_a \times \text{AT}_{nc}} \quad (7.22)$$

当计算基于致癌效应的土壤风险控制值时，采用的单一污染物可接受致癌风险为 10^{-6}；计算基于非致癌效应的土壤风险控制值时，采用的单一污染物可接受危害商为1。当计算结果大于这两个控制值时表明存在重金属人体健康风险。

修复后土壤可能产生的重金属污染物有6种暴露途径，同时由于重金属不同于其他污染物，因此重点考虑经口摄入土壤、皮肤接触土壤、吸入土壤颗粒物这3种暴露途径可能产生的人体健康风险。将获得的潜在环境风险浓度 C_{risk} 代入《建设用地土壤污染风险评估技术导则》（HJ 25.3—2019）中提供的相关参数和计算模型，计算获得修复后土壤中重金属的人体健康风险值。相关参数见表7.4和表7.5。

表 7.4 人体健康风险计算的暴露参数及相应参考值

暴露参数	描述	单位	参考值 住宅用地	参考值 工业用地
OSIR_c	儿童每日摄入土壤量	mg/d	200	—
OSIR_a	成人每日摄入土壤量	mg/d	100	100
ED_c	儿童暴露期	a	6	—
ED_a	成人暴露期	a	24	25
EF_c	儿童暴露频率	d/a	350	—
EF_a	成人暴露频率	d/a	350	250
BW_c	儿童体重	kg	19.2	—
BW_a	成人体重	kg	61.8	61.8
ABS_o	经口摄入吸收效率因子	—	1	1
AT_{ca}	致癌效应平均时间	d	27 740	27 740
AT_{nc}	非致癌效应平均时间	d	2 190	9 125
SSAR_c	成人皮肤表面土壤粘附系数	mg/cm	0.2	—
SSAR_a	成人皮肤表面土壤粘附系数	mg/cm	0.07	0.2
ABS_d	皮肤接触吸收效率因子	—	1	1
E_v	每日皮肤接触事件频率	n/d	1	1

续表

暴露参数	描述	单位	参考值 住宅用地	参考值 工业用地
SAE_c	儿童暴露皮肤表面面积	cm²	2 848	—
SAE_a	成人暴露皮肤表面面积	cm²	5 374	3 023
SER_c	儿童暴露皮肤所占面积比	—	0.36	—
SER_a	成人暴露皮肤所占面积比	—	0.32	0.18
SAF	暴露于土壤的参考剂量分配系数	—	1	1
H_c	儿童平均身高	cm	113.15	—
H_a	成人平均身高	cm	161.5	161.5
PM_{10}	空气中可吸入浮颗粒物含量	mg/cm³	0.119	0.119
DAIR_c	儿童日空气呼吸量	m³/d	7.5	—
DAIR_a	成人日空气呼吸量	m³/d	14.5	14.5
PIAF	吸入土壤颗粒物在体内滞留比例	—	0.75	0.75
fspi	室内空气中来自土壤的颗粒物所占比例	—	0.8	0.8
fspo	室外空气中来自土壤的颗粒物所占比例	—	0.5	0.5
EFO_c	儿童室外暴露频率	d/a	87.5	—
EFO_a	成人室外暴露频率	d/a	87.5	62.5
EFI_c	儿童室内暴露频率	d/a	262.5	—
EFI_a	成人室内暴露频率	d/a	262.5	187.5

表 7.5　不同重金属的非致癌参考剂量和致癌斜率

重金属	非致癌参考剂量/[mg/(kg·d)] 经口摄入（RfD_o）	皮肤接触（RfD_d）	呼吸吸入（RfD_i）	致癌斜率因子/[mg/(kg·d)] 经口摄入（S_Fo）	皮肤接触（S_Fd）	呼吸吸入（S_Fi）
Cu	4.00×10⁻²	4.00×10⁻²	—	—	—	—
Zn	3.00×10⁻¹	3.00×10⁻¹	3.00×10⁻¹	—	—	—
Pb	1.40×10⁻⁴	1.40×10⁻⁴	—	—	—	—
Cd	3.00×10⁻³	2.50×10⁻⁵	5.71×10⁻⁵	—	—	6.30
Ni	2.00×10⁻²	8.00×10⁻⁴	2.06×10⁻²	1.70	4.25	9.01×10⁻¹
As	3.00×10⁻⁴	3.00×10⁻⁴	3.00×10⁻⁴	1.50	3.66	1.50
Cr	1.50	1.95×10⁻²	2.86×10⁻⁵	—	—	—
Hg	1.60×10⁻⁴	1.60×10⁻⁴	8.75×10⁻⁵	—	—	—

同时依据《建设用地土壤污染风险评估技术导则》（HJ 25.3—2019）中提供的评价标准，对计算获得的修复后土壤中 Zn 和 Cr 人体健康风险进行风险评级。当计算基于致癌效应的土壤风险时，采用的单一污染物可接受致癌风险为 10^{-6}；计算基于非致癌效应的土壤风险时，采用的单一污染物可接受危害商为 1。当计算结果大于这两个控制值时即表明存在重金属人体健康风险。

人体健康风险计算结果显示，经过热固化修复后土壤样品中 Zn 的人体健康风险显著低于未修复土壤样品，并且随着 pH 的逐渐升高，修复后和未修复土壤样品中 Zn 和 Cr 的人体健康风险逐渐降低（图 7.9）。随着浸出液 pH 的逐渐增加，Zn 和 Cr 对人体健康的危害逐渐降低。未修复土壤样品中 Zn 的危害指数分别为 4.71×10^{-2}、2.56×10^{-2}、2.61×10^{-2}、2.58×10^{-2}、2.62×10^{-2}、2.59×10^{-2}；Cr 的危害指数分别为 1.20×10^{-2}、1.02×10^{-2}、9.28×10^{-2}、9.65×10^{-2}、8.97×10^{-2}、9.51×10^{-2}。经热固化处理后，修复后土壤样品中 Zn 的危害指数分别降低至 1.47×10^{-4}、8.25×10^{-4}、7.65×10^{-4}、7.82×10^{-4}、1.01×10^{-4}、7.87×10^{-5}，Cr 的危害指数降低至 3.33×10^{-3}、2.76×10^{-3}、2.98×10^{-3}、3.07×10^{-3}、3.76×10^{-3}、3.17×10^{-3}。

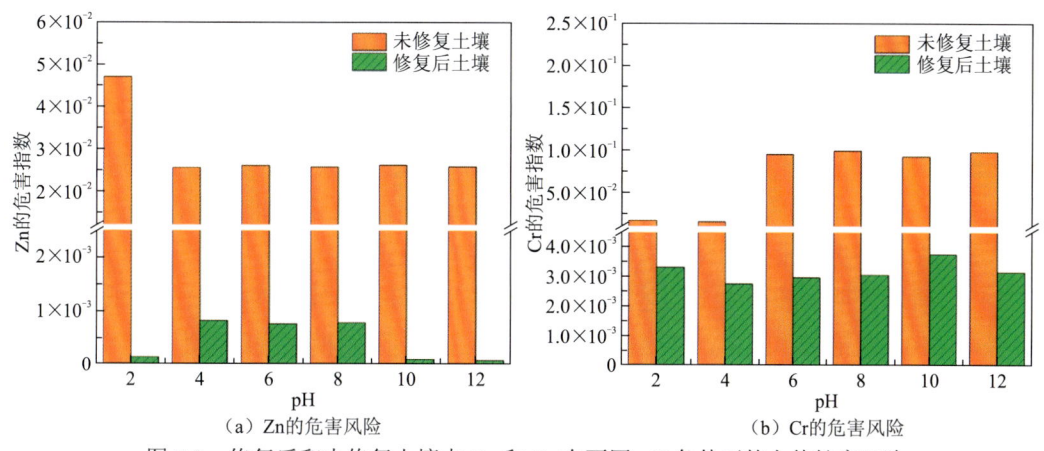

（a）Zn 的危害风险　　　　　　　　　（b）Cr 的危害风险

图 7.9　修复后和未修复土壤中 Zn 和 Cr 在不同 pH 条件下的人体健康风险

经过热固化修复后土壤样品中的 Zn 对人体健康的危害降低为未修复土壤样品的 0.29%～0.38%，Cr 降低到未烧结样品的 27.17%～41.97%。在《建设用地土壤污染风险评估技术导则》（HJ 25.3—2019）中，工业用地场景的参数要求相较于住宅场景更加宽松。因此，在工业用地情景下，重金属污染土壤修复前后的人体健康风险计算结果均会低于居住用地情景。工业用地情景下未修复和修复后土壤样品对 Zn 和 Cr 的生态风险指数分别降低为居住用地情景下的 12.15%和 41.80%。

修复后土壤建材化利用环境风险评估是一个涉及多步骤和多环节的复杂过程，需要综合考虑多种因素和数据。通过本案例的系统分析发现，在建材化利用这一特定场景下，修复后土壤自身理化性质、重金属类型、降雨的 pH 条件等均是影响修复后土壤中重金属可能再次释放到环境中的重要因素。酸性条件下修复后土壤中重金属的释放更易发生，这在酸雨频繁发生的华南地区应当更为重视。通过科学、合理地构建和应用修复后土壤环境风险评估模型，可以有效地评估和管理修复后土壤在建材化利用过程中的环境风险，基于模型评估结果，制定相应的风险控制和管理措施，如优先管理关键风险源、实施有效的风险控制措施、建立风险预警和应急响应机制等，为重金属污染土壤修复后再利用和可持续发展提供有力支持。

7.4 修复后土壤路基下填利用环境风险评估案例

近年来,重金属污染土壤经固化/稳定化修复后作为路基下填利用的方式也逐渐受到关注,相较于修复后土壤制成砖体的建材化再利用方式主要关注地表环境可能产生的生态风险和人体健康风险,修复后土壤作为路基下填后,长期埋藏地下,更容易对地下水产生潜在风险,应当针对地下水风险进行定量评估,这也是修复后土壤路基下填安全再利用的保障。

7.4.1 修复后土壤路基下填利用环境风险产生情景模拟

近年来,工业快速发展和机动车使用量不断增多,向空气中排放大量的 SO_2 和 NO_x 导致酸雨频繁发生。当前世界有三大酸雨区:欧洲、北美和中国,在这三大酸雨区中,我国强酸雨区(pH<4.5)的面积最大,长江以南地区已经成为全球强酸雨中心,强酸雨主要出现在经济更为发达的珠江三角洲和长江三角洲地区。

已有研究表明,酸雨与土壤之间有明显的相互作用,导致土壤酸化作用加剧(张新民 等,2010;赵艳霞和侯青,2008)。钟晓兰等(2009)采用模拟酸雨浸泡 Cd 污染土壤,测定土壤中不同形态 Cd 的含量,结果表明,酸雨浸泡增加了土壤中活性 Cd 的含量,且酸雨酸性越大,Cd 的活动能力越大。Wang 等(2009)指出土壤酸化可导致土壤中重金属元素向土壤水中释放,从而对生态环境造成危害。类似的研究也表明,酸雨增加了土壤中有毒重金属元素的溶解度,使其更易浸出(曾英和王沛东,2009)。随着土壤 pH 的降低,土壤中 H^+ 增多,土颗粒表面负电荷减少,导致土壤对重金属离子的吸附性降低,重金属更容易释放和迁移。因此,酸雨对固化/稳定化修复后重金属污染土壤的影响不容忽视(蒋宁俊 等,2013;Sunil et al.,2006)。酸雨不仅改变了土水反应的化学环境,并且具有较强的腐蚀性,显著提高了土体的化学速率。研究固化/稳定化修复后土壤在酸雨等不同降雨条件作用下的浸出特性和长期环境安全性具有深远的学术价值和社会意义。

在路基下填再利用方面,同样运用高温烧结形成尖晶石结构的方法制备修复后土壤(具体方法见 7.3.1 小节中的热固化修复过程),对修复后土壤路基下填利用环境风险进行情景模拟。通过模拟土柱试验的方法,模拟修复后土壤路基下填再利用时,在自然降雨条件(pH=6.5)和酸雨条件(pH=3.0)下重金属的淋滤释放特征、释放动力学规律、模型预测值及潜在饮用地下水风险,系统分析修复后土壤路基下填再利用时的生态风险和人体健康风险。通过明确路基下填利用情景下不同层位修复后土壤和干净土壤的重金属释放规律和环境风险,为修复后土壤路基下填安全利用和持久稳定性提供一定的科学支撑和理论指导。

淋滤土柱试验装置如图 7.10 所示。淋滤柱高 70 cm,直径 10 cm,分为修复后的土壤和干净土壤两种类型,每种类型包括上、下两层,共 4 层。第 1 层和第 2 层自上而下为热固化技术修复的 Zn 和 Cr 污染土壤,第 3 层和第 4 层为干净土壤。每层设置一个直径为 1 cm 的采样口，便于后续的连续采样。浸出柱的安装采用分层充填的方式。从上到下依次为滤纸层、石英砂层、修复土层、干净土层、石英砂层、滤纸层。滤纸层的作用是过滤淋滤液中的颗粒杂质，而上层石英砂层的作用主要是使溶液均匀地渗透到土壤中，下层石英砂层的作用则是防止土壤颗粒的直接淋滤（Wang et al.，2020c）。

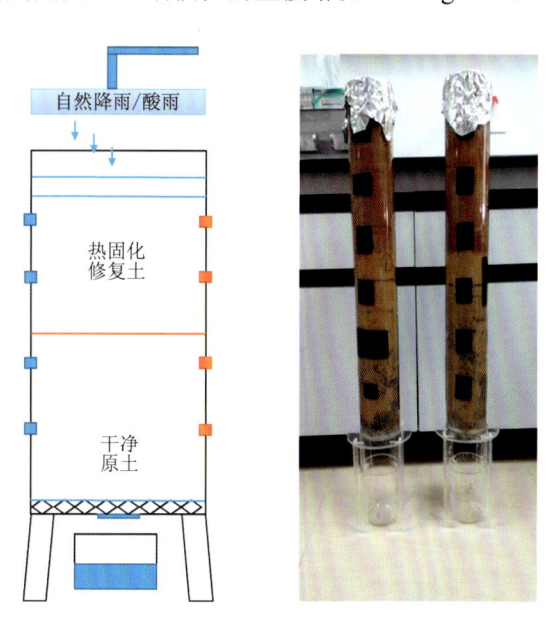

图 7.10 淋滤土柱模型和装置实景图

酸雨主要集中在我国南方地区，主要为硫酸盐和硝酸盐的混合。因此，本试验采用混合硫酸（H_2SO_4）和硝酸（HNO_3）（比例 3∶1），然后用去离子水稀释 pH 分别为 3.0 和 6.5（Li et al.，2015；Huang et al.，2010）。使用极低的 pH（pH=3.0）来代表最恶劣的酸雨环境条件；使用常规 pH（pH=6.5）作为自然降雨条件的代表来设置对照。淋滤前，对柱内土壤用去离子水充分润湿压实，以达到土壤的饱和持水能力，最大限度地模拟土壤的自然状态。试验设置的总浸出量为 2 970 mL，反映场地降雨强度频繁发生。在进行淋滤试验前，土柱需在饱和含水率下保持稳定 4 周。然后将整个试验的淋滤周期设为 56 d，以约 6 cm^3/min 的速度缓慢喷淋 330 mL 浸提剂，直至试验结束（Wei et al.，2017；Xu et al.，2015）。

土壤是一个组成复杂的非均质开放系统，具有较大的缓冲能力。因此，淋滤液的 pH 可以在一定程度上反映土壤对 pH 变化的缓冲能力（Wang et al.，2009）。土柱淋滤液 pH 变化特征如图 7.11 所示。浸出第 1 天，酸雨和自然降雨条件下的淋滤液 pH 分别为 5.28 和 6.33，连续淋滤 56 d 后，pH 分别增加到 6.84 和 7.23。酸雨条件下土柱淋滤液 pH 显著低于自然降雨条件。土柱淋滤液 pH 随淋溶时间的延长而迅速增加，在 2 周后逐渐稳定。土柱淋滤液中 pH 的变化主要是由土壤中交换性碱离子与从淋滤试验开始输入的 H^+ 发生了快速的交换反应导致（Dousova et al.，2016）的。此外，由于淋溶液中含有 SO_4^{2-}，土壤吸附 SO_4^{2-} 后与氧化物表面的羟基进行配位。羟基从土壤表面进入淋滤液，消耗 H^+，所以初始 pH 会增加，但当羟基完成交换后，土柱淋滤液的 pH 则不再上升，趋于平稳（Zhai et al.，2019）。

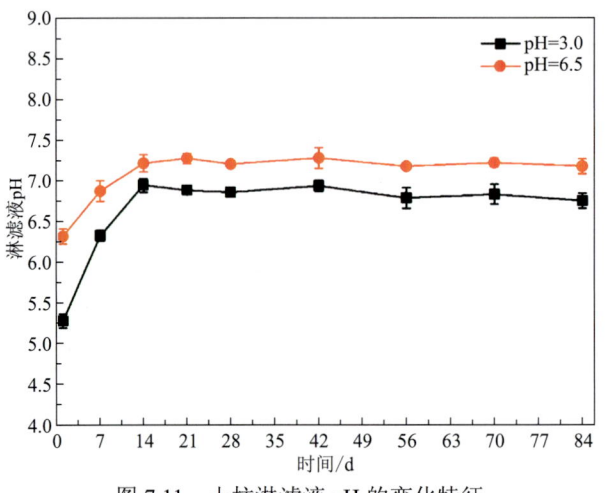

图 7.11 土柱淋滤液 pH 的变化特征

运用室内土柱淋溶试验，分析不同降雨条件对淋滤液 pH、重金属纵向迁移行为及重金属累积释放量的影响，探索降雨淋溶条件下修复后和未修复土壤中重金属的淋溶过程。这一过程本质上是降雨淋溶作用下土柱中重金属的溶解和解吸过程。吸附在土壤表面的交换性金属离子被替换或解吸到水溶液中成为自由离子，最后跟随淋溶液离开土柱体系（Wang et al.，2019；Tabelin et al.，2017；Karami et al.，2011）。

在两种不同 pH 降雨条件下，Zn 和 Cr 的淋滤液浓度均呈现先增加后稳定下降的趋势。淋滤第 7 天时，Zn 的浸出浓度最高，分别为 1.08 mg/L（pH=3.0）和 0.28 mg/L（pH=6.5），而 Cr 的浸出浓度在第 14 天时仍然最高，分别为 0.31 mg/L（pH=3.0）和 0.19 mg/L（pH=6.5）。可以发现，酸雨条件下 Zn 和 Cr 的最大释放浓度显著高于自然降雨条件。酸雨条件下土柱 Zn 和 Cr 的累积释放浓度分别为 4.43 mg/L 和 1.31 mg/L，同样，显著高于自然降雨条件下的 1.00 mg/L 和 0.84 mg/L（图 7.12）。

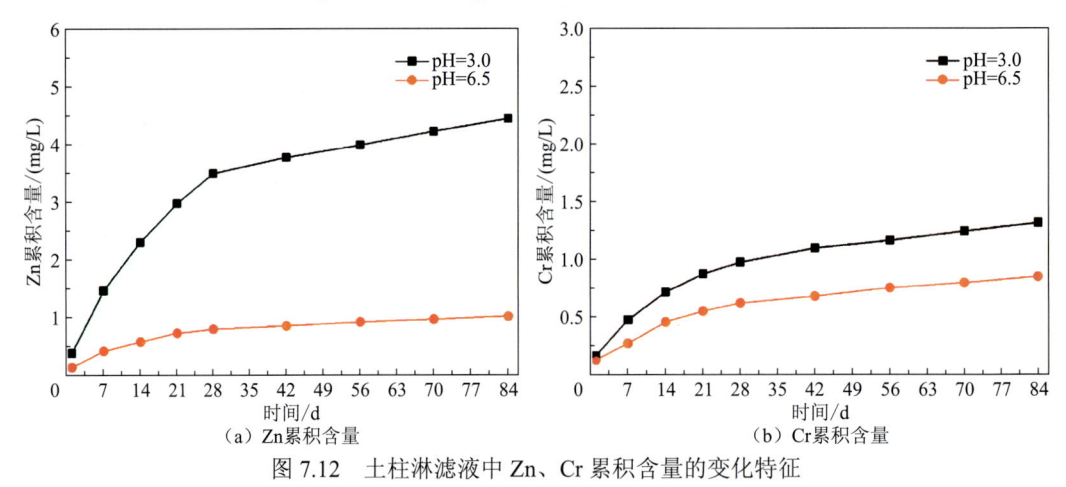

（a）Zn 累积含量

（b）Cr 累积含量

图 7.12 土柱淋滤液中 Zn、Cr 累积含量的变化特征

7.4.2 修复后土壤路基下填利用环境风险评估模型构建

作为一个开放的复杂体系，土柱内发生的所有化学反应都是动态变化的。因此，进

一步以前述结果为基础，对修复后土壤路基下填利用试验设置了 4 个层位，依次观察 Zn 和 Cr 在不同 pH 降雨条件下不同层位的迁移规律。试验结果如图 7.13 所示。在整个浸出释放过程中，随着浸出液体积的增加，Zn 和 Cr 在各层土柱中的释放量呈现出早期快速释放和后期释放溶解两个显著阶段。修复后土壤的上层 Zn 和 Cr 的最高浸出浓度分别为 3.84 mg/L 和 0.54 mg/L（pH=3.0）、0.63 mg/L 和 0.09 mg/L（pH=6.5），修复后土壤的下层 Zn 和 Cr 的最高浸出浓度分别为 2.82 mg/L 和 0.73 mg/L（pH=3.0）、0.51 mg/L 和 0.12 mg/L（pH=6.5）。

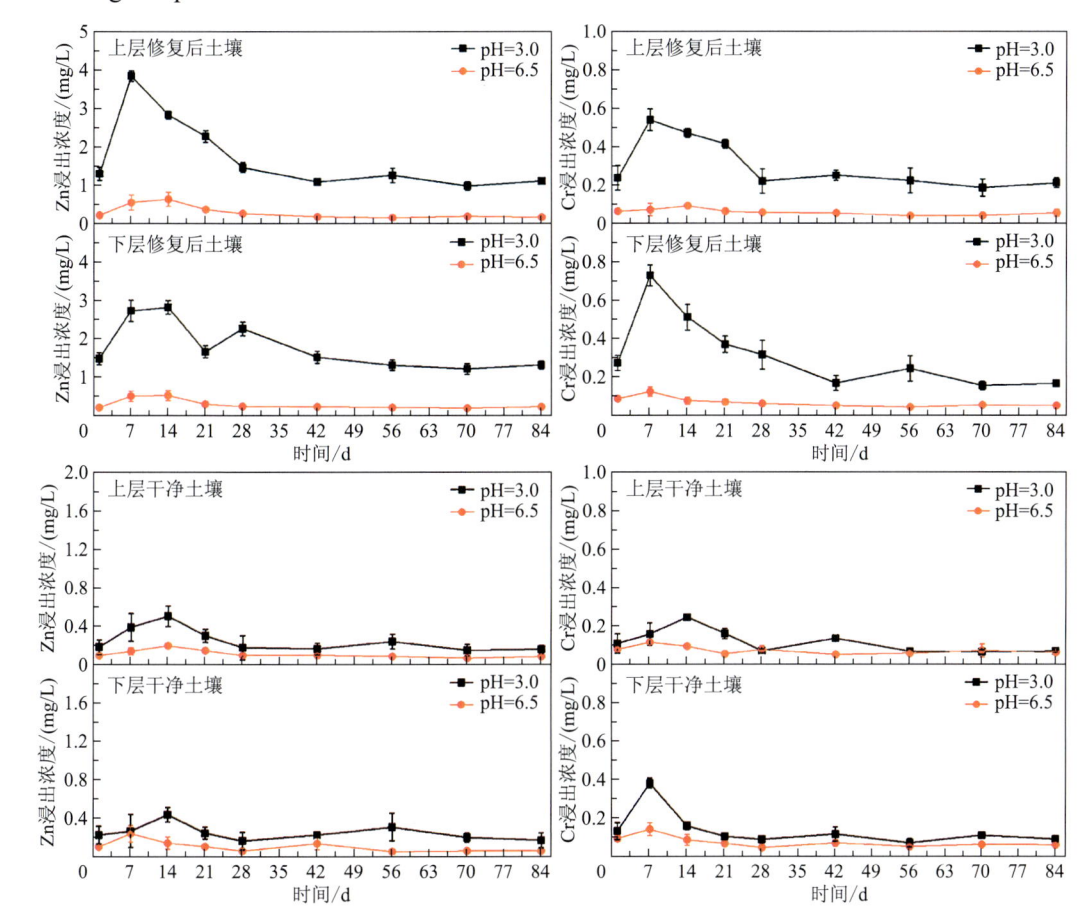

图 7.13 不同 pH 降雨条件下 4 层土柱 Zn 和 Cr 浸出浓度的变化特征

干净土层中 Zn 和 Cr 的最大浸出浓度显著低于修复土层，其中上层 Zn 和 Cr 的浸出浓度分别为 0.50 mg/L 和 0.24 mg/L（pH=3.0）、0.18 mg/L 和 0.11 mg/L（pH=6.5），下层 Zn 和 Cr 的浸出浓度分别为 0.43 mg/L 和 0.38 mg/L（pH=3.0）、0.23 mg/L 和 0.14 mg/L（pH=6.5）。浸出 14 d 后，各层淋滤液浓度逐渐趋于稳定，上层土壤中 Zn 和 Cr 的平均浓度略低于下层土壤。相较于自然降雨条件，酸雨条件下 Zn 和 Cr 的释放量在上层和下层土壤均显著高于自然降雨条件，表明酸雨条件更利于修复后和未修复土壤中重金属的释放。由于修复后和未修复土壤自身孔隙的吸附作用，土柱中上层土壤的 Zn 和 Cr 浓度均要略高于下层土壤。不同 pH 降雨条件在一定程度上控制了 Zn 和 Cr 的释放量和时间。利用化学动力学方法进一步研究淋溶条件下 Zn 和 Cr 的累积释放过程，可为土柱中 Zn

和 Cr 的释放规律提供依据。目前,常用的描述土壤化学过程动力学的数学模型有一级动力学方程模型、Elovich 方程模型和双常数速率方程模型(Inyang et al.,2016;Jalali and Khanlari,2008)。具体来说,一级动力学模型主要用于描述化学反应过程中反应物质的衰变过程;Elovich 模型主要用于土壤污染物吸附解吸和淋溶释放过程的动力学研究;双常数速率模型则更适用于描述能量分布不均匀的反应过程,且适用于反应较为复杂的动力学过程。

一级动力学模型:
$$\ln y = a + bx \tag{7.23}$$

Elovich 模型:
$$y = a + b\ln x \tag{7.24}$$

双常数速率模型:
$$\ln y = a + b\ln x \tag{7.25}$$

式中:y 为累积体积为 x 时的重金属累积释放量;a 和 b 是常数。

通过以上三个动力学方程拟合修复后土壤层和干净土壤层 Zn 和 Cr 的累积释放量,可以发现,双常数速率模型能更好地模拟累积释放 Zn 和 Cr 的浸出过程。其中 Zn 的 R^2 值为 0.964~0.991、Cr 的 R^2 值为 0.960~0.998(表 7.6)。

表 7.6 模拟降雨淋溶条件下不同层位土壤 Zn 和 Cr 释放动力学拟合结果

土壤层位	pH	重金属	一级动力学模型 a	b	R^2	Elovich 模型 a	b	R^2	双常数速率模型 a	b	R^2
上层修复后土壤	3.0	Zn	0.021	1.416	0.565	3.445	-0.024	0.966	0.564	0.442	0.969
	3.0	Cr	0.021	-0.403	0.617	0.585	-0.055	0.946	0.556	-1.338	0.984
	6.5	Zn	0.021	-0.397	0.557	0.579	-0.018	0.960	0.576	-1.397	0.964
	6.5	Cr	0.020	-2.037	0.715	0.108	-0.009	0.908	0.497	-2.822	0.989
下层修复后土壤	3.0	Zn	0.022	1.329	0.662	3.466	-0.582	0.925	0.552	0.426	0.991
	3.0	Cr	0.020	-0.208	0.566	0.621	0.054	0.971	0.532	-1.126	0.969
	6.5	Zn	0.022	-0.518	0.603	0.540	-0.062	0.950	0.574	-1.490	0.980
	6.5	Cr	0.018	-1.726	0.689	0.118	0.024	0.938	0.444	-2.441	0.997
上层干净土壤	3.0	Zn	0.022	-0.665	0.605	0.476	-0.066	0.944	0.579	-1.643	0.977
	3.0	Cr	0.021	-1.333	0.633	0.227	-0.020	0.936	0.540	-2.229	0.977
	6.5	Zn	0.022	-1.561	0.652	0.195	-0.034	0.925	0.558	-2.477	0.982
	6.5	Cr	0.020	-1.842	0.708	0.122	0.001	0.915	0.481	-2.609	0.998
下层干净土壤	3.0	Zn	0.022	-0.722	0.718	0.461	-0.105	0.894	0.538	-1.570	0.987
	3.0	Cr	0.018	-1.001	0.560	0.243	0.068	0.981	0.486	-1.842	0.960
	6.5	Zn	0.041	1.573	0.730	0.180	0.031	0.972	0.497	-2.215	0.976
	6.5	Cr	0.017	-1.671	0.685	0.121	0.030	0.942	0.437	-2.378	0.997

双常数速率方程模型已被广泛用于描述各种重金属的吸附和解吸动力学过程。动力学方程拟合结果表明，Zn、Cr 在土柱中淋溶释放不是单一的反应过程，而是活化能变化较大的复杂反应过程（Guo et al.，2019；Wu et al.，2009；Cheung et al.，2000）。通常情况下，双常数速率方程的斜率 b 值表示 Zn 和 Cr 从固相向液相的扩散速率。当 b 值越大时，重金属的扩散速率越快。在修复后土壤和清洁土壤中，酸雨条件下 Zn 和 Cr 的扩散速率显著高于自然降雨，上层略高于下层。这也说明酸性较强更有利于 Zn 和 Cr 的扩散，且随着纵向迁移距离的增加，扩散速率逐渐减缓。

修复后土壤中重金属的长期释放行为和释放量是修复后土壤能否被再次安全利用的关键因素。不同重金属元素在模拟降雨淋溶条件下具有不同的纵向迁移能力，不同深度的重金属浓度也存在差异。土柱内修复后土壤和干净土壤各层 Zn 和 Cr 的释放主要受扩散释放控制。为了掌握修复后土壤在使用寿命和实际应用过程中的 Zn 和 Cr 释放情况，有必要建立重金属释放模型。扩散系数可以表征物质的扩散能力，是建立 Zn 和 Cr 释放模型的关键。根据菲克定律，扩散系数是指在单位时间、单位浓度梯度下，单位面积内沿扩散方向传递的物质的质量（Pauletto et al.，2020；Inglezakis et al.，2018）。Zn 和 Cr 的扩散系数（D^{obs}）为各浸出阶段扩散系数的算术平均值，而扩散系数负对数（pD^{obs}）可用来表征重金属在不同土层中的溶解速率。具体计算公式如下。

$$M_i = \frac{C_i \times V_i}{A} \tag{7.26}$$

$$D_i^{obs} = \pi \left[\frac{M_i}{2 \times \rho \times Q_0 \times (\sqrt{t_i} - \sqrt{t_{i-1}})} \right]^2 \tag{7.27}$$

$$D^{obs} = \frac{1}{n} \times \sum_{i=1}^{n} D_i^{obs} \tag{7.28}$$

式中：M_i 为在一定的浸出时间间隔内单位面积重金属的浸出质量，m²/s；C_i 为浸出液中重金属的浓度，mg/L；V 为浸出液体积，L；A 为土柱浸出港面积，m²；D_i^{obs} 为第 i 阶段重金属浸出扩散系数，mg/m²；M_i 为第 i 阶段重金属浸出量，mg/m²；Q_0 为试验土壤中重金属的初始浓度，mg/kg；ρ 为测试土壤的密度，kg/m³；t_i 和 t_{i-1} 分别为第 i 阶段和第 $i-1$ 阶段结束时的时间，s。

根据式（7.28）可以计算出土柱中 Zn 和 Cr 的释放速率。进一步参考欧盟国家建筑材料环境安全评价标准[建筑产品 CPR（Construction Product Regulation，No.305/2011/EU）法规]分析，当 pD^{obs}≤11 时，为高扩散速率水平，当 11<pD^{obs}<12.5 时，为平均扩散速率水平，当 pD^{obs}≥12.5 时，为低扩散速率水平（刘继东等，2017）。结果表明，当 pH 为 6.5 时，Zn 和 Cr 在修复后土壤中的扩散速率均处于高扩散速率水平，而当 pH 为 3.0 时，Zn 在修复后土壤的上、下层均处于平均扩散速率水平。总体而言，修复后土壤的扩散速度要快于干净土层，Zn 在修复后土层和干净土层的扩散速度都要快于 Cr。同时，pH 条件也会影响 Zn 和 Cr 的扩散速率，酸雨条件下 Zn 和 Cr 的扩散速率明显快于自然降雨条件（表7.7）。

$$M_{mass} = 2 \times \frac{S}{V} \times C_0 \times \left(\frac{D^{obs} \times t}{\pi} \right)^{1/2} \tag{7.29}$$

式中：M_{mass} 为在时间 t 内单位质量修复土壤重金属累积释放量，mg/kg；S 为修复土壤表面积，m²；V 为修复后土壤体积，m³；C_0 为修复后土壤重金属的初始浓度，mg/kg。

表 7.7 模型预测 Zn 和 Cr 的扩散速率及预测值

土壤层位	pH	重金属	扩散系数（D^{obs}）/(m²/s)	扩散系数负对数（pD^{obs}）	预测 15 年后释放量/(mg/kg)
上层修复后土壤	3.0	Zn	7.64×10⁻¹²	11.12	28.79
		Cr	1.15×10⁻¹³	12.94	5.13
	6.5	Zn	2.46×10⁻¹³	12.61	4.93
		Cr	4.58×10⁻¹⁵	14.34	1.04
下层修复后土壤	3.0	Zn	9.19×10⁻¹²	11.04	31.96
		Cr	1.20×10⁻¹³	12.92	5.07
	6.5	Zn	2.02×10⁻¹³	12.69	4.78
		Cr	4.69×10⁻¹⁵	14.33	1.06
上层干净土壤	3.0	Zn	2.30×10⁻¹³	12.64	4.95
		Cr	2.63×10⁻¹⁴	13.58	2.34
	6.5	Zn	4.06×10⁻¹⁴	13.39	2.12
		Cr	7.82×10⁻¹⁵	14.11	1.36
下层干净土壤	3.0	Zn	2.25×10⁻¹³	12.65	5.14
		Cr	1.96×10⁻¹⁴	13.71	2.19
	6.5	Zn	2.33×10⁻¹⁴	13.63	1.61
		Cr	6.18×10⁻¹⁵	14.21	1.24

7.4.3 修复后土壤路基下填利用的地下水风险

以修复后土壤作为路基下填利用情景为例，进一步明确土壤修复后土壤再利用过程中 Zn 和 Cr 的释放浓度，建立有效的修复后土壤重金属释放模型。选择以扩散为主要释放机制的模型，对修复后土壤和清洁土壤中 Zn 和 Cr 的长期释放规律进行模拟。该模型是基于菲克扩散第二定律的一维扩散模型，目前广泛用于预测扩散控制的释放量（Torras et al.，2011；Malviya and Chaudhary，2006）。

根据淋滤土柱中 Zn 和 Cr 释放量预测模型，可以预测修复后土壤中 Zn 和 Cr 的长期释放量。采用预测模型模拟修复后土壤在使用 15 年后 Zn 和 Cr 的释放量。结果表明，酸雨条件下 Zn 和 Cr 的累积释放速率显著高于自然降雨条件。Zn 的最大释放量为 31.96 mg/kg，Cr 的最大释放量为 5.13 mg/kg。在酸雨条件下，清洁土层在 15 年后仍保持低释放浓度，其中 Zn 为 5.14 mg/kg，Cr 为 2.34 mg/kg。高温固化修复后的土壤重新用作路基下填材料，经雨水淋滤后，修复后土壤中的重金属会随雨水溶解，然后扩散到地下水中。Zn 和 Cr 进入地下水后，其浓度会被一定程度地稀释。

重金属向地下水的迁移包括两个过程。首先，路基材料中的重金属被雨水淋溶到地下水中，然后进入地下水的重金属随着地下水的流动扩散到取水井中。因此，可以用下式计算地下水中 Zn 和 Cr 的浓度：

$$C_{gw} = C_{sw} \times \text{NAF} \tag{7.30}$$

$$NAF = LF \times DAF \quad (7.31)$$

$$LF = \frac{\rho_b}{(H' \times \theta_{as} \times \theta_{ws} + K_d \times \rho_b) \times \left(1 + \dfrac{U_{gw} \times \delta_{gw}}{I_f \times W_{gw}}\right)} \times \frac{L_1}{L_2} \quad (7.32)$$

式中：C_{gw} 为地下水中污染物浓度，mg/L；C_{sw} 为污染源污染物含量，mg/kg；NAF 为自然衰减系数，kg/L；LF 为土壤淋溶稀释系数；DAF 为地下水稀释衰减系数，只考虑土壤的淋溶稀释，分析重金属对正下方地下水的影响，故 DAF=1。根据上述参数，计算 Zn、Cr 淋滤液向地下水运移过程的浸出稀释系数，$LF_{Cr}=8.69\times10^{-3}$，$LF_{Zn}=9.22\times10^{-3}$。饮用水地下水风险计算的相关参数见表 7.8。

表 7.8 饮用地下水风险计算的相关参数

参数	定义	单位	参考值
ρ_b	土壤密度	kg/dm³	2.65
H'	亨利常数	—	0
θ_{as}	土壤非饱和层含空气比例	—	0.12
θ_{ws}	土壤非饱和层含水比例	—	0.26
$K_d(Zn)$	Zn 在土壤和水中的分配系数	cm³/g	1.2
$K_d(Cr)$	Cr 在土壤和水中的分配系数	cm³/g	1.28
U_{gw}	地下水孔隙速率	cm/a	2 500
δ_{gw}	地下水混合区厚度	m	0.2
I_f	土壤渗透率	cm/a	1.87
W_{gw}	污染源宽度	m	40
L_1	道路厚度	m	0.52
L_2	地下水埋深	m	5
$GWCR_a$	成人每日饮水量	L/d	1
EF_a	成人暴露频率	d/a	250
BW_a	成人平均体重	kg	61.8
AT_{nc}	非致癌效应平均时间	d	9 125

由于重金属属于非气态污染物，参照《建设用地土壤污染风险评估技术导则》（HJ 25.3—2019）相关标准，计算修复后土壤中重金属可能存在的饮用地下水风险。针对单一污染物的非致癌作用，考虑对成人的危害，可采用下式计算饮用地下水途径对应的地下水暴露量：

$$CGWER_{nc} = \frac{GWCR_a \times EF_a \times ED_a}{BW_a \times AT_{nc}} \quad (7.33)$$

$$HQ_{cgw} = \frac{CGWER_{nc} \times C_{gw}}{RfD_0 \times WAF} \quad (7.34)$$

式中：ED_a 为成人暴露期，a；HQ_{cgw} 为饮用水地下水途径危害；C_{gw} 为地下水中污染物浓度，mg/L；RfD_0 为口服参考剂量，mg/kg/d；WAF 为接触水的参考剂量分配比。

以 15 年为计算年限,不同 pH 降雨条件下不同层位土壤中 Zn 和 Cr 的饮用地下水风险计算结果表明,酸雨条件下饮用地下水 Zn 和 Cr 的最大风险分别为 $5.97×10^{-6}$、$1.80×10^{-7}$,远高于自然降雨条件下 Zn 和 Cr 的最大风险,分别为 $9.20×10^{-7}$、$3.73×10^{-8}$。干净土层饮用地下水的风险远低于修复土层,酸雨条件下 Zn 和 Cr 的风险分别为 $9.59×10^{-7}$ 和 $8.23×10^{-8}$,自然降雨条件下 Zn 和 Cr 的风险分别为 $3.96×10^{-7}$ 和 $4.78×10^{-8}$(图 7.14)。地下水风险计算结果显示,酸雨条件和自然降雨条件下淋滤 15 年后,修复后土壤和干净土壤中地下水的饮用风险均处于安全水平,表明经热固化技术修复后的重金属污染土壤作为路基下填再利用时具有长期稳定性。

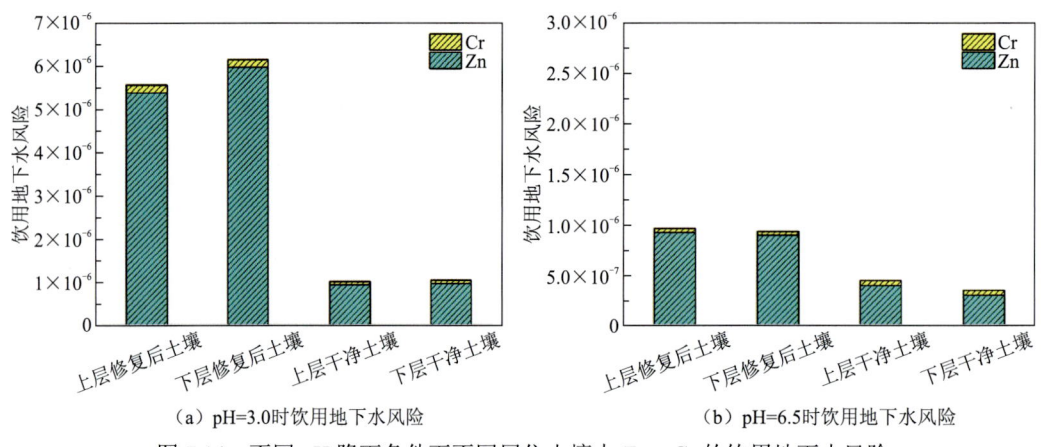

图 7.14 不同 pH 降雨条件下不同层位土壤中 Zn、Cr 的饮用地下水风险

修复后土壤路基下填再利用的地下水风险评估是一个至关重要的环节,它涉及环境保护、公共安全和工程质量等多个方面。在进行修复后土壤中重金属的地下水风险评估时,需要考虑的关键步骤和因素包括数据收集与分析、风险识别与评估、地下水流动与污染物传输模拟、风险评估结果解读与应对及公众参与沟通等。通过本案例分析可以发现,修复后土壤作为路基下填利用方式可行且具有长期的稳定性,修复后土壤自身理化性质,重金属类型,降雨的时间、频率和 pH 等均是修复后土壤路基下填利用时重金属可能再次释放到环境中的主要影响因素。通过科学、系统地评估和管理风险,可以确保地下水安全,保护环境和公共健康。

第 8 章 场地重金属污染土壤资源化利用技术案例应用

近年来，我国各地相继实施了大规模的土壤重金属污染修复工程，并取得了显著的修复效果。这些工程的成功实施为解决土壤重金属污染问题提供了有力的技术支持和修复经验。尤其在土壤环境质量方面，全国范围内受污染耕地安全利用率和污染地块安全利用率均已超过 90%，成功实现了《土壤污染防治行动计划》所设定的目标。虽然目前我国已取得了重金属污染土壤修复的显著成果，但关于规模化污染土壤资源化利用示范工程案例的详细介绍相对较少。因此，本章选取两个重金属污染场地土壤修复工程实施案例，详细介绍重金属高温结构化固定技术在污染场地修复中的应用，旨在为重金属污染土壤修复提供工程借鉴。

8.1 广东某地块重金属污染修复工程

广东某项目用地原为某钢厂关停后的遗留地块，在进行开发前，首先由业主委托相关机构对建设项目进行环境影响评价，进一步在前期调查报告基础上，由某专业机构对该地块进行了加密布点调查，确定该地块重金属 Zn、Cd、Ni 超过《土壤环境质量 建设用地土壤污染风险管控标准（试行）》（GB 36600—2018）二级标准，二次开发存在一定的环境风险。某土壤修复专业机构受业主委托，经过多方调研、技术方案对比，在实验室理论可行性试验和场地污染土壤小试结果的基础上，建议采用向重金属超标土壤添加固化剂高温制砖固定重金属的技术方案，对超标土壤进行处置。业主委托广州某砖厂，对重金属超标土壤进行高温处置，共烧制 100 万块烧结砖。

经高温处置后，《固体废物 浸出毒性浸出方法 硫酸硝酸法》（HJ/T 299—2007）毒性浸出检验结果表明，烧结砖浸出液中三种重金属均未检出；同时，采用美国环境保护署基于毒性对废物进行危险或非危险性鉴别的 TCLP（US EPA 1311）毒性浸出方法，评价重金属超标土壤制备的烧结砖在长期使用过程中的重金属安全性。对重金属超标土壤制备的烧结砖成品采用《烧结普通砖》（GB/T 5101—2017）和《建筑材料放射性核素限量》（GB 6566—2010）行业标准进行第三方检测。结果表明，所获得的烧结砖成品符合普通砖抗压强度的标准，并且砖体中所含的放射性核素含量低于行业标准值。

8.1.1 污染概况

建设项目规划总用地为 433 263 m^2，建设拟分三期进行。该建设项目为首期建设内容，首期规划总用地面积为 179 529 m²。长期的冶炼、烧结、废钢堆积等过程，使该钢厂地块土壤存在一定程度的重金属污染。为切实保障潜在居民的身体健康，并进一步科学精确地调查和陈述拟开发场址土壤质量状况，准确界定土壤重金属含量超标的区域及土方量。受业主委托，广东某专业机构对土壤重金属含量超标地块进行了加密布点调查，确定该地块重金属 Zn、Cd、Ni 含量超过《土壤环境质量 建设用地土壤污染风险管控标准（试行）》（GB 36600—2018）二级标准，确定需要处置的污染土壤的土方量为 320 m³。

8.1.2 处置方案简介

前期调查结果显示，该地块土壤属于华南地区常见的红壤，黏性较大，有一定含砂量，具有较高的氧化铁含量，适合作为砖体烧制原料。综合了工程实施单位（制砖企业）的生产流程及工艺要求，对超过《土壤环境质量 建设用地土壤污染风险管控标准（试行）》（GB 36600—2018）二级标准的 320 m³ 土壤，采用异位处置方法。采取利用添加黏土的制砖窑高温焙烧固定重金属的方法处置污染土壤，焙烧获得的砖体采用毒性淋滤试验和多级提取程序评价其固定重金属的浸出风险。在污染土壤土方量少、重金属污染物浓度相对较低、项目建设任务紧迫的情况下，异位重金属污染土壤高温结构化固定重金属方案以相对较低的修复费用、较短的处置时间完成了某钢厂超标土壤的安全处置任务，实现了"无二次污染、无污染转移、废物资源化利用"的修复目标。

8.1.3 重金属结构化固定理论可行性试验

前期调查结果显示，该污染地块土壤中的超标重金属包括 Cd、Zn、Ni，这些重金属一般以二价金属阳离子的形式存在于自然环境中。为了确保所选的高温结构化固定修复方案对这几种目标污染重金属在理论上可行，能够形成稳定的晶体结构，有效地将重金属固定在结构中，进行重金属结构化固定理论可行性试验。选取 Ni 为目标重金属，利用 NiO 模拟 Ni 污染土壤，采用高岭土作为固化剂，验证在高温处置过程中纯相 NiO 中重金属 Ni 的固定机制。

试验过程如下：①分析高岭土中 Al 的含量，将 NiO 与高岭土按照 Ni：Al=1：2 的比例混合；②将混合物放入球磨体中，加入一定量的水，形成水浆状，在球磨体中混合 18 h，使其充分混合；③混合物干燥后在压片机中以 650 MPa 压力压制成直径 20 mm、高度 5 mm 的柱状体；④将柱状体转移至高温炉，在设置目标温度下，煅烧柱状体 3 h，然后自然冷却至室温；⑤煅烧后的柱状体经玛瑙研钵研磨至粒径小于 10 μm 的粉末；⑥粉末经 XRD 表征其晶体结构；⑦粉末同时按照美国环境保护署 TCLP 标准流程（Method 1311），利用冰醋酸（pH=2.9）溶液在翻转式振荡器对过筛后的烧结体粉末在 25 ℃下恒温振荡提取，分析固定后烧结体中重金属的浸出情况（试验中浸出液为 10 mL，固体粉末为 0.5 g）。

不同煅烧温度下烧结体的 XRD 结果（图 8.1）显示，以高岭土为基质的重金属固化在 900 ℃时开始出现含 Ni 尖晶石结构，随着煅烧温度的升高，含 Ni 尖晶石结构在烧结材料中的比例逐渐增加。当煅烧温度超过 1 100 ℃时，尖晶石结构在烧结材料中占据较高比例，表明 Ni 主要以尖晶石结构存在。当煅烧温度达到 1 300 ℃时，NiO 结构完全消失，除了高岭土中本身含有的 SiO_2，Ni 完全以含镍尖晶石结构的形式存在。研究结果表明，高岭土对重金属 Ni 具有有效固定作用，在高温处置后，重金属 Ni 以尖晶石结构固定在烧结材料中。

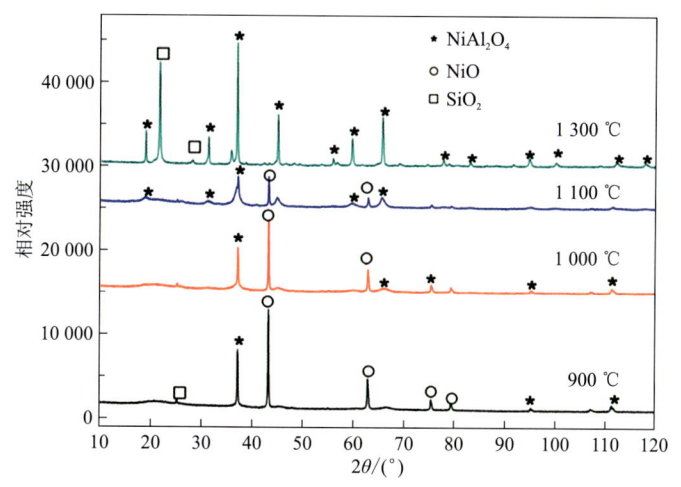

图 8.1　NiO 与高岭土混合压制后在不同温度下煅烧 3 h 后的 XRD 图谱

为了验证 NiO 固定后的烧结体在长期环境暴露过程中 Ni 的浸出风险，采用 TCLP 毒性浸出程序研究烧结体中 Ni 的浸出过程，结果如图 8.2 所示。由图可知，NiO 中 Ni 的浸出浓度极高，在反应 7 d 后，浸出液中 Ni 的浓度达到 2 000 mg/L 以上。而经过高温处理的烧结体，Ni 的浸出浓度相比相同条件下 NiO 中 Ni 的浸出浓度要低很多。并且 Ni 的浸出在反应第 1 天即达到平衡，在后续的浸出过程中几乎没有新的 Ni 浸出，表明烧结体中的含 Ni 尖晶石能在长时间的淋洗过程中保持稳定，并且在 pH 为 2.9 的酸性条件下 Ni 的浸出风险较低。上述结果说明，以高岭土为基质的 NiO 高温固定体在长期环境暴露中 Ni 的浸出率低，能够安全存在于环境中。

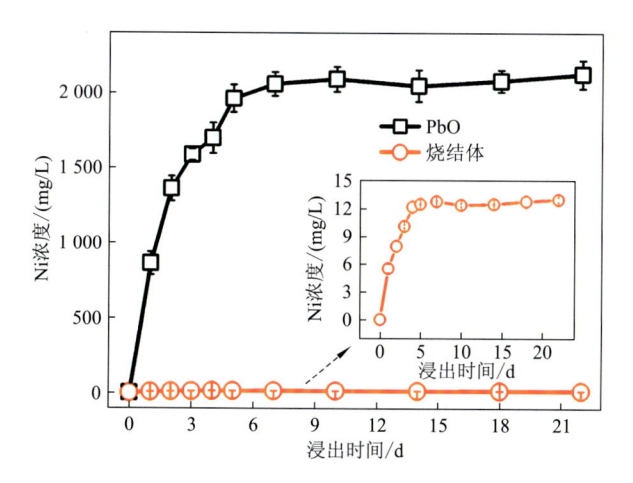

图 8.2　以高岭土为基质的 NiO 高温固定体的 TCLP 浸出试验结果

浸出液为 pH=2.9 的醋酸溶液

8.1.4　基于黏土的重金属固定小试试验

通过前期的重金属结构化固定可行性试验可知，经过高温结构化处置，高岭土能有效将 NiO 固定在含 Ni 尖晶石中。为了进一步验证该高温结构化处置方案是否适用于本地块中实际污染土壤，以及优化原材料配比，调整高温处置工艺，进行基于黏土的某钢厂重金属污染土壤的重金属固定小试试验。

采集污染地块中 Zn、Cd 超过《土壤环境质量 建设用地土壤污染风险管控标准（试行）》（GB 36600—2018）二级标准的土壤，选用广州市某砖厂提供的富含高岭土的黏土及粉煤灰（制砖内燃物）为固定基质。考虑到合作企业配方工艺的实际情况，将黏土与粉煤灰的比例设置为材料厂制砖工艺中的最佳配方 2∶1，污染土壤与黏土和粉煤灰总量的比例设置为 1∶2、1∶3、1∶4 和 1∶5。在设定好比例的情况下，按照基于黏土的重金属结构化固定理论可行性试验相同的试验程序进行试验。综合考虑制砖企业烧结工艺和基于黏土的理论可行性试验结果，将煅烧温度设定为 1 000 ℃。

污染土壤与黏土和粉煤灰总量比例为 1∶2 混合粉碎后，煅烧前后材料的 XRD 图谱如图 8.3 所示。在土壤、黏土、粉煤灰的混合物中，虽然重金属 Zn、Cd、Ni 含量超标，但是其含量仍然低于 1/1 000，因此，烧结后的 XRD 图谱中观察不到含上述三种重金属的尖晶石或长石结构的特征。其他不同混合比例样品的 XRD 图谱呈现相似的情况。但是，根据前期的理论试验结果可以推测出，在烧结体中，由于重金属的量远远低于黏土中高岭土的含量，土壤中重金属可以以尖晶石或长石结构完全固定在烧结材料中。

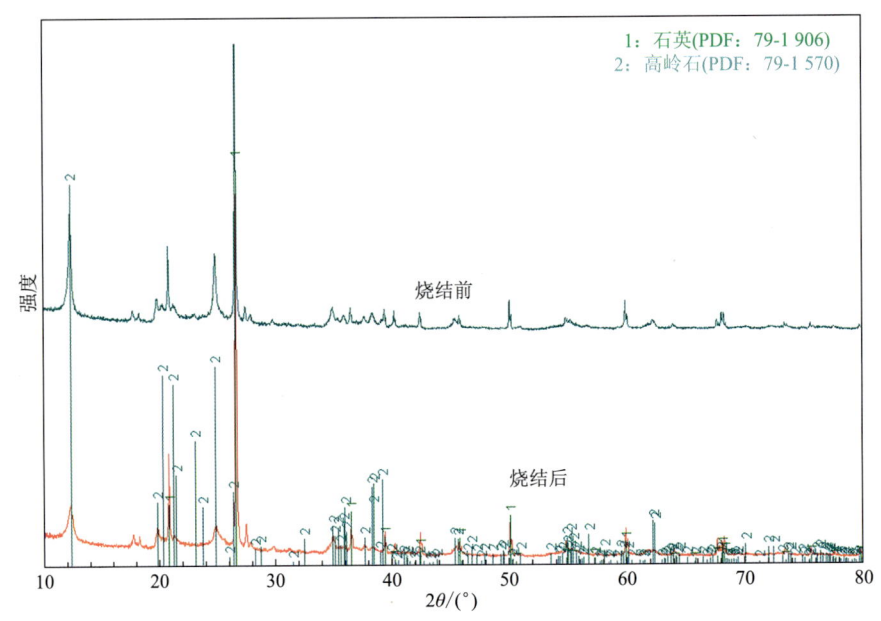

图 8.3　1 100 ℃条件下煅烧前后材料的 XRD 图谱

采用毒性淋滤试验来评价烧结固定后材料中重金属浸出的可能性，在试验中以重金属污染原土作为对照。图 8.4 为浸出试验中 Zn、Cd 在浸出液中的浓度。从结果可以看出，未经处理的污染土壤，经酸浸后溶液中 Zn、Cd 后期稳定浓度分别达到 1.3 mg/L、

0.021 mg/L，超过了《地表水环境质量标准》（GB 3838—2002）中 III 类水标准值。而在黏土固定烧结后样品的酸液浸出试验中，当污染土壤与黏土和粉煤灰总量的比例为 1∶2 时，Zn、Cd 后期稳定浓度分别为 0.042 mg/L、0.000 4 mg/L，达到 I 类地表水标准。当污染土壤与黏土和粉煤灰总量的比例为 1∶3、1∶4 和 1∶5 时，两种重金属在浸出液中的浓度均在检测限以下。上述结果说明，该地块重金属污染土壤经固化剂固定烧结后，重金属在烧结体中以矿物晶体结构的形式稳定存在，烧结体在长期环境暴露中重金属浸出风险极低。

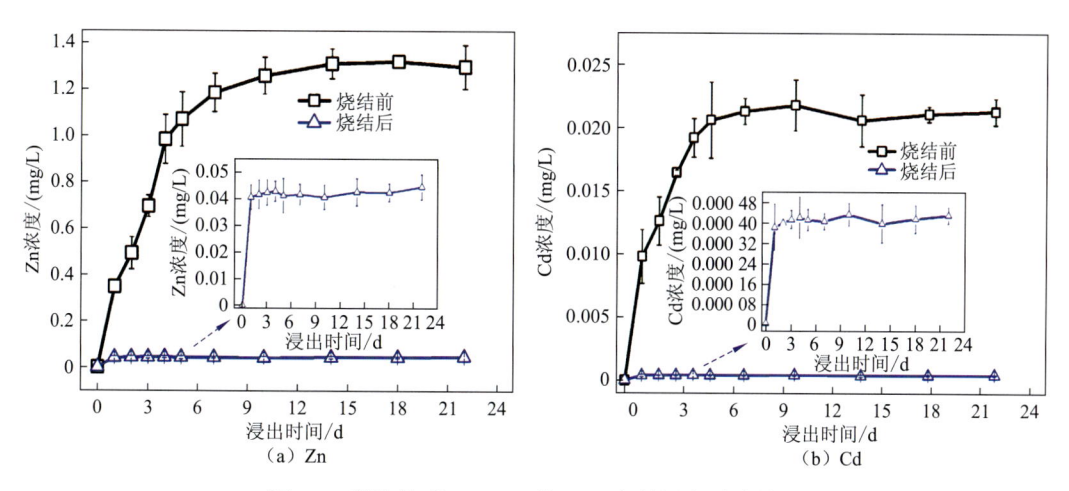

图 8.4 煅烧前后 Zn、Cd 的 TCL 翻转浸出试验结果

上述小试试验结果显示，结合工程实施合作某砖厂的制砖参数配方，以黏土和粉煤灰为基质可对地块污染土壤中的超标重金属进行有效固定。在污染土壤与黏土和粉煤灰总量的比例为 1∶2 时，经压实成砖 1 000 ℃ 烧结后，翻转浸出液中两种重金属的浓度均能达到 I 类地表水标准，而比例为 1∶3、1∶4 和 1∶5 时，浸出液中三种重金属的浓度更是低于仪器的检测限。因此，以污染土壤与黏土和粉煤灰烧制成的砖可作为主体建筑和园林路基砖体材料使用，可能的雨淋过程产生的浸出液符合 I 类地表水标准，无重金属毒害性。根据制砖过程的成本及尽可能减少处理量的原则，在材料厂进行规模处理时，建议将污染土壤与黏土和粉煤灰总量的比例设定在 1∶2 以上，煅烧温度设置为 1 000 ℃ 或以上。

8.1.5 工程实施流程

1. 土壤挖掘、运输及储存

污染地块开发前的现场情况如图 8.5 所示。在挖掘的土壤中，建筑垃圾（混凝土、碎石块、砖块等）及少量的植物根系等残体不做分离，与重金属超标土壤一起进入后续处置工艺流程。在广州市某砖厂腾出适宜的重金属超标土壤储存仓库之前，由业主方在场地范围内选择空旷地块，对地面进行水泥固化后，砖砌并水泥密封高度为 1.8 m、边长为 20 m 的密闭重金属超标土壤临时储存仓库。重金属超标土壤经挖掘转移至临时

图 8.5　某钢厂地块开发前现场情况

仓库后，顶盖采用厚度为 2 mm 的油毡布覆盖，避免在临时堆放过程中可能发生雨水冲淋。

用挖掘机将临时储存仓库中的重金属超标土壤铲装到带防护盖的自卸车上，自卸车装载的污染土壤不高于车厢的高度，并在装载完成后及运输过程中关上防护盖，以防运输过程中泄漏。自卸车将污染土壤运输至工程实施合作砖厂，用自卸输送带将污染土壤卸运至密闭的专用堆场内。运输用装卸车及运输过程现场如图 8.6 所示。

图 8.6　运输用装卸车及运输过程现场

运输至合作砖厂的重金属超标土壤，在厂区专用的储存仓库储存。仓库由顶棚覆盖，覆盖面积约 400 m^2。目标处土壤堆放于仓库中心位置，避免在储存过程中与雨水接触。重金属超标土壤存放仓库与该厂制砖破碎机入口距离约 10 m，可由自动传送带运送至破碎机，经破碎后进入制砖工艺流程。材料厂重金属超标土壤堆放及位置现场如图 8.7 所示。

图 8.7 重金属超标土壤堆放及位置现场

2. 污染土壤制砖工艺流程概述

结合前期的小试试验和合作砖厂的实际工艺流程，重金属污染土壤的高温结构化固定处置方案为：首先将重金属污染土壤与制砖生料充分混合，并通过压制成砖形，然后进行自然干燥，最后在制砖窑中进行高温煅烧，使其成为砖体。在这个过程中，污染土壤中的重金属与配方黏土充分接触，并在 1 000 ℃以上的高温下以熔融状态反应，使重金属以尖晶石或长石晶体结构的形式存在，从而实现对重金属的结构固定。主要的工艺流程包括：①将污染土壤经过砖厂破碎机破碎；②根据专门设计的制砖生料配料方案将污染土壤与黏土和粉煤灰一起经加水混合搅拌-陈化-搅拌-差速细碎对辊机处理充分搅拌混合；③充分搅拌混合后的砖浆在 300 MPa 压力下挤压成生砖；④生砖在专用场地经烘干房车烘干；⑤进入砖窑中高温煅烧，煅烧温度在 1 000 ℃以上。烧制成型的砖体采用《固体废物 浸出毒性浸出方法 醋酸缓冲液法》（HJ/T 300—2007）和美国环境保护署推荐的 TCLP 标准流程进行重金属淋滤风险评价，确保重金属固定的有效性和长期性。具体工艺流程如图 8.8 所示。

3. 污染土壤制砖过程

在制砖前，首先对污染土壤进行筛选，去除石块、塑料瓶、废金属、烂布、木块、植物残体等大型杂质，然后将土壤转移至砖厂破碎机进行破碎处理。破碎后的土壤应满足以下条件：①不含块状混凝土、砖块及其他金属；②硬物含量少于 0.1%且粒度小于 100 mm；③水分含量尽量小于 20%。重金属超标土壤制砖的具体过程：①通过自动传送带将均匀破碎的超标土壤传送到混料机中，同时按照设置的比例，将一定比例的黏土和粉煤灰加入混料机，三种原料在混料机中充分混合作为制砖生料；②制砖生料通过自动传送带传送到制砖压力机中，将制砖生料压制成砖坯，砖坯含水率控制在 15%以下；③生砖坯在砖厂晾晒场自然风干陈化；④将干燥后的生砖坯送入砖窑中煅烧，煅烧温度为 1 000 ℃，保温 3 h；⑤烧结后的砖块在窑内逐渐冷却，以防止因温度变化过快而导致破裂；⑥对冷却后的砖块进行打磨、切割等后处理，以达到所需的外观和尺寸。烧制过程的基本工艺流程如图 8.9 所示，工程实施过程现场施工情况如图 8.10 所示。

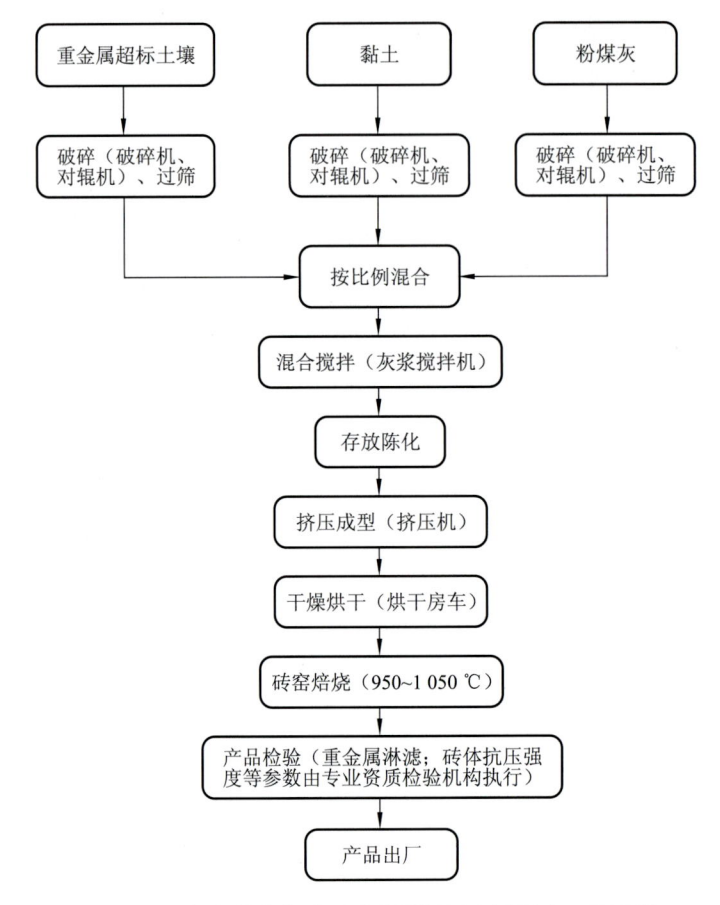

图 8.8　工程实施合作砖厂重金属超标土壤制砖工艺流程

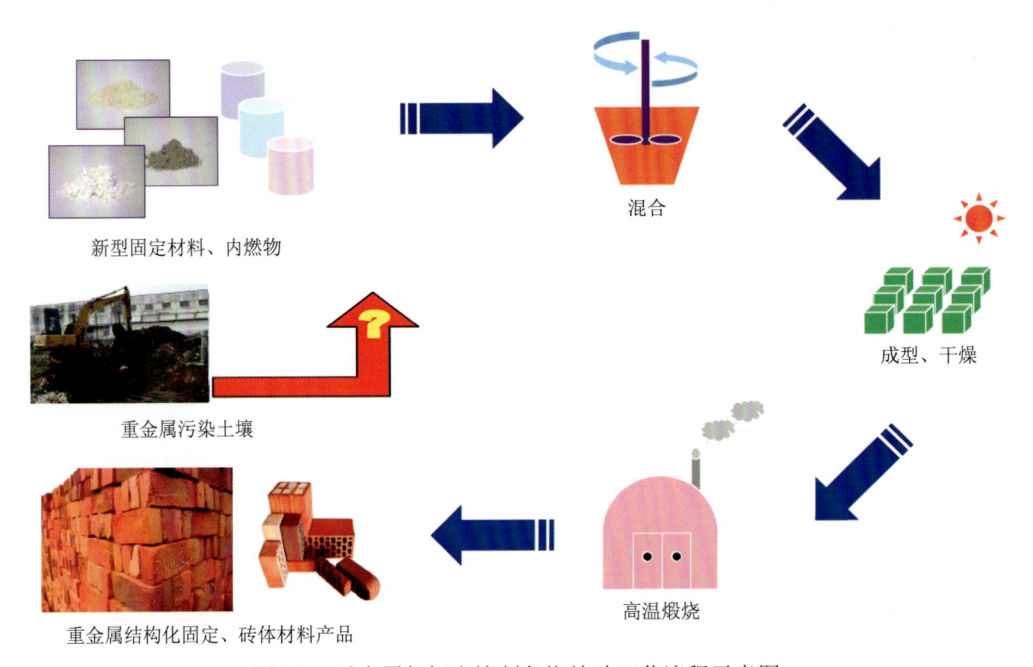

图 8.9　重金属超标土壤制备烧结砖工艺流程示意图

图 8.10　某钢厂重金属污染土壤工程实施过程现场施工图

4. 重金属超标土壤制备的烧结砖毒性浸出检验

为了保证重金属超标土壤制备的烧结砖在使用过程中的安全性，毒性浸出检验同时采用《固体废物　浸出毒性浸出方法　硫酸硝酸法》（HJ/T 299—2007）和美国环境保护署基于毒性对废物进行危险或非危险性鉴别的标准方法 TCLP 毒性浸出方法（USEPA 1311）。采用 TCLP 毒性浸出方法的主要目的是评估重金属超标土壤制备的烧结砖中所固定重金属在长期使用过程中的安全性。

1）HJ/T 299—2007 毒性浸出检验流程

（1）随机选取 5 块烧结砖作为检测目标砖，将检测目标砖体破碎研磨，过 9.5 mm

的筛后收集粉末样品；

（2）配制硫酸硝酸浸提剂，将质量比为 2∶1 的浓硫酸和浓硝酸混合液加入去离子水中（一升约加两滴混合酸液）制成浸提剂，使浸提剂的 pH 为 3.20±0.05；

（3）称取 10 g 砖体粉末样品，置于 500 mL 聚四氟乙烯瓶中，按固液比 1∶10 加入 100 mL 硫酸-硝酸浸提剂；

（4）将聚四氟乙烯瓶盖紧后固定在翻转式振荡装置上，调节转速为(30±2) r/min，于 25 ℃下振荡(18±2) h；

（5）在压力过滤器上装好玻纤滤膜，用稀硝酸淋洗过滤器和滤膜，弃掉淋洗液，过滤并收集浸出液。浸出液在上机测试前保存在 4 ℃的冰箱中。

2）TCLP 毒性浸出检验流程

（1）随机选取 5 块烧结砖作为检测目标砖，将检测目标砖体破碎研磨，过 9.5 mm 的筛后收集粉末样品；

（2）配制乙酸浸提剂：将乙酸稀释到去离子水中制备成浸提剂，使浸提剂的 pH 为 2.90±0.05；

（3）称取 0.5 g 砖体粉末样品，置于 20 mL 聚四氟乙烯离心管中，按固液比 1∶20 加入 10 mL 乙酸浸提剂；

（4）按照取样时间点，设计内含相同成分的一系列反应试管，每次取样时取 3 个试管的反应样品作为平行样；

（5）将聚四氟乙烯离心管盖紧瓶盖后固定在翻转式振荡装置上，调节转速为 (30±2) r/min，于 25 ℃下振荡，取样时间为 1～23 d。

5. 毒性浸出检验结果

在重金属毒性浸出检验中，所采用的 ICP-AES 仪器对 Zn、Cd、Ni 的检测限分别为 0.02 mg/L、0.005 mg/L、0.2 mg/L。在浸出 20 h 后，5 块随机抽取的目标检测烧结砖浸出液中 Zn、Cd、Ni 均未检出（表 8.1）。在《危险废物鉴别标准 毒性物质含量鉴别》（GB 5085.6—2007）中，浸出液中 Zn、Cd、Ni 的浸出毒性鉴别标准值分别为 100 mg/L、1.0 mg/L、5.0 mg/L。具体检验结果及毒性鉴别标准值见表 8.1。

表 8.1　HJ/T 299—2007 毒性浸出检验 20 h 结果及毒性检验标准值　　（单位：mg/L）

检验重金属	样砖 1	样砖 2	样砖 3	样砖 4	样砖 5	检验标准值
Zn	未检出	未检出	未检出	未检出	未检出	100
Cd	未检出	未检出	未检出	未检出	未检出	1.0
Ni	未检出	未检出	未检出	未检出	未检出	5.0

TCLP 试验是美国环境保护署基于毒性对废物进行危险或非危险性鉴别的标准方法，可以评价重金属超标土壤制备的烧结砖在长期使用过程中的安全性。在本重金属超标土壤烧结砖固定处置过程中，采用 TCLP 标准流程评价了重金属超标土壤制备烧结砖的适用安全性，浸出液中重金属浓度 3 个重复的平均值见表 8.2。从结果可以看出，直

到 18 d 时，Zn 和 Cd 在 5 个样砖浸出液中的浓度仍分别低于 0.053 mg/L 和 0.010 3 mg/L，而 Ni 在 5 个样砖浸出液中均未检出。浸出液中 Zn 和 Ni 两种重金属的浓度均远低于《地表水环境质量标准》(GB 3538—2002)中 II 类水标准值(Zn 和 Ni 的标准值分别为 1.0 mg/L 和 0.02 mg/L)，而 Cd 的浓度接近 II 类水标准值 0.005 mg/L。在《地表水环境质量标准》中，II 类水主要适用于集中式生活饮用水地表水源地一级保护区、珍稀水生生物栖息地、鱼虾类产卵场、仔稚幼鱼的索饵场等。因此，通过项目实施的重金属超标土壤制备的烧结砖，在用作建筑、园林等用途的建筑材料时，通过雨水等途径浸出的重金属风险极低，浸出液中重金属的毒性风险也极低。

表 8.2 TCLP 毒性浸出检验不同时间点三种重金属浓度　　　（单位：mg/L）

浸出时间/d	样砖1 Zn	样砖1 Cd	样砖1 Ni	样砖2 Zn	样砖2 Cd	样砖2 Ni	样砖3 Zn	样砖3 Cd	样砖3 Ni	样砖4 Zn	样砖4 Cd	样砖4 Ni	样砖5 Zn	样砖5 Cd	样砖5 Ni
1	0.034	0.007 2	—	0.041	0.006 9	—	0.024	0.005 2	—	0.029	0.005 3	—	0.027	0.004 6	—
2	0.031	0.008 1	—	0.037	0.008 2	—	0.031	0.006 2	—	0.034	0.006 1	—	0.036	0.004 1	—
4	0.035	0.009 3	—	0.029	0.007 9	—	0.029	0.005 9	—	0.027	0.005 9	—	0.032	0.005 1	—
6	0.030	0.010 3	—	0.041	0.008 2	—	0.035	0.006 4	—	0.051	0.006 2	—	0.029	0.004 9	—
8	0.033	0.009 5	—	0.038	0.005 3	—	0.039	0.006 2	—	0.026	0.005 2	—	0.045	0.006 2	—
12	0.053	0.007 2	—	0.046	0.005 9	—	0.034	0.007 1	—	0.036	0.006 8	—	0.041	0.006 4	—
16	0.020	0.005 5	—	0.041	0.006 1	—	0.048	0.005 6	—	0.047	0.005 4	—	0.051	0.005 8	—
18	0.090	0.005 4	—	0.048	0.005 3	—	0.051	0.006 2	—	0.041	0.006 1	—	0.048	0.005 1	—

6. 重金属超标土壤制备的烧结砖产品性能分析

对重金属超标土壤制备的烧结砖成品采用《烧结普通砖》(GB 5101—2017)和《建筑材料放射性核素限量》(GB 6566—2010)行业标准进行第三方委托检测，结果表明，所获得的烧结砖成品符合普通砖抗压强度标准，并且砖体中所含的放射性核素含量低于行业标准值。因此，该钢厂重金属超标土壤制备的烧结砖符合行业使用要求。

综上所述，对该项目地块重金属超标土壤进行高温结构化固定处置后，制备的烧结砖符合行业使用要求，并且在使用过程中重金属浸出风险极低，可与其他普通烧结砖一起，作为主体建筑用砖、园林绿化路基用砖等。

8.2 某废弃电镀工业场地重金属污染修复工程

受某废弃电镀工业场地业主的委托，某专业机构首先对该电镀厂搬迁遗留场地重金属污染情况进行了调查。结果表明，该场地土壤样品中 Cd、Hg、Ni 及 Zn 的含量均符合《土壤环境质量 建设用地土壤污染风险管控标准（试行）》(GB 36600—2018)中二级标准的要求，部分样点中 As、Cu、Cr 和 Pb 的含量超过了国家二级标准的要求。因此 Cr、

Pb、As、Cu 作为目标污染物进行该场地的健康风险评价，风险计算表明，该场地中 Cr、Pb、As、Cu 对儿童存在潜在的非致癌危害，且 As 对成人和儿童均存在明显的致癌风险。建议将高风险样点周围面积 10 m×10 m、深度 0~120 cm 的土壤挖出、移走，并进行固定化及无害化处置。

该专业机构通过多方调研及方案对比，建议采用向重金属超标土壤添加黏土高温制砖固定重金属的方法对超标土壤进行处置。因此项目组对场地污染土壤进行了高温结构化处置。重金属超标土壤烧制成砖的过程严格按照工程实施方日常生产的技术要求进行，同时，对重金属超标土壤烧结过程进行严格的质量监控，避免了处置过程中可能的污染泄漏，保证了重金属超标土壤烧制的成品砖的品质。

对所制备的烧结砖进行 TCLP 毒性浸出检验，结果表明，浸出液中 Cr、Pb、As 和 Cu 的浓度分别为 0.012 mg/L、0.014 mg/L、0.022 mg/L 和 0.2 mg/L，均低于《地表水环境质量标准》（GB 3838—2002）III 类水标准值。说明经高温处理后，烧结体中重金属的长期浸出风险极低。

8.2.1 污染概况

地块所在地区的电镀行业主要涉及金属表面处理和涂装领域，包括电镀、电泳涂装、喷涂等工艺。这些技术广泛应用于各个行业，如汽车制造、电子设备、家电、五金制品等行业。电镀行业在该地区具有较为长久的历史，拥有一批专业的电镀企业和相关配套设施。然而，电镀行业的发展也带来了一些环境问题，如重金属污染。电镀过程中使用的某些化学物质和金属溶液中含有有害的重金属，如 Cr、Ni、Cu 等。

场地调查结果表明，该地区电镀废弃场地污染情况大体呈现以下特征：原电镀厂多零星分布于该地区各地，规模不一，生产工艺也存在各自鲜明的特征；电镀厂场地土壤呈中性偏碱，与华南红壤地区土壤 pH 偏酸性的特征有一定的差异，分析应该是长期工艺生产引起的土壤 pH 变动；电镀厂土壤样品中的 Pb、Hg、Cd 含量均低于《土壤环境质量 建设用地土壤污染风险管控标准（试行）》（GB 36600—2018）二级标准值；电镀厂所取土壤样品中的 Cr、Ni、Cu、Zn、As 含量均高于《土壤环境质量 建设用地土壤污染风险管控标准（试行）》（GB 36600—2018）二级标准值，存在一定污染，需要进行进一步分析调查。根据地块的历史利用特征、电镀工艺特征等开展分析研究及后期的修复治理工作，以废弃电镀场地污染土壤的全面采样调查为基础，对污染场地土壤重金属进行污染风险评价，确定污染物优先修复目标，制定污染场地修复技术方案。

8.2.2 目标地块概况

在前期调查分析的基础上，结合实际情况，在与地块所在地区生态环境管理机构沟通协商后，最终选取该地区某典型废弃电镀搬迁工业场地作为项目实施的目标地块。该地块毗邻河流入海口，地处该地区经济发展的腹地。地块所在地四季常青，属亚热带季风气候，长夏无冬，日照充足，雨量充沛，温差振幅小，季风明显。目标地块属于珠三角河流冲积地貌，项目地原电镀厂已废弃迁出。

由于目标地块中重金属分布不均，采用变异系数（coefficient of variation，CV）来反映采样点之间某属性的平均变异程度。调查结果显示，该场地土壤样点之间重金属含量差异最大的是 Cr（CV=272.45%），最小的是 Hg（CV=98.82%），8 种重金属含量的总体变异程度由大到小顺序为 Cr>Pb>Ni>As>Cu>Cd>Zn>Hg。重金属 Cd、Hg、Ni、Zn 的含量均低于《土壤环境质量 建设用地土壤污染风险管控标准（试行）》（GB 36600—2018）中的二级标准值，而部分样点中 As、Cu、Cr、Pb 的含量超过了二级标准值，表明该场地受到不同程度的 As、Cu、Cr、Pb 污染。

由于该场地的二次开发利用方式为居民用地，因此具体的污染状况及程度还需要进行含量分析和健康风险评估。根据测定的重金属含量值，结合《土壤环境质量标准 建设用地土壤污染风险管控标准（试行）》（GB 36600—2018）二级标准值、健康风险评估的土壤筛选值及评估要求，选取 As、Cu、Cr、Pb 作为目标污染物进行该场地的健康风险评估。风险计算表明，该场地中 As、Cu、Cr、Pb 对儿童存在潜在的非致癌危害，且 As 对成人和儿童均存在明显的致癌风险。因此，需要对高风险样点周围 10 m×10 m 面积、0~120 cm 深度的土壤进行挖出、移走，通过异位处置措施对污染土壤进行无害化处置。在考虑项目建设经济合理的前提下，处置过程采取从严原则，以 GB 36600—2018 中的二级标准为参照，对项目场地内的超标土壤进行挖掘处置，土方量共计 20 m^3（约 28 t）。

8.2.3 重金属结构化固定理论可行性试验

前期调查结果显示，该污染地块土壤中的超标重金属包括 As、Cu、Cr、Pb。为了确保所选的高温结构化固定修复方案对这几种目标污染重金属在理论上是可行的，能够形成稳定的晶体结构，有效将上述重金属固定在结构中，进行了重金属结构化固定理论可行性试验。选取 Pb 为目标重金属，以 PbO 模拟重金属污染土壤，选用高岭土和莫来石为固定基质。具体试验流程同 8.1.3 小节。

不同温度烧结后材料的 XRD 谱图如图 8.11 所示。以高岭土为基质对 PbO 进行固定后，在 700 ℃时开始出现含 Pb 的长石结构，随着煅烧温度的升高，长石结构在烧结材料中的比例逐渐提高；而对于以莫来石为基质的重金属固定材料，在煅烧温度为 750 ℃时开始出现含 Pb 的长石结构，随着温度的进一步升高，长石比例也逐渐提高。当煅烧温度超过 900 ℃时，两种固定基质烧结后的材料都完全转化为长石结构，Pb 以长石结构固定于其中。

烧结材料的标准浸出试验结果如图 8.12 所示，在含重金属 Pb 的长石结构中，Pb 的浸出浓度相比同条件下 PbO 中 Pb 的浸出浓度要低约 100 倍。而且，Pb 的浸出浓度在反应第一天即达到平衡，在后续的浸出过程中，基本没有新的 Pb 浸出，表明长石中结构化 Pb 在长时间淋洗过程中能保持稳定。

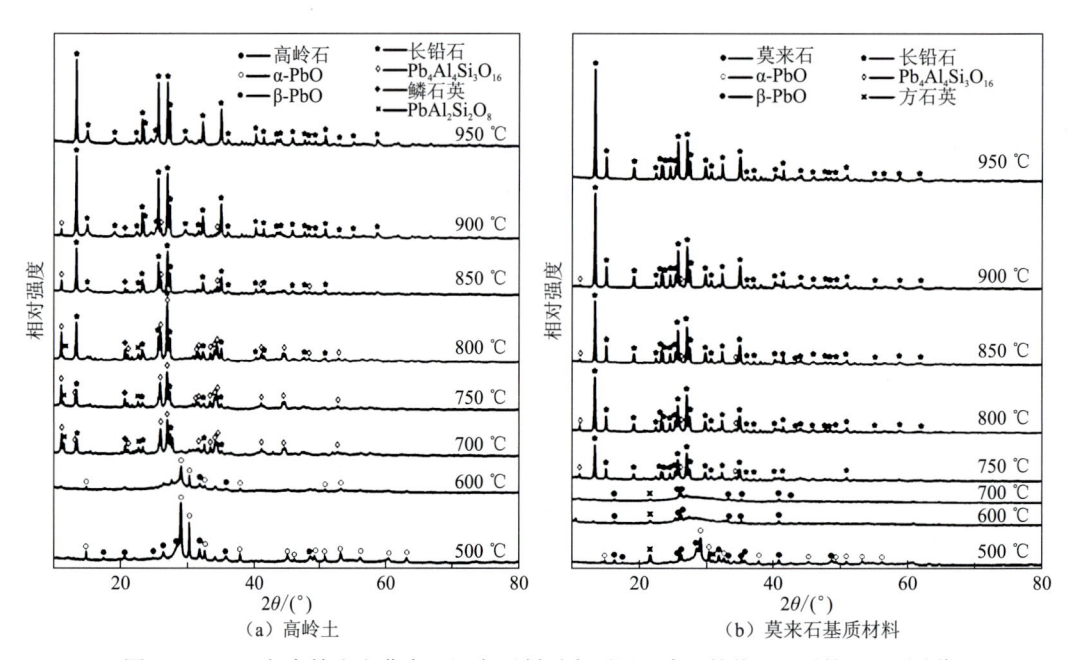

图 8.11 PbO 与高岭土和莫来石混合压制后在不同温度下煅烧 3 h 后的 XRD 图谱

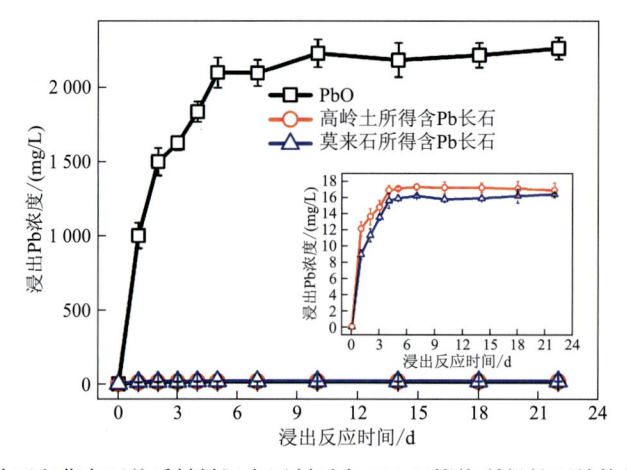

图 8.12 PbO 与高岭石和莫来石基质材料混合压制后在 900 ℃ 煅烧所得长石结构的翻转浸出试验结果

浸出液为 pH =2.9 的醋酸溶液

8.2.4 工程实施流程

在该电镀厂遗留地块重金属污染土壤修复项目中，基于黏土重金属污染土壤的重金属固定小试试验，土壤挖掘、运输、储存及工程实施流程分别与 8.1.4 小节和 8.1.5 小节相似，因此不再详细说明。根据重金属结构化固定理论可行性试验和小试试验结果，确定对该废弃电镀工业场地重金属超标土壤采用添加黏土高温制砖固定重金属的方法进行处置。主要的实施流程如下。①污染土壤的挖掘：采用人工方法将污染土壤挖掘出来，对土壤进行分筛块状垃圾的处理。②运输和储存：使用加盖的泥头车将经过预处理的污染土壤运输至协议工程实施单位（制砖企业）。实施单位将污染土壤堆放在专用的水泥密闭围墙的场地中进行储存。③污染土壤与制砖生料的混合：以黏土为重金属固定剂、粉煤灰为制砖内燃物，根据前期试验设计的制砖生料配料方案，将污染土壤与黏土和粉煤灰一起加水混合搅拌。经过陈化、搅拌和差速细碎对辊机处理，确保重金属污染土壤与添加剂充分混合。④砖体的制作：经过充分搅拌混合后的砖浆，使用 SC-400 真空挤砖机，在高于 300 MPa 的压力下挤压成生砖。⑤高温处置：生砖经烘干处理后，进入砖窑中进行高温煅烧，煅烧温度设置为 1 000 ℃。⑥重金属淋滤风险评价：对煅烧成型的砖体进行重金属淋滤风险评价，采用 TCLP 标准流程评价重金属固定的有效性和长期性。⑦砖体质量检测：由协议制砖企业进行砖体的行业使用标准检测，标准采用《烧结普通砖》（GB 5101—2017）。

由制砖生产所需的常规原燃料和污染土壤带入窑内的重金属，在窑内少部分随烟气排入大气，大部分进入熟料，少部分在窑内不断循环。考虑到本项目污染土壤中含有一定量的 As，而 As 在高温处置过程中可能会挥发，造成大气污染。因此，下面详细介绍本项目中 As 的处理工艺。

As 是高温焚烧过程中挥发性较强的污染物，在高温环境下会在反应炉和预热器系统内形成内循环，最终大部分进入砖体熟料。对于煅烧过程中产生的重金属排放物 As，本技术方案采用了以下工艺进行控制（图 8.13）。将反应炉产生的废气引入燃烧室，废气经过换热器进入急冷式喷洗塔。喷洗液采用的是石灰水及高锰酸钾溶液，碱液与高锰酸钾混合，可以通过中和法和氧化法很好地除去烟气中的 As。高锰酸钾作为氧化剂能将所有形态的 As 均氧化为 As_2O_3 或 As_2O_5，再与石灰水反应形成难溶的 $Ca_3(AsO_3)_2$ 或者 $Ca_3(AsO_4)_2$ 沉淀而被去除。此过程对 As 的去除率能达到 95% 以上。残余部分 As 在经过喷淋急冷后，以结晶态形式进入旋风气液分离器。

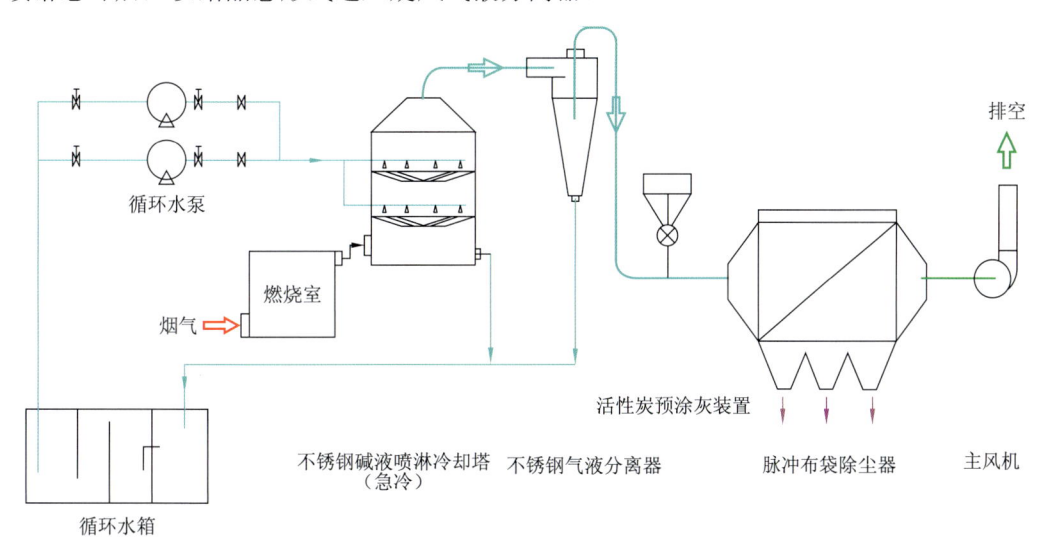

图 8.13 砷的处理工艺

旋风气液分离器能脱去烟气中的水分和油污，保证后续尾气控制设备长期、稳定、安全地运行。分离后的气体进入活性炭喷吹装置。活性炭在风机的作用下与排放物充分混合，其吸附作用能进一步吸附残余的二噁英及重金属 As。最后将尾气通入脉冲布袋过滤器中。烟气在风机的引力作用下进入灰斗，经导流板后均匀分布到各条履带上。此过程能除去尾气中的固态粉尘，也能有效拦截残余的少量砷化物晶体，使排出的尾气符合国家尾气排放标准。

对经过固化的重金属烧结体进行了 TCLP 重金属浸出试验，试验结果显示，经过 pH 为 2.9 的醋酸浸取 22 d 后，浸出液中 Cr、Pb、As、Cu 的浓度分别为 0.012 mg/L、0.014 mg/L、0.022 mg/L、0.2 mg/L，均低于《地表水环境质量标准》（GB 3838—2002）Ⅲ 类水标准值。结果表明，本研究中的多重金属污染土壤经固化剂固化烧结后，目标处置重金属能以矿物晶体结构的形式深度固化，获得的烧结体在长期地表暴露环境中环境风险较低，其重金属浸出液符合地表水排放标准。

综上所述，该地块重金属超标土壤处置已圆满完成，制备的烧结砖符合行业使用要求，且在使用过程中不存在重金属浸出风险，可与其他普通烧结砖一起，作为主体建筑用砖、园林绿化路基用砖等。同时，在制砖过程中，严格监控尾气排放并配备完善的尾气处理系统，排出的尾气符合国家尾气排放标准。

8.3 小　　结

随着我国经济的快速发展和产业结构的不断调整，工业企业的迁移留下了众多遭受重金属污染的场地，使得场地重金属污染问题日益突出。重金属在场地污染土壤中具有毒性大、浓度高、迁移性强、生物降解难等特点，使传统的稳定化和淋洗等修复方法在效率和安全性上面临重大挑战。

高温结构化处置技术正是针对面向需求发展起来的。它利用特定矿物晶体结构的高稳定性，在高温条件下将重金属原子整合进这些晶体的晶格中，使其成为晶体结构的组成部分。在实际应用中，通过对场地的重金属污染特性、含量及土壤性质等进行细致的分析，有针对性地选择适宜的固化基质和工艺，确保所采用的修复方案在理论上是可行的，并能形成稳定的晶体结构，从而有效固定重金属。

实践证明，采用添加黏土制砖窑高温焙烧固定重金属的方法处置污染土壤，能够将多种重金属以矿物结构的形式稳定化固定，且不会产生二次污染。此外，处理后的固化体还可以转化为建筑材料，如砖块和水泥等，为建筑行业提供新的资源，同时也带来了经济效益，实现了场地污染土壤"无二次污染、无污染转移、废物资源化利用"的修复目标。

这一技术不仅提供了一种具有自主知识产权的场地重金属污染土壤处置方法，而且对于推动我国工业场地污染土壤的治理工作具有重要意义。同时，它也为政府提高土壤污染的环境管理能力提供了宝贵的技术经验。随着这一技术的进一步推广和应用，有望在场地重金属污染治理领域取得更大的进展，为保护环境和促进可持续发展作出贡献。

参 考 文 献

白敏, 龙广成, 谢友均, 等, 2022. 锰渣与再生砖骨料制备免烧砖的性能及应用. 硅酸盐通报, 41(10): 3533-3541, 3555.

白召军, 薛俊杰, 武亚磊, 2016. 利用水泥窑协同处置市政污泥的技术优势及相关产业政策分析. 河南建材(6): 55-57.

柏营, 金大成, 方海兰, 2019. 河道淤泥用作绿化结构土的可行性探讨. 上海交通大学学报(农业科学版), 37(1): 36-40.

蔡爽, 刘向, 李文, 等, 2015. 利用东湖淤泥制备超轻功能陶粒基体的研究. 武汉理工大学学报, 37(12): 23-27.

曹丽文, 连秀艳, 洪雷, 等, 2009. 金属离子污染土土工性质的实验研究//第三届全国岩土与工程学术大会论文集. 成都: 567-571.

常春英, 李芳柏, 2019. 土壤污染防治的困境这样破解. 环境(6): 23-24.

常跃畅, 葛亚军, 曹占强, 2022. 污染土壤水泥窑协同处置技术发展历程及应用. 中国资源综合利用, 40(3): 39-41.

陈春乐, 王果, 王珺玮, 2014. 3种中性盐与HCl复合淋洗剂对Cd污染土壤淋洗效果研究. 安全与环境学报, 14(5): 205-210.

陈锋, 傅敏, 2012. 表面活性剂修复重金属污染土壤的研究. 四川环境, 31(4): 61-64.

陈慧, 2019. 水泥窑协同处置污染土技术及应用探讨. 水泥工程(1): 40-41.

陈佳, 陈铁军, 张一敏, 2012. 利用钒尾矿制备高性能陶粒. 金属矿山(1): 161-165.

陈静生, 董林, 邓宝山, 等, 1987. 铜在沉积物各相中分配的实验模拟与数值模拟研究: 以鄱阳湖为例. 环境科学学报, 7(2): 140-149.

陈蕾, 刘松玉, 杜延军, 等, 2010. 水泥固化重金属铅污染土的强度特性研究. 岩土工程学报, 32(12): 1898-1903.

陈蕾. 2010. 水泥固化稳定重金属污染土机理与工程特性研究. 南京: 东南大学.

陈梦舫, 骆永明, 宋静, 等, 2011. 中、英、美污染场地风险评估导则异同与启示. 环境监测管理与技术, 23(3): 14-18.

陈楠, 谢湉, 周歆, 等, 2015. 原位化学淋洗技术对湖南省重金属复合污染农田土壤处理效果研究. 安徽农业科学, 43(28): 247-249, 274.

陈能场, 郑煜基, 何晓峰, 等, 2017. 《全国土壤污染状况调查公报》探析. 农业环境科学学报, 36(9): 1689-1692.

陈平, 张浪, 李跃忠, 等, 2019. 基于园林绿化用途城市搬迁地土壤质量评价的思考. 园林, 36(8): 78-82.

陈日高, 马福荣, 庞迎波, 2014. 重金属污染土强度特性试验研究. 土木建筑与环境工程, 36(6): 94-98.

陈卫平, 谢天, 李笑诺, 等, 2018a. 欧美发达国家场地土壤污染防治技术体系综述. 土壤学报, 55(3): 527-542.

陈卫平, 谢天, 李笑诺, 等, 2018b. 中国土壤污染防治技术体系建设思考. 土壤学报, 55(3): 557-568.

陈先华, 唐辉明, 2003. 污染土的研究现状及展望. 地质与勘探, 39(1): 77-80.

陈心心, 2017. 稀土尾矿基沸石陶粒的制备与应用研究. 呼和浩特: 内蒙古大学.

陈云敏, 施建勇, 朱伟, 等, 2012. 环境岩土工程研究综述. 土木工程学报, 45(4): 165-182.

陈展, 吴育林, 张刚, 2021. 上海市某大型再开发场地土壤重金属污染特征、评价及来源分析. 水土保持通报, 41(1): 227-236.

程金树, 李宏, 汤李缨, 等, 2006. 微晶玻璃. 北京: 化学工业出版社.

串丽敏, 郑怀国, 赵同科, 等, 2016. 基于 Web of Science 数据库的土壤污染修复领域发展态势分析. 农业环境科学学报, 35(1): 12-20.

崔敬轩, 何捷, 聂卿, 等, 2020. 河湖淤泥制备烧结砖的研究进展. 中国建材科技, 29(5): 37-41.

崔瑞, 冯海强, 张舰, 等, 2019. 河南灵宝金尾矿制砖的试验研究. 矿业研究与开发, 39(2): 116-121.

崔长颢, 杨柳阳, 王雪娇, 等, 2023. 利用含重金属土壤制备烧结砖可行性及环境安全性研究. 环境工程技术学报, 13(1): 312-317.

狄多玉, 吴永华, 2008. 兰州市园林绿化用土及绿地土壤质量管理现状与对策. 甘肃林业科技, 33(2): 42-45.

丁庆军, 王承, 黄修林, 2014. 污泥页岩陶粒的焙烧膨胀机理探讨. 新型建筑材料, 41(11): 1-4, 8.

丁新更, 李平广, 杨辉, 2012. 硼硅酸盐玻璃固化体结构及化学稳定性研究//第十七届全国高技术陶瓷学术年会摘要集. 南京: 85.

丁竹红, 胡忻, 尹大强, 2009. 螯合剂在重金属污染土壤修复中应用研究进展. 生态环境学报, 18(2): 777-782.

董祎挈, 陆海军, 李继祥, 2015. 垃圾渗沥液腐蚀下污泥灰改性黏土压缩特性及孔隙结构. 中国环境科学, 35(7): 2072-2078.

杜芳, 刘阳生, 2010. 铁尾矿烧制陶粒及其性能的研究. 环境工程, 28(S1): 369-372, 402.

杜延军, 金飞, 刘松玉, 等, 2011. 重金属工业污染场地固化/稳定处理研究进展. 岩土力学, 32(1): 116-124.

范拴喜, 2011. 土壤重金属污染与控制. 北京: 中国环境科学出版社.

费杨, 阎秀兰, 廖晓勇, 等, 2016. 铁锰双金属材料对砷和重金属复合污染土壤的稳定化研究. 环境科学学报, 36(11): 4164-4172.

冯乙晴, 刘灵飞, 肖辉林, 等, 2017. 深圳市典型工业区土壤重金属污染特征及健康风险评价. 生态环境学报, 26(6): 1051-1058.

冯志强, 谢华, 王烈林, 等, 2019. 制备工艺对铀烧绿石基玻璃陶瓷固化体结构及性能的影响. 原子能科学技术, 53(8): 1376-1385.

伏小勇, 秦赏, 杨柳, 等, 2009. 蚯蚓对土壤中重金属的富集作用研究. 农业环境科学学报, 28(1): 78-83.

傅世法, 林颂恩, 1989. 污染土的岩土工程问题. 工程勘察, 17(3): 6-10.

高晓杰, 马骁, 张恒博, 2023. 红土岭黄金尾矿工艺矿物学特征及制砖试验研究. 中国钼业, 47(5): 42-47.

高原雪, 张玉娇, 陈柏迪, 等, 2013. 基于矿物晶体结构的场地重金属污染土壤结构化固定处置. 生态环境学报, 22(6): 1058-1062.

郭宝蔓, 黄旋, 顾爱良, 等, 2022. 水泥窑协同处置技术在土壤修复中的应用进展. 环境科技, 35(6): 66-71.

郭朝晖, 肖细元, 陈同斌, 等, 2008. 湘江中下游农田土壤和蔬菜的重金属污染. 地理学报, 63(1): 3-11.

郭盼盼, 张云升, 范建平, 等, 2013. 免烧锰渣砖的配合比设计、制备与性能研究. 硅酸盐通报, 32(5): 786-793.

郭亚丽, 赵由才, 2004. 生活垃圾填埋场陈垃圾基本特性及再利用. 再生资源研究(4): 12-15.

郭媛媛, 江河, 沈鹏, 2019. 在我国土壤污染治理中推行"场地修复+"模式的思考与建议. 环境与可持续发展, 44(4): 126-129.

韩继红, 李传省, 黄秋萍, 2003. 城市土壤对园林植物生长的影响及其改善措施. 中国园林, 19(7): 74-76.

郝汉舟, 陈同斌, 靳孟贵, 等, 2011. 重金属污染土壤稳定/固化修复技术研究进展. 应用生态学报, 22(3): 816-824.

郝双龙, 丁园, 余小芬, 等, 2012. 粉煤灰和石灰对突发性污染土壤中重金属化学形态的影响. 广东农业科学, 39(3): 55-57, 64.

何岱, 周婷, 袁世斌, 等, 2010. 污染土壤淋洗修复技术研究进展. 四川环境, 29(5): 103-108, 113.

何水清, 2006. 粉煤灰非烧结砖压制成型工艺. 砖瓦世界(6): 52-54.

何允玉, 2011. 谈污染土壤的水泥窑共处置技术. 北方环境, 23(11): 47.

洪甜蜜, 2019. 水泥窑协同处置危险废物技术现状与发展趋势. 环境与发展, 31(3): 72-73.

侯德义, 张凯凯, 王刘炜, 等, 2021. 工业场地重金属污染土壤治理现状与展望. 环境保护, 49(20): 9-15.

胡超超, 2018. 电解锰渣协同城市生活垃圾焚烧飞灰制备陶粒试验研究. 重庆: 重庆大学.

纪录, 张晖, 2003. 原位化学氧化法在土壤和地下水修复中的研究进展. 环境污染治理技术与设备(6): 37-42.

季文佳, 杨子良, 王琪, 等, 2010. 危险废物填埋处置的地下水环境健康风险评价. 中国环境科学, 30(4): 548-552.

贾鲁涛, 崔强, 梅浩, 等, 2016. 湖泊淤泥与生活污泥复合烧结砖的制备、性能及环境安全性. 东南大学学报(自然科学版), 46(6): 1301-1307.

蒋宁俊, 杜延军, 刘松玉, 等, 2013. 酸雨入渗对水泥固化铅污染土淋滤特性的影响研究. 岩土工程学报, 35(4): 739-744.

金漫彤, 张琼, 楼敏晓, 等, 2007. 粉煤灰用于土壤聚合物固化重金属离子的研究. 硅酸盐通报, 26(3): 467-471.

靳长国, 1998. 利用煤矸石生产免烧砖. 煤炭加工与综合利用(2): 40-41.

孔坤, 张猛, 宁增平, 等, 2023. 国内外污染场地环境风险评估框架形成与发展. 生态毒理学报, 18(1): 124-137.

寇永纲, 伏小勇, 侯培强, 等, 2008. 蚯蚓对重金属污染土壤中铅的富集研究. 环境科学与管理, 33(1): 62-64, 73.

赖莉, 2015. 低温热解法修复贵州清镇地区汞重污染土壤. 化学工程与装备(9): 248-253.

蓝俊康, 1995. 柳州市红粘土对Zn^{2+}的吸附平衡实验. 桂林工学院学报, 15(3): 265-268.

蓝俊康, 丁凯, 吴孟, 2009b. 水化硅酸钙形成过程中对Cd(II)、Zn(II)的俘获作用. 广西科学院学报, 25(3): 195-197, 200.

蓝俊康, 丁凯, 吴孟, 等, 2009a. 钙矾石对Pb(II)的化学俘获. 桂林工学院学报, 29(4): 531-534.

蓝俊康, 丁凯, 赵付明, 等, 2007. 钙矾石对Cd(II)的化学俘获. 武汉理工大学学报, 29(10): 1-4.

李冲, 许亚丽, 于岩, 等, 2016. 铅锌尾矿免烧吸附砖的制备与研究. 材料科学与工艺, 24(4): 46-51.

李春, 王恩峰, 崔乐, 等, 2016. 掺杂商洛钼尾矿制备免烧砖的研究. 新型建筑材料, 43(7): 90-92.

李海雁, 赖初泉, 钟光亮, 2017. 水泥窑协同处置固体废物情况综述. 水泥(S1): 13-16.

李平广, 2013. 模拟核素的硼硅酸盐玻璃及玻璃陶瓷固化技术研究. 杭州: 浙江大学.

李实, 张翔宇, 潘利祥, 2014. 重金属污染土壤淋洗修复技术研究进展. 化工技术与开发, 43(11): 27-31, 53.

李湘洲, 2014. 免烧砖的现状及其发展前景. 砖瓦(10): 60-63.

李燕怡, 常亮亮, 李春, 2016. 铁尾矿免烧砖的制备及性能研究. 商洛学院学报, 30(6): 30-33.

李杨, 孟凡涛, 王鹏, 等, 2018. 黄金尾矿制备轻质高强陶粒的工艺研究. 人工晶体学报, 47(8): 1554-1559, 1572.

李寅明, 李春萍, 李瑞卿, 2019. 水泥窑协同处置污染土壤示范应用研究. 水泥(10): 8-12.

李玉和, 1997. 城市土壤形成特点肥力评价及利用与管理. 中国园林, 13(3): 20-23.

李玉香, 2018. 复合重金属污染场地土壤高温固化试验研究. 开封: 河南大学.

李云祯, 董荐, 刘姝媛, 等, 2017. 基于风险管控思路的土壤污染防治研究与展望. 生态环境学报, 26(6): 1075-1084.

梁竞, 王世杰, 张文毓, 等, 2021. 美国污染场地修复技术对我国修复行业发展的启示. 环境工程, 39(6): 173-178.

梁效, 王勇海, 吴天骄, 等, 2024. 钒尾矿制备免烧砖工艺及机理分析. 中国矿业, 33(2): 134-140.

廖晓勇, 崇忠义, 阎秀兰, 等, 2011. 城市工业污染场地: 中国环境修复领域的新课题. 环境科学, 32(3): 784-794.

林承奇, 黄华斌, 胡恭任, 等, 2019. 九龙江流域水稻土重金属赋存形态及污染评价. 环境科学, 40(1): 453-460.

林云青, 王廷涛, 郭贝, 等, 2015. 铬污染土壤治理组合技术应用. 安徽农业科学, 43(24): 197-199.

刘锋, 王琪, 黄启飞, 等, 2008. 固体废物浸出毒性浸出方法标准研究. 环境科学研究, 21(6): 9-15.

刘继东, 任杰, 陈娟, 等, 2017. 酸雨淋溶条件下赤泥中重金属在土壤中的迁移特性及其潜在危害. 农业环境科学学报, 36(1): 76-84.

刘敬勇, 孙水裕, 陈涛, 2013. 固体添加剂对污泥焚烧过程中重金属迁移行为的影响. 环境科学, 34(3): 1166-1173.

刘俊杰, 梁钰, 曾宇, 等, 2020. 利用铁尾矿制备免烧砖的研究. 矿产综合利用(5): 136-141.

刘明伟, 刘芳, 2016. 二氧化硅含量对污泥底泥制备陶粒性能的影响研究. 东北电力大学学报, 36(3): 86-90.

刘启承, 龙良俊, 2016. 采矿遗留矿坑填埋土壤生态修复实例研究: 以中梁山闭矿矿坑为例. 新疆环境保护, 38(4): 36-38.

刘士文, 刘阳, 2020. 污染场地的土壤修复与治理. 区域治理(1): 148-150.

刘爽, 陈盼, 宋慧敏, 等, 2022. 我国华东地区污染土壤异位热脱附修复碳排放及减排策略. 环境工程学报, 16(8): 2663-2671.

刘松玉, 詹良通, 胡黎明, 等, 2016. 环境岩土工程研究进展. 土木工程学报, 49(3): 6-30.

刘阳生, 李书鹏, 邢轶兰, 等, 2020. 2019年土壤修复行业发展评述及展望. 中国环保产业(3): 26-30.

刘志超, 高良敏, 刘宁, 等, 2015. 我国土壤污染现状及解决途径分析. 江苏科技信息, 32(15): 10-12.

陆萍, 2016. 淤泥常温固化及其力学性能研究. 扬州: 扬州大学.

罗启仕, 2015. "棕地"土壤修复. 园林, 32(5): 26-29.

罗文婷, 王希莉, 张弛, 等, 2022. 基于EPACMTP模型的修复后土壤下填策略设计及案例研究. 环境污染与防治, 44(8): 1009-1014, 1019.

罗昱, 2021. 螯合剂及有机酸强化凤尾鸡冠花修复Pb、Cd污染土壤研究. 昆明: 昆明理工大学.

骆永明, 2011. 中国污染场地修复的研究进展、问题与展望. 环境监测管理与技术, 23(3): 1-6.

骆永明, 滕应, 2018. 我国土壤污染的区域差异与分区治理修复策略. 中国科学院院刊, 33(2): 145-152.

吕浩阳, 2017. 重金属复合污染土壤资源化利用研究. 郑州: 中原工学院.

吕浩阳, 王喜彬, 王爱勤, 2017. 重金属复合污染土免烧砖的制备与研究. 混凝土与水泥制品(4): 91-94.

吕雪峰, 王坚, 高月, 等, 2013. 汞污染土壤治理修复技术研究进展. 环境保护科学, 39(2): 47-51.

马路, 江绪安, 2023. 水泥窑协同处置污染土壤技术及应用. 广东化工, 50(1): 182-183, 145.

马莹, 朱军, 尹洪峰, 等, 2013. 用石煤提钒尾矿制备免烧砖. 金属矿山(8): 161-164.

孟国龙, 李玉香, 吴浪, 等, 2012. 钙钛锆石基玻璃陶瓷制备及其显微结构. 中国陶瓷, 48(5): 40-42.

潘思涵, 宋易南, 汪军, 等, 2021. 耦合健康风险与生命周期评价的场地修复环境经济影响评估. 环境科学学报, 41(10): 4306-4314.

裴建文, 2012. 城市园林绿化用土问题探讨. 绿色科技, 14(2): 49-50.

彭瑞霆, 2014. 粉煤灰的特性及其综合利用. 江西建材(19): 1-2.

彭政, 任永, 孙阳昭, 等, 2016. 我国水泥窑协同处置现状剖析和发展建议. 环境保护, 44(18): 44-47.

秦吉涛, 王家伟, 王海峰, 等, 2018. 某电解锰渣免烧砖抗压和抗折强度研究. 金属矿山(3): 201-204.

邱蓉, 张军方, 董泽琴, 等, 2014. 汞污染农田土壤低温热解处理性能研究. 环境科学与技术, 37(1): 48-52.

沈城, 刘馥雯, 吴健, 等, 2020. 再开发利用工业场地土壤重金属含量分布及生态风险. 环境科学, 41(11): 5125-5132.

沈威, 黄文熙, 闵盘荣, 1991. 水泥工艺学. 武汉: 武汉工业大学出版社.

施少华, 梁晶, 吕子文, 2014. 上海迪士尼一期绿化用土生产. 园林, 31(7): 64-67.

石秀, 2013. 铬污染土壤烧制轻集料的研究. 重庆: 重庆大学.

宋飏, 林慧颖, 王士君, 2015. 国外棕地再利用的经验与启示. 世界地理研究, 24(3): 65-74.

宋云, 尉黎, 王海见, 2014. 我国重金属污染土壤修复技术的发展现状及选择策略. 环境保护, 42(9): 32-36.

宋泽卓, 2016. 重金属污染土的工程性质及微观结构研究. 山西建筑, 42(22): 91-92.

孙绍锋, 蒋文博, 郭瑞, 等, 2015. 水泥窑协同处置危险废物管理与技术进展研究. 环境保护, 43(1): 41-44.

孙艳芳, 王国利, 刘长仲, 2014. 重金属污染对农田土壤无脊椎动物群落结构的影响. 土壤通报, 45(1): 210-215.

陶虎春, 丁文毅, 李金波, 2017. 草酸-FeCl$_3$复合淋洗剂对Pb、Zn污染土壤淋洗效果研究. 安全与环境学报, 17(5): 1937-1942.

陶亮, 万开, 刘承帅, 等, 2015. 场地土壤重金属污染健康风险评价及固化处置: 以东莞市某电镀厂搬迁场地为例. 生态环境学报, 24(10): 1710-1717.

田梦莹, 杨玉飞, 黄启飞, 等, 2015. 烧结砖中重金属释放特性研究. 安全与环境学报, 15(6): 191-195.

田伟莉, 柳丹, 吴家森, 等, 2013. 动植物联合修复技术在重金属复合污染土壤修复中的应用. 水土保持学报, 27(5): 188-192.

王波, 2018. 某工业场地土壤环境污染调查及再利用风险评估研究. 合肥: 合肥工业大学.

王菲, 徐汪祺, 2020. 固化/稳定化和软土加固污染土的强度和浸出特性研究. 岩土工程学报, 42(10): 1955-1961.

王国玉, 栾亚宁, 穆晓红, 等, 2020. 修复后土壤园林绿化再利用难点浅析//中国风景园林学会2020年会论文集(下册). 成都: 483-488.

王泓泉, 2019. 污染场地土壤修复技术对比分析. 资源节约与环保(8): 32-33.

王茂林, 吴世军, 杨永强, 等, 2018. 微生物诱导碳酸盐沉淀及其在固定重金属领域的应用进展. 环境科学研究, 31(2): 206-214.

王瑞兴, 钱春香, 吴淼, 等, 2007. 微生物矿化固结土壤中重金属研究. 功能材料, 38(9): 1523-1526, 1530.

王晓明, 2021. 尾矿烧结制砖研究和应用. 中国资源综合利用, 39(9): 72-75.

王新花, 赵晨曦, 潘响亮, 2015. 基于微生物诱导碳酸钙沉淀(MICP)的铅污染生物修复. 地球与环境, 43(1): 80-85.

王兴润, 金宜英, 聂永丰, 等, 2008. 污泥制陶粒技术可行性分析与烧结机理研究. 环境科学研究, 21(6): 80-84.

王雅乐, 2021. 钝化阻控与超富集植物提取对碱性镉污染土壤修复效应及机理研究. 北京: 中国农业科学院.

王亚军, 华苏东, 姚晓, 2013. 镍渣矿渣免烧砖的试验研究. 新型建筑材料, 40(6): 23-25.

王艳伟, 李书鹏, 康绍果, 等, 2017. 中国工业污染场地修复发展状况分析. 环境工程, 35(10): 175-178.

王之超, 何洁, 张曼丽, 等, 2020. 油基钻井岩屑固化体中多环芳烃释放特征. 环境工程技术学报, 10(4): 647-652.

魏丽颖, 刘姚君, 汪澜, 等, 2014. 重金属在水泥熟料矿物中的固溶机理研究进展. 硅酸盐通报, 33(10): 2541-2546.

魏明俐, 2017. 新型磷酸盐固化剂固化高浓度锌铅污染土的机理及长期稳定性试验研究. 南京: 东南大学.

魏忠平, 谷雷严, 罗庆, 等, 2020. 草酸强化超富集植物东南景天修复镉铅污染土壤研究. 沈阳农业大学学报, 51(6): 734-740.

温丹丹, 解洲胜, 鹿腾, 2018. 国外工业污染场地土壤修复治理与再利用: 以德国鲁尔区为例. 中国国土资源经济, 31(5): 52-58.

闻倩敏, 秦永丽, 郑君健, 等, 2022. 硫酸盐还原菌法固定酸性矿山废水中重金属的研究进展. 化工进展, 41(10): 5578-5587.

翁焕新, 2009. 污泥无害化、减量化、资源化处理新技术. 北京: 科学出版社.

吴聪, 汪智勇, 黄永珍, 等, 2019. 重金属在水泥熟料中的挥发与固化. 新世纪水泥导报, 25(3): 65-68.

吴永明, 王林俊, 温晓庆, 等, 2019. 以金尾矿和钒钛铁尾矿为主要原料的高强轻质陶粒: CN110105081B. 2019-08-09.

伍海兵, 方海兰, 彭红玲, 等, 2012. 典型新建绿地上海辰山植物园的土壤物理性质分析. 水土保持学报, 26(6): 85-90.

伍树森, 罗亚历, 李斌, 2023. 陶粒的制备及其应用研究进展. 江苏陶瓷, 56(2): 25-28, 31.

武正华, 张宇峰, 王晓蓉, 等, 2002. 土壤重金属污染植物修复及基因技术的应用. 农业环境保护, 21(1): 84-86.

席永慧, 梁稹嫁, 周光华, 2010. 重金属污染土壤的电动力学修复试验研究. 同济大学学报(自然科学版), 38(11): 1626-1630.

谢剑, 李发生, 2011. 中国污染场地的修复与再开发的现状分析(节选上). 世界环境(3): 56-59.

谢邵文, 郭晓淞, 杨芬, 等, 2022. 广州市城市公园土壤重金属累积特征、形态分布及其生态风险. 生态环境学报, 31(11): 2206-2215.

徐佳丽, 黄国蕾, 陈云嫩, 2023. 轻度重金属污染土壤建材资源化及其环境影响. 中国资源综合利用, 41(1): 85-88, 98.

徐霖林, 马长安, 田伟, 等, 2011. 淀山湖沉积物重金属分布特征及其与底栖动物的关系. 环境科学学报, 31(10): 2223-2232.

徐亚, 刘玉强, 胡立堂, 等, 2018. 填埋场井筒效应及其对污染监测井监测效果的影响. 中国环境科学, 38(8): 3113-3120.

许春娅, 2019. 工业污染场地土壤修复技术研究. 资源节约与环保(3): 99.

薛凯旋, 林聪, 杨翔, 等, 2018. 污泥陶粒的制备及研究. 江苏建材(6): 24-26.

薛永杰, 朱书景, 侯浩波, 2007. 石灰粉煤灰固化重金属污染土壤的试验研究. 粉煤灰, 19(3): 10-12.

闫亚楠, 晏拥华, 贺深阳, 2013. 利用炼锌尾渣生产免烧普通砖性能研究. 新型建筑材料, 40(3): 63-64, 71.

严建华, 马增益, 彭雯, 等, 2004. 沥青固化城市生活垃圾焚烧飞灰的实验研究. 环境科学学报, 24(4): 730-733.

严岩, 2017. 关于免烧砖的研究进展. 四川建材, 43(5): 20-21.

杨骐瑛, 阮一帆, 杨姗姗, 2023. 美国《超级基金法》及其对我国土壤污染防治政策的启示. 领导科学论坛(1): 63-69.

杨威, 2012. 铬污染土壤特性表征与陶粒制备机制. 重庆: 重庆大学.

杨晓华, 杨博, 崔清泉, 等, 2010. 利用江河淤泥、页岩、生物污泥生产陶粒. 新型建筑材料, 37(11): 54-56, 64.

杨扬, 赵美微, 苗利军, 2020. 重金属镉污染土壤的动植物联合修复：以吊兰-蚯蚓为例. 现代盐化工, 47(6): 59-61.

杨卓悦, 2016. 砷污染土壤的修复—固化/稳定化及植物修复. 长春: 吉林大学.

姚燕, 王昕, 颜碧兰, 等, 2012. 水泥水化产物结构及其对重金属离子固化研究进展. 硅酸盐通报, 31(5): 1138-1144.

尧一骏, 陈樯, 2020. 中国已开发污染场地治理的思考. 中华环境(6): 39-42.

叶渊, 许学慧, 李彦希, 等, 2021. 热处理修复方式对污染土壤性质及生态功能的影响. 环境工程技术学报, 11(2): 371-377.

尤晓宇, 王家伟, 王海峰, 等, 2019. 成型压力对电解锰渣免烧砖性能的影响. 非金属矿, 42(6): 30-33.

于法展, 李保杰, 刘尧让, 等, 2006. 徐州市城区绿地土壤的理化特性. 城市环境与城市生态, 19(5): 34-37.

于靖靖, 梁田, 罗会龙, 等, 2022. 近10年来我国污染场地再利用的案例分析与环境管理意义. 环境科学研究, 35(5): 1110-1119.

余宏福, 罗静, 李静, 等, 2021. 氧基磷灰石玻璃陶瓷固化模拟锕系铈/钕的研究. 西南科技大学学报, 36(1): 9-15.

余锦涛, 倪晓芳, 张长波, 2016. 重金属污染场地固化/稳定化修复技术研究及工程实践. 工业技术创新, 3(4): 613-616.

袁晓宁, 张振涛, 蔡溪南, 等, 2015. 含Pu废物的玻璃和玻璃陶瓷固化基材研究进展. 原子能科学技术, 49(2): 240-249.

岳云龙, 芦令超, 常均, 等, 2001. 赤泥碱矿渣水泥及其制品的研究. 硅酸盐通报, 20(1): 46-49.

臧文超, 王芳, 张俊丽, 等, 2015. 污染场地环境监管策略分析：基于我国污染场地环境监管试点与实践的思考. 环境保护, 43(15): 20-23.

曾英, 王沛东, 2009. 酸雨条件下黄壤中镉的模拟解吸动力学研究. 土壤通报, 40(2): 406-409.

查甫生, 许龙, 崔可锐, 2012. 水泥固化重金属污染土的强度特性试验研究. 岩土力学, 33(3): 652-656, 664.

张洁, 王兴润, 陈勇民, 等, 2015. CaO对含砷废渣烧结过程砷的形态及释放特性的影响. 环境科学研究, 28(5): 796-801.

张俊丽, 刘建国, 李橙, 等, 2008. 水泥窑协同处置与水泥固化/稳定化对重金属的固定效果比较. 环境科学, 29(4): 1138-1142.

张全宏, 刘理根, 裴业虎, 等, 2011. 选铁尾矿蒸压灰砂砖试验研究. 新型建筑材料, 38(9): 51-53, 78.

张卫卫, 2015. 利用铁尾矿制备免烧砖的工艺与机理研究. 北京: 中国地质大学(北京).

张向军, 王里奥, 2009. 石灰、粉煤灰处理铅镉污染土壤的试验研究. 环境科技, 22(2): 1-4.

张新民, 柴发合, 王淑兰, 等, 2010. 中国酸雨研究现状. 环境科学研究, 23(5): 527-532.

张永军, 2001. 生活垃圾杂填土对地基基础的危害及工程措施. 天津建设科技, 11(1): 41-46.

张忠亮, 金容旭, 张雪梅, 等, 2021. 利用海上油气田水基钻井废物制备烧结砖. 环境工程学报, 15(9): 3020-3028.

张琢, 李发生, 王梅, 等, 2015. 基于用途和风险的重金属污染土壤稳定化修复后评估体系探讨. 环境工程技术学报, 5(6): 509-518.

赵飞燕, 张小东, 杜艳霞, 等, 2024. 粉煤灰陶粒的制备技术及研究进展. 无机盐工业, 56(4): 16-23.

赵国华, 罗兴章, 陈贵, 等, 2013. 固体废物中重金属浸出毒性评价方法的研究进展. 环境污染与防治, 35(7): 80-84.

赵其国, 2009. 土壤科学发展的战略思考. 土壤, 41(5): 681-688.

赵茜, 2015. 美国污染治理政策下的"棕地"设计: 以西雅图煤气厂公园为例. 现代城市研究, 30(1): 104-106.

赵述华, 陈志良, 张太平, 等, 2013. 重金属污染土壤的固化/稳定化处理技术研究进展. 土壤通报, 44(6): 1531-1536.

赵威, 王彬宇, 周春生, 等, 2017. 商洛钒尾矿烧制轻质高强陶粒的研究. 人工晶体学报, 46(9): 1858-1863.

郑晓笛, 2015. 工业类棕地再生特征初探: 兼论美国煤气厂公园污染治理过程. 环境工程, 33(4): 156-160.

赵艳霞, 侯青, 2008. 1993—2006年中国区域酸雨变化特征及成因分析. 气象学报, 66(6): 1032-1042.

郑伍魁, 赵丹, 朱毅, 等, 2023. 陶粒工程应用的趋势分析及研究进展. 材料导报, 37(7): 102-113.

钟晓兰, 周生路, 李江涛, 等, 2009. 模拟酸雨对土壤重金属镉形态转化的影响. 土壤, 41(4): 566-571.

钟重, 张弛, 冯一舰, 等, 2021. 中国污染土壤再利用的环境管理思路探讨. 环境污染与防治, 43(1): 115-120.

周芙蓉, 钟礼春, 杨寿南, 2017. 复合淋洗剂对镉污染土壤的淋洗效果. 安徽农业科学, 45(23): 52-54.

周伟伦, 廖正家, 陈涛, 等, 2021. 利用铁尾矿制备烧结砖的可行性及烧结固化机理. 环境工程学报, 15(5): 1670-1678.

周鑫, 孙红娟, 彭同江, 2022. 焙烧"解毒"石棉尾矿制备免烧砖及机理研究. 非金属矿, 45(5): 26-29.

周友亚, 李发生, 2013. 关于污染场地土壤筛选值地方标准建设的一些探讨//IE EXPO2013 中国环博会国际场地修复论坛暨展览会, 上海: 2013-5-14.

周跃飞, 谢越, 周立祥, 2010. 酸性矿山废水天然中和形成的富铁沉淀及其环境属性. 环境科学, 31(6): 1581-1588.

周智全, 张玉歌, 徐欢欢, 等, 2016. 化学淋洗修复重金属污染土壤研究进展. 绿色科技, 18(24): 12-15.

朱增银, 徐洁, 陈高, 等, 2020. 水泥窑协同处置固体废弃物的研究进展. 环境科技, 33(2): 76-80.

Abayneh Ayele B, Chen Q Y, 2018. Surfactant-enhanced soil washing for removal of petroleum hydrocarbons from contaminated soils: a review. Pedosphere, 28(3): 383-410.

Adegoke H I, Adekola F A, Fatoki O, et al., 2013. Sorptive interaction of oxyanions with iron oxides: a review. Polish Journal of Environmental Studies, 22: 7-24.

Aguilar-Carrillo J, Villalobos M, Pi-Puig T, et al., 2018. Synergistic arsenic(V) and lead(II) retention on synthetic jarosite: I. Simultaneous structural incorporation behaviour and mechanism. Environmental Science Processes & Impacts, 20(2): 354-369.

Akcil A, Koldas S, 2006. Acid mine drainage (AMD): causes, treatment and case studies. Journal of Cleaner Production, 14(12/13): 1139-1145.

Al Mamun A, Morita M, Matsuoka M, et al., 2017. Sorption mechanisms of chromate with coprecipitated ferrihydrite in aqueous solution. Journal of Hazardous Materials, 334: 142-149.

Albino V, Cioffi R, Marroccoli M, et al., 1996. Potential application of ettringite generating systems for hazardous waste stabilization. Journal of Hazardous Materials, 51(1/2/3): 241-252.

Alexandrov V, Rosso K M, 2015. Ab initio modeling of Fe(II) adsorption and interfacial electron transfer at goethite (α-FeOOH) surfaces. Physical Chemistry Chemical Physics, 17(22): 14518-14531.

Amstaetter K, Borch T, Larese-Casanova P, et al., 2010. Redox transformation of arsenic by Fe(II)-activated goethite (α-FeOOH). Environmental Science & Technology, 44(1): 102-108.

Angove M J, Johnson B B, Wells J D, 1998. The influence of temperature on the adsorption of cadmium(II) and cobalt(II) on kaolinite. Journal of Colloid and Interface Science, 204(1): 93-103.

Antelo J, Fiol S, Gondar D, et al., 2012. Comparison of arsenate, chromate and molybdate binding on schwertmannite: Surface adsorption vs anion-exchange. Journal of Colloid and Interface Science, 386(1): 338-343.

Aranda Usón A, López-Sabirón A M, Ferreira G, et al., 2013. Uses of alternative fuels and raw materials in the cement industry as sustainable waste management options. Renewable and Sustainable Energy Reviews, 23: 242-260.

Bae J, Benoit D L, Watson A K, 2016. Effect of heavy metals on seed germination and seedling growth of common ragweed and roadside ground cover legumes. Environmental Pollution, 213: 112-118.

Baidya R, Ghosh S K, Parlikar U V, 2016. Co-processing of industrial waste in cement kiln: a robust system for material and energy recovery. Procedia Environmental Sciences, 31: 309-317.

Bandara T, Franks A, Xu J M, et al., 2020. Chemical and biological immobilization mechanisms of potentially toxic elements in biochar-amended soils. Critical Reviews in Environmental Science and Technology, 50(9): 903-978.

Barbafieri M, Pedron F, Petruzzelli G, et al., 2017. Assisted phytoremediation of a multi-contaminated soil: investigation on arsenic and lead combined mobilization and removal. Journal of Environmental Management, 203: 316-329.

Bardez I, Caurant D, Dussossoy J L, et al., 2006. Development and characterization of rare earth-rich glassy matrices envisaged for the immobilization of concentrated nuclear waste solutions. Nuclear Science and Engineering, 153(3): 272-284.

Bhattacharyya K G, Gupta S S, 2008. Adsorption of a few heavy metals on natural and modified kaolinite and montmorillonite: a review. Advances in Colloid and Interface Science, 140(2): 114-131.

Bhuiyan A, Wong V, Abraham J L, et al., 2021. Phase assemblage and microstructures of Gd$_2$Ti$_2$-xZr$_x$O$_7$ (x=0.1-0.3) pyrochlore glass-ceramics as potential waste forms for actinide immobilization. Materials Chemistry and Physics, 273: 125058.

Birke M, Reimann C, Demetriades A, et al., 2010. Determination of major and trace elements in European bottled mineral water: analytical methods. Journal of Geochemical Exploration, 107(3): 217-226.

Bohre A, Avasthi K, Pet'kov V I, 2017. Vitreous and crystalline phosphate high level waste matrices: present status and future challenges. Journal of Industrial and Engineering Chemistry, 50: 1-14.

Bolan N, Kunhikrishnan A, Thangarajan R, et al., 2014. Remediation of heavy metal(loid)s contaminated soils–To mobilize or to immobilize?. Journal of Hazardous Materials, 266: 141-166.

Boland D D, Collins R N, Glover C J, et al., 2014. Reduction of U(VI) by Fe(II) during the Fe(II)-accelerated transformation of ferrihydrite. Environmental Science & Technology, 48(16): 9086-9093.

Boland D D, Collins R N, Payne T E, et al., 2011. Effect of amorphous Fe(III) oxide transformation on the Fe(II)-mediated reduction of U(VI). Environmental Science & Technology, 45(4): 1327-1333.

Bolanz R M, Wierzbicka-Wieczorek M, Čaplovičová M, et al., 2013. Structural incorporation of As^{5+} into hematite. Environmental Science & Technology, 47(16): 9140-9147.

Bonanno G, 2013. Comparative performance of trace element bioaccumulation and biomonitoring in the plant species *Typha domingensis*, *Phragmites australis* and *Arundo donax*. Ecotoxicology and Environmental Safety, 97: 124-130.

Borch T, Kretzschmar R, Kappler A, et al., 2010. Biogeochemical redox processes and their impact on contaminant dynamics. Environmental Science & Technology, 44(1): 15-23.

Boyd G R, Dewis K M, Korshin G V, et al., 2008. Effects of changing disinfectants on lead and copper release. Journal AWWA, 100(11): 75-87.

Brunner I, Luster J, Günthardt-Goerg M S, et al., 2008. Heavy metal accumulation and phytostabilisation potential of tree fine roots in a contaminated soil. Environmental Pollution, 152(3): 559-568.

Bueno Guerra M B, Carapelli R, Miranda K, et al., 2011. Determination of As and in mineral waters by fast sequential continuous flow hydride generation atomic absorption spectrometry. Analytical Methods, 3(3): 599-605.

Buerge I J, Hug S J, 1999. Influence of mineral surfaces on chromium(VI) reduction by iron(II). Environmental Science & Technology, 33(23): 4285-4291.

Burden F R, Foerstner U, McKelvie I D, et al., 2002. Environmental monitoring handbook. New York: McGraw-Hill.

Canfield D E, 1997. The geochemistry of river particulates from the continental USA: Major elements. Geochimica et Cosmochimica Acta, 61(16): 3349-3365.

Careghini A, Dastoli S, Ferrari G, et al., 2010. Sequential solidification/stabilization and thermal process under vacuum for the treatment of mercury in sediments. Journal of Soils and Sediments, 10(8): 1646-1656.

Chai L Y, Yue M Q, Li Q Z, et al., 2018. Enhanced stability of tooeleite by hydrothermal method for the fixation of arsenite. Hydrometallurgy, 175: 93-101.

Chai L Y, Yue M Q, Yang J Q, et al., 2016. Formation of tooeleite and the role of direct removal of As(III) from high-arsenic acid wastewater. Journal of Hazardous Materials, 320: 620-627.

Chang C Y, Hsu C P, Jann J S, et al., 1993. Stabilization of mercury containing sludge by a combined process of two-stage pretreatment and solidification. Journal of Hazardous Materials, 35(1): 73-88.

Chang T C, Yen J H, 2006. On-site mercury-contaminated soils remediation by using thermal desorption technology. Journal of Hazardous Materials, 128(2/3): 208-217.

Chen C M, Kukkadapu R, Sparks D L, 2015. Influence of coprecipitated organic matter on $Fe^{2+}_{(aq)}$-catalyzed transformation of ferrihydrite: implications for carbon dynamics. Environmental Science & Technology, 49(18): 10927-10936.

Chen D X, Xiao J, 2016. Improving gold recovery of Pb-Zn sulfide ore by selective activation with organic acid. Rare Metals, 35(2): 198-203.

Chen G, Ye Y C, Yao N, et al., 2021. A critical review of prevention, treatment, reuse, and resource recovery from acid mine drainage. Journal of Cleaner Production, 329: 129666.

Chen J, Shi Y, Hou H J, et al., 2018a. Stabilization and mineralization mechanism of Cd with Cu-loaded attapulgite stabilizer assisted with microwave irradiation. Environmental Science & Technology, 52(21): 12624-12632.

Chen Q Y, Tyrer M, Hills C D, et al., 2009. Immobilisation of heavy metal in cement-based solidification/ stabilisation: a review. Waste Management, 29(1): 390-403.

Chen Q Y, Yao Y, Li X Y, et al., 2018b. Comparison of heavy metal removals from aqueous solutions by chemical precipitation and characteristics of precipitates. Journal of Water Process Engineering, 26: 289-300.

Chen T B, Fan Z L, Lei M, et al., 2002a. Effect of phosphorus on arsenic accumulation in As-hyperaccumulator *Pteris vittata* L. and its implication. Chinese Science Bulletin, 47(22): 1876-1879.

Chen T B, Wei C, Huang Z, et al., 2002b. Arsenic hyperaccumulator *Pteris vittata* L. and its arsenic accumulation. Chinese Science Bulletin, 47(11): 902-905.

Cheung C W, Porter J F, McKay G, 2000. Elovich equation and modified second-order equation for sorption of cadmium ions onto bone char. Journal of Chemical Technology & Biotechnology, 75(11): 963-970.

Chindaprasirt P, Pimraksa K, 2008. A study of fly ash-lime granule unfired brick. Powder Technology, 182(1): 33-41.

Choppala G, Burton E D, 2018. Chromium(III) substitution inhibits the Fe(II)-accelerated transformation of schwertmannite. PLoS One, 13(12): e0208355.

Choppala G, Lamb D, Aughterson R, et al., 2022. Tooeleite transformation and coupled As(III) mobilization are induced by Fe(II) under anoxic, circumneutral conditions. Environmental Science & Technology, 56(13): 9446-9452.

Christie S, Teeuw R M, 1998. Contaminated land policy within the European Union. European Environment, 8(1): 7-14.

Cody A M, Lee H, Cody R D, et al., 2004. The effects of chemical environment on the nucleation, growth, and stability of ettringite $[Ca_3Al(OH)_6]_2(SO_4)_3 \cdot 26H_2O$. Cement and Concrete Research, 34(5): 869-881.

Colombo P, Brusatin G, Bernardo E, et al., 2003. Inertization and reuse of waste materials by vitrification and fabrication of glass-based products. Current Opinion in Solid State and Materials Science, 7(3): 225-239.

Conner J R, 1990. Chemical fixation and solidification of hazardous wastes. New York: Van Nostrand Reinhold.

Cornell R M, Giovanoli R, 1989. Effect of cobalt on the formation of crystalline iron oxides from ferrihydrite in alkaline media. Clays and Clay Minerals, 37(1): 65-70.

Cornell R M, Schwertmann U, 2003. The iron oxides: structure, properties, reactions, occurrences, and uses. 2 ed. Weinheim: Wiley-VCH.

Coughlin B R, Stone A T, 1995. Nonreversible adsorption of divalent metal ions (MnII, CoII, NiII, CuII, and PbII) onto goethite: effects of acidification, FeII addition, and picolinic acid addition. Environmental Science & Technology, 29(9): 2445-2455.

Dai D W, Li C P, Ren L M, 2014. Technology of non-burned brick using heavy metal polluted soil and solidification of heavy metal. Advanced Materials Research, 955-959: 2709-2713.

Darwish H, Gomaa M M, 2006. Effect of compositional changes on the structure and properties of alkali-alumino borosilicate glasses. Journal of Materials Science: Materials in Electronics, 17(1): 35-42.

Davies S H R, Morgan J J, 1989. Manganese(II) oxidation kinetics on metal oxide surfaces. Journal of Colloid and Interface Science, 129(1): 63-77.

Debela F, Arocena J M, Thring R W, et al., 2010. Organic acid-induced release of lead from pyromorphite and its relevance to reclamation of Pb-contaminated soils. Chemosphere, 80(4): 450-456.

Deokattey S, Bhanumurthy K, Wattal P K, 2013. High level waste management in Asia: R&D perspectives. Progress in Nuclear Energy, 62: 37-45.

Dewey C, Sokaras D, Kroll T, et al., 2020. Calcium-uranyl-carbonato species kinetically limit U(VI) reduction by Fe(II) and lead to U(V)-bearing ferrihydrite. Environmental Science & Technology, 54(10): 6021-6030.

Di Benedetto F, Costagliola P, Benvenuti M, et al., 2006. Arsenic incorporation in natural calcite lattice: Evidence from electron spin echo spectroscopy. Earth and Planetary Science Letters, 246(3/4): 458-465.

Dick G J, Clement B G, Webb S M, et al., 2009. Enzymatic microbial Mn(II) oxidation and Mn biooxide production in the Guaymas Basin deep-sea hydrothermal plume. Geochimica et Cosmochimica Acta, 73(21): 6517-6530.

Dold B, 2010. Basic concepts in environmental geochemistry of sulfidic mine-waste management//Kumar E S. Waste Management. Croatia: InTech.

Donald I W, Metcalfe B L, Taylor R N J, 1997. The immobilization of high level radioactive wastes using ceramics and glasses. Journal of Materials Science, 32(22): 5851-5887.

Dondi M, Cappelletti P, D'Amore M, et al., 2016. Lightweight aggregates from waste materials: reappraisal of expansion behavior and prediction schemes for bloating. Construction and Building Materials, 127: 394-409.

Dong J, Chi Y, Tang Y J, et al., 2015. Partitioning of heavy metals in municipal solid waste pyrolysis, gasification, and incineration. Energy & Fuels, 29(11): 7516-7525.

Dousova B, Buzek F, Lhotka M, et al., 2016. Leaching effect on arsenic mobility in agricultural soils. Journal of Hazardous Materials, 307: 231-239.

Du Y J, Jiang N J, Liu S Y, et al., 2014a. Engineering properties and microstructural characteristics of cement-stabilized zinc-contaminated kaolin. Canadian Geotechnical Journal, 51(3): 289-302.

Du Y J, Wei M L, Reddy K R, et al., 2014b. Compressibility of cement-stabilized zinc-contaminated high plasticity clay. Natural Hazards, 73(2): 671-683.

Duckworth O W, Martin S T, 2004. Role of molecular oxygen in the dissolution of siderite and rhodochrosite.

Geochimica et Cosmochimica Acta, 68(3): 607-621.

Elzinga E J, 2011. Reductive transformation of birnessite by aqueous Mn(II). Environmental Science & Technology, 45(15): 6366-6372.

Fan C H, Qian J S, Yang Y, et al., 2021. Green ceramsite production *via* calcination of chromium contaminated soil and the toxic Cr(VI) immobilization mechanisms. Journal of Cleaner Production, 315: 128204.

Fan C, Guo C L, Chen M Q, et al., 2019. Transformation of cadmium-associated schwertmannite and subsequent element repartitioning behaviors. Environmental Science and Pollution Research International, 26(1): 617-627.

Fan C, Guo C L, Chen W, et al., 2023. Fe(II)-mediated transformation of schwertmannite associated with calcium from acid mine drainage treatment. Journal of Environmental Sciences, 126: 612-620.

Fan L J, Dai Y S, Zhao Q N, et al., 2017. Exploration of the PIPP financing model in brownfield remediation. China City Planning Review, 26(1): 46-51.

Feng X H, Zhai L M, Tan W F, et al., 2007. Adsorption and redox reactions of heavy metals on synthesized Mn oxide minerals. Environmental Pollution, 147(2): 366-373.

Fernandez-Martinez A, Timon V, Roman-Ross G, et al., 2010. The structure of schwertmannite, a nanocrystalline iron oxyhydroxysulfate. American Mineralogist, 95(8/9): 1312-1322.

Frierdich A J, Catalano J G, 2012a. Controls on Fe(II)-activated trace element release from goethite and hematite. Environmental Science & Technology, 46(3): 1519-1526.

Frierdich A J, Catalano J G, 2012b. Fe(II)-mediated reduction and repartitioning of structurally incorporated Cu, Co, and Mn in iron oxides. Environmental Science & Technology, 46(20): 11070-11077.

Frierdich A J, Luo Y, Catalano J G, 2011. Trace element cycling through iron oxide minerals during redox-driven dynamic recrystallization. Geology, 39(11): 1083-1086.

Frohne T, Rinklebe J, Diaz-Bone R A, et al., 2011. Controlled variation of redox conditions in a floodplain soil: Impact on metal mobilization and biomethylation of arsenic and antimony. Geoderma, 160(3/4): 414-424.

Frost R L, Scholz R, López A, et al., 2014. A Raman and infrared spectroscopic characterisation of the phosphate mineral phosphohedyphane $Ca_2Pb_3(PO4)_3Cl$ from the Roote mine, *Nevada*, USA. Spectrochimica Acta Part A: Molecular and Biomolecular Spectroscopy, 127: 237-242.

Gadayev A, Kodess B, 1999. By-product materials in cement clinker manufacturing. Cement and Concrete Research, 29(2): 187-191.

Galende M A, Becerril J M, Barrutia O, et al., 2014. Field assessment of the effectiveness of organic amendments for aided phytostabilization of a Pb-Zn contaminated mine soil. Journal of Geochemical Exploration, 145: 181-189.

Garcia-Muñoz P, Fresno F, de la Peña O'Shea V A, et al., 2019. Ferrite materials for photoassisted environmental and solar fuels applications. Topics in Current Chemistry, 378(1): 6.

Garcia-Valles M, Avila G, Martinez S, et al., 2007. Heavy metal-rich wastes sequester in mineral phases through a glass-ceramic process. Chemosphere, 68(10): 1946-1953.

Geng B, Jin Z H, Li T L, et al., 2009. Kinetics of hexavalent chromium removal from water by chitosan-Fe0 nanoparticles. Chemosphere, 75(6): 825-830.

Geng C, Chen C, Shi X F, et al., 2020a. Recovery of metals from municipal solid waste incineration fly ash and red mud *via* a co-reduction process. Resources, Conservation and Recycling, 154: 104600.

Geng C, Liu J G, Wu S C, et al., 2020b. Novel method for comprehensive utilization of MSWI fly ash through co-reduction with red mud to prepare crude alloy and cleaned slag. Journal of Hazardous Materials, 384: 121315.

Gomez M A, Jiang R N, Song M, et al., 2020. Further insights into the Fe(II) reduction of 2-line ferrihydrite: a semi in situ and in situ TEM study. Nanoscale Advances, 2(10): 4938-4950.

González-Corrochano B, Alonso-Azcárate J, Rodríguez L, et al., 2018. Effect heating dwell time has on the retention of heavy metals in the structure of lightweight aggregates manufactured from wastes. Environmental Technology, 39(19): 2511-2523.

Gorski C A, Fantle M S, 2017. Stable mineral recrystallization in low temperature aqueous systems: a critical review. Geochimica et Cosmochimica Acta, 198: 439-465.

Gorski C A, Handler R M, Beard B L, et al., 2012. Fe atom exchange between aqueous Fe^{2+} and magnetite. Environmental Science & Technology, 46(22): 12399-12407.

Gougar M L D, Scheetz B E, Roy D M, 1996. Ettringite and C–S–H Portland cement phases for waste ion immobilization: a review. Waste Management, 16(4): 295-303.

Gu X Y, Evans L J, Barabash S J, 2010. Modeling the adsorption of Cd(II), Cu(II), Ni(II), Pb(II) and Zn(II) onto montmorillonite. Geochimica et Cosmochimica Acta, 74(20): 5718-5728.

Gubler R, ThomasArrigo L K, 2021. Ferrous iron enhances arsenic sorption and oxidation by non-stoichiometric magnetite and maghemite. Journal of Hazardous Materials, 402: 123425.

Guo H B, Barnard A S, 2013. Naturally occurring iron oxide nanoparticles: morphology, surface chemistry and environmental stability. Journal of Materials Chemistry A, 1(1): 27-42.

Guo P, Wang T, Liu Y L, et al., 2014. Phytostabilization potential of evening primrose (*Oenothera glazioviana*) for copper-contaminated sites. Environmental Science and Pollution Research, 21(1): 631-640.

Guo X, Wang J L, 2019. A general kinetic model for adsorption: Theoretical analysis and modeling. Journal of Molecular Liquids, 288: 111100.

Hai J, Liu L H, Tan W F, et al., 2020. Catalytic oxidation and adsorption of Cr(III) on iron-manganese nodules under oxic conditions. Journal of Hazardous Materials, 390: 122166.

Hakanson L, 1980. An ecological risk index for aquatic pollution control. a sedimentological approach. Water Research, 14(8): 975-1001.

Handler R M, Beard B L, Johnson C M, et al., 2009. Atom exchange between aqueous Fe(II) and goethite: an Fe isotope tracer study. Environmental Science & Technology, 43(4): 1102-1107.

Handler R M, Frierdich A J, Johnson C M, et al., 2014. Fe(II)-catalyzed recrystallization of goethite revisited. Environmental Science & Technology, 48(19): 11302-11311.

Hansel C M, Learman D R, Lentini C J, et al., 2011. Effect of adsorbed and substituted Al on Fe(II)-induced mineralization pathways of ferrihydrite. Geochimica et Cosmochimica Acta, 75(16): 4653-4666.

Hattab N, Motelica-Heino M, Bourrat X, et al., 2014. Mobility and phytoavailability of Cu, Cr, Zn, and As in a contaminated soil at a wood preservation site after 4 years of aided phytostabilization. Environmental Science and Pollution Research, 21(17): 10307-10319.

He Y, Bao W M, Song C L, 2002. Microstructure and leach rates of apatite glass-ceramics as a host for Sr high-level liquid waste. Journal of Nuclear Materials, 305(2/3): 202-208.

Heggo A, Angle J S, Chaney R L, 1990. Effects of vesicular-arbuscular mycorrhizal fungi on heavy metal uptake by soybeans. Soil Biology and Biochemistry, 22(6): 865-869.

Hem J D, Lind C J, 1983. Nonequilibrium models for predicting forms of precipitated manganese oxides. Geochimica et Cosmochimica Acta, 47(11): 2037-2046.

Henry M, Jolivet J P, Livage J, 1992. Aqueous chemistry of metal cations: hydrolysis, condensation and complexation//Reisfeld R, JJørgensen C K, eds. Chemistry, spectroscopy and applications of sol-gel glasses. Berlin Heidelberg: Springer-Verlag.

Hens T, Brugger J, Cumberland S A, et al., 2018. Recrystallization of manganite (γ-MnOOH) and implications for trace element cycling. Environmental Science & Technology, 52(3): 1311-1319.

Hens T, Brugger J, Etschmann B, et al., 2019. Nickel exchange between aqueous Ni(II) and deep-sea ferromanganese nodules and crusts. Chemical Geology, 528: 119276.

Hettiarachchi G M, Pierzynski G M, Ransom M D, 2000. In situ stabilization of soil lead using phosphorus and manganese oxide. Journal of Environmental Quality, 31(2): 564-572.

Hiemstra T, 2013. Surface and mineral structure of ferrihydrite. Geochimica et Cosmochimica Acta, 105: 316-325.

Hiemstra T, 2015. Formation, stability, and solubility of metal oxide nanoparticles: surface entropy, enthalpy, and free energy of ferrihydrite. Geochimica et Cosmochimica Acta, 158: 179-198.

Hinkle M A G, Dye K G, Catalano J G, 2017. Impact of Mn(II)-manganese oxide reactions on Ni and Zn speciation. Environmental Science & Technology, 51(6): 3187-3196.

Hiroki M, 1992. Effects of heavy metal contamination on soil microbial population. Soil Science and Plant Nutrition, 38(1): 141-147.

Hongshao Z, Stanforth R, 2001. Competitive adsorption of phosphate and arsenate on goethite. Environmental Science & Technology, 35(24): 4753-4757.

Honma T, Ohba H, Kaneko A, et al., 2016. Effects of soil amendments on arsenic and cadmium uptake by rice plants (*Oryza sativa* L. cv. *Koshihikari*) under different water management practices. Soil Science and Plant Nutrition, 62(4): 349-356.

Hseu Z Y, Huang Y T, Hsi H C, 2014. Effects of remediation train sequence on decontamination of heavy metal-contaminated soil containing mercury. Journal of the Air & Waste Management Association, 64(9): 1013-1020.

Hu B F, Wang J Y, Jin B, et al., 2017. Assessment of the potential health risks of heavy metals in soils in a coastal industrial region of the Yangtze River Delta. Environmental Science and Pollution Research International, 24(24): 19816-19826.

Hu E D, Pan S Y, Zhang W Z, et al., 2019. Impact of dissolved O_2 on phenol oxidation by δ-MnO_2. Environmental Science Processes & Impacts, 21(12): 2118-2127.

Hua J, Fei Y H, Feng C H, et al., 2022. Anoxic oxidation of As(III) during Fe(II)-induced goethite recrystallization: evidence and importance of Fe(IV) intermediate. Journal of Hazardous Materials, 421: 126806.

Hua J, Liu C S, Li F B, et al., 2019. Effects of rare earth elements' physicochemical properties on their stabilization during the Fe(II)$_{aq}$-induced phase transformation of ferrihydrite. ACS Earth and Space Chemistry, 3(6): 895-904

Huang X F, Li X, He L Y, et al., 2010. 5-Year study of rainwater chemistry in a coastal mega-city in South China. Atmospheric Research, 97(1/2): 185-193.

Huang X P, Hou X J, Zhang X, et al., 2018. Facet-dependent contaminant removal properties of hematite nanocrystals and their environmental implications. Environmental Science: Nano, 5(8): 1790-1806.

Huang Y, Wang L Y, Wang W J, et al., 2019. Current status of agricultural soil pollution by heavy metals in China: a meta-analysis. Science of the Total Environment, 651: 3034-3042.

Hughes J, Cameron M, Crowley K, 1989. Structural variations in natural F, OH, and Cl apatites. American Mineralogist, 74(7/8): 870-876.

Huhmann B L, Neumann A, Boyanov M I, et al., 2017. Emerging investigator series: As(V) in magnetite: incorporation and redistribution. Environmental Science Processes & Impacts, 19(10): 1208-1219.

Igalavithana A D, Park J, Ryu C, et al., 2017. Slow pyrolyzed biochars from crop residues for soil metal(loid) immobilization and microbial community abundance in contaminated agricultural soils. Chemosphere, 177: 157-166.

Inglezakis V J, Fyrillas M M, Stylianou M A, 2018. Two-phase homogeneous diffusion model for the fixed bed sorption of heavy metals on natural zeolites. Microporous and Mesoporous Materials, 266: 164-176.

Inyang H I, Onwawoma A, Bae S, 2016. The Elovich equation as a predictor of lead and cadmium sorption rates on contaminant barrier minerals. Soil and Tillage Research, 155: 124-132.

Islam M S, Chen Y L, Weng L P, et al., 2021. Watering techniques and zero-valent iron biochar pH effects on As and Cd concentrations in rice rhizosphere soils, tissues and yield. Journal of Environmental Sciences, 100: 144-157.

Jalali M, Khanlari Z V, 2008. Effect of aging process on the fractionation of heavy metals in some calcareous soils of Iran. Geoderma, 143(1/2): 26-40.

Jambor J, Weisener C, 2005. The geochemistry of acid mine drainage. Environmental Geochemistry, 9: 149-166.

Jambunathan N, Sanjayan J G, Pan Z, et al., 2013. The role of alumina on performance of alkali-activated slag paste exposed to 50℃. Cement and Concrete Research, 54: 143-150.

Jeon B H, Dempsey B A, Burgos W D, et al., 2001. Reactions of ferrous iron with hematite. Colloids and Surfaces A: Physicochemical and Engineering Aspects, 191(1/2): 41-55.

Jeon B H, Dempsey B A, Burgos W D, et al., 2003. Sorption kinetics of Fe(II), Zn(II), Co(II), Ni(II), Cd(II), and Fe(II)/Me(II) onto hematite. Water Research, 37(17): 4135-4142.

Jeon B H, Dempsey B A, Burgos W D, et al., 2005. Chemical reduction of U(VI) by Fe(II) at the solid-water interface using natural and synthetic Fe(III) oxides. Environmental Science & Technology, 39(15): 5642-5649.

Jin X H, Guo C L, Li X F, et al., 2021. Arsenic partitioning during schwertmannite dissolution and recrystallization in the presence of Fe(II) and oxalic acid. ACS Earth and Space Chemistry, 5(5): 1058-1070.

Kakali G, Tsivilis S, Tsialtas A, 1998. Hydration of ordinary Portland cements made from raw mix containing transition element oxides Cement and Concrete Research, 28(3): 335-340.

Kanel S R, Greneche J M, Choi H, 2006. Arsenic(V) removal from groundwater using nano scale zero-valent iron as a colloidal reactive barrier material. Environmental Science & Technology, 40(6): 2045-2050.

Karami N, Clemente R, Moreno-Jiménez E, et al., 2011. Efficiency of green waste compost and biochar soil amendments for reducing lead and copper mobility and uptake to ryegrass. Journal of Hazardous Materials, 191(1/2/3): 41-48.

Karimian N, Hockmann K, Planer-Friedrich B, et al., 2021. Antimonate controls manganese(II)-induced transformation of birnessite at a circumneutral pH. Environmental Science & Technology, 55(14): 9854-9863.

Karimian N, Johnston S G, Burton E D, 2017. Antimony and arsenic behavior during Fe(II)-induced transformation of jarosite. Environmental Science & Technology, 51(8): 4259-4268.

Karimian N, Johnston S G, Burton E D, 2018. Antimony and arsenic partitioning during Fe^{2+}-induced transformation of jarosite under acidic conditions. Chemosphere, 195: 515-523.

Kendall M R, Madden A S, Elwood Madden M E, et al., 2013. Effects of arsenic incorporation on jarosite dissolution rates and reaction products. Geochimica et Cosmochimica Acta, 112: 192-207.

Khalid S, Shahid M, Niazi N K, et al., 2017. A comparison of technologies for remediation of heavy metal contaminated soils. Journal of Geochemical Exploration, 182: 247-268.

Khan F I, Husain T, Hejazi R, 2004. An overview and analysis of site remediation technologies. Journal of Environmental Management, 71(2): 95-122.

Kim H J, Kim Y, 2021. Schwertmannite transformation to goethite and the related mobility of trace metals in acid mine drainage. Chemosphere, 269: 128720.

Kim S O, Kim W S, Kim K W, 2005. Evaluation of electrokinetic remediation of arsenic-contaminated soils. Environmental Geochemistry and Health, 27(5/6): 443-453.

Kirillov S A, Aleksandrova V S, Lisnycha T V, et al., 2009. Oxidation of synthetic hausmannite (Mn_3O_4) to manganite (MnOOH). Journal of Molecular Structure, 928(1/2/3): 89-94.

Kleber M, Bourg I C, Coward E K, et al., 2021. Dynamic interactions at the mineral-organic matter interface. Nature Reviews Earth & Environment, 2: 402-421.

Komarneni S, Scheetz B E, 1981. Hydrothermal interactions of basalts with Cs and Sr of spent fuel elements Implications to basalt as a nuclear waste repository. Journal of Inorganic and Nuclear Chemistry, 43(9): 1967-1975.

Kotrba P, 2011. Microbial biosorption of metals: general introduction//Kotrba P, Mackova M, Macek T. Microbial Biosorption of Metals. Dordrecht: Springer.

Krishnamurti G S R, Naidu R, 2002. Solid-solution speciation and phytoavailability of copper and zinc in soils. Environmental Science & Technology, 36(12): 2645-2651.

Kukkadapu R K, Zachara J M, Fredrickson J K, et al., 2003. Transformation of 2-line ferrihydrite to 6-line ferrihydrite under oxic and anoxic conditions. American Mineralogist, 88(11/12): 1903-1914.

Kumpiene J, Lagerkvist A, Maurice C, 2008. Stabilization of As, Cr, Cu, Pb and Zn in soil using amendments: a review. Waste Management, 28(1): 215-225.

Kwan S, LaRosa-Thompson J, Grutzeck M W, 1996. Structures and phase relations of aluminum-substituted calcium silicate hydrate. Journal of the American Ceramic Society, 79(4): 967-971.

La Force M J, Hansel C M, Fendorf S, 2002. Seasonal transformations of manganese in a palustrine emergent wetland. Soil Science Society of America Journal, 66(4): 1377-1389.

Lageman R, 1993. Electroreclamation. applications in the Netherlands. Environmental Science & Technology, 27(13): 2648-2650.

Latta D E, Gorski C A, Scherer M M, 2012. Influence of Fe^{2+}-catalysed iron oxide recrystallization on metal cycling. Biochemical Society Transactions, 40(6): 1191-1197.

Lee D J, 2007. Formation of leadhillite and calcium lead silicate hydrate (C–Pb–S–H) in the solidification/stabilization of lead contaminants. Chemosphere, 66(9): 1727-1733.

Lefkowitz J P, Elzinga E J, 2015. Impacts of aqueous Mn(II) on the sorption of Zn(II) by hexagonal birnessite. Environmental Science & Technology, 49(8): 4886-4893.

Lefkowitz J P, Elzinga E J, 2017. Structural alteration of hexagonal birnessite by aqueous Mn(II): impacts on Ni(II) sorption. Chemical Geology, 466: 524-532.

Lesa B, Aneggi E, Rossi G, et al., 2009. Bench-scale tests on ultrasound-assisted acid washing and thermal desorption of mercury from dredging sludge and other solid matrices. Journal of Hazardous Materials, 171(1/2/3): 647-653.

Li D, Niu Y Y, Fan M, et al., 2013. Focusing phenomenon caused by soil conductance heterogeneity in the electrokinetic remediation of chromium(VI)-contaminated soil. Separation and Purification Technology, 120: 52-58.

Li H, Luo N, Li Y W, et al., 2017. Cadmium in rice: transport mechanisms, influencing factors, and minimizing measures. Environmental Pollution, 224: 622-630.

Li J F, Xie Y Y, Lu G N, et al., 2018. Effect of Cu(II) on the stability of oxyanion-substituted schwertmannite. Environmental Science and Pollution Research International, 25(16): 15492-15506.

Li J H, Jia C J, Lu Y, et al., 2015. Multivariate analysis of heavy metal leaching from urban soils following simulated acid rain. Microchemical Journal, 122: 89-95.

Li J N, Hashimoto Y, Riya S, et al., 2019. Removal and immobilization of heavy metals in contaminated soils by chlorination and thermal treatment on an industrial-scale. Chemical Engineering Journal, 359: 385-392.

Li J P, Tian X C, Bai R, et al., 2022. Transforming cerussite to pyromorphite by immobilising Pb(II) using hydroxyapatite and *Pseudomonas rhodesiae*. Chemosphere, 287: 132235.

Li L S, Shu X Y, Tang H X, et al., 2021. Immobilize CeO_2 as simulated nuclear waste in natural magmatic granite: maximum solid solubility. Journal of Radioanalytical and Nuclear Chemistry, 328(3): 795-803.

Li X W, Zhang Q W, Yang B, 2020a. Co-precipitation with $CaCO_3$ to remove heavy metals and significantly reduce the moisture content of filter residue. Chemosphere, 239: 124660.

Li Y, Wei G L, Liang X L, et al., 2020b. Metal substitution-induced reducing capacity of magnetite coupled with aqueous Fe(II). ACS Earth and Space Chemistry, 4(6): 905-911.

Liang X L, Zhong Y H, Zhu S Y, et al., 2013. The valence and site occupancy of substituting metals in magnetite spinel structure $Fe_{3-x}M_xO_4$ (M = Cr, Mn, Co and Ni) and their influence on thermal stability: an XANES and TG-DSC investigation. Solid State Sciences, 15: 115-122.

Liao C Z, Tang Y Y, Lee P H, et al., 2017. Detoxification and immobilization of chromite ore processing residue in spinel-based glass-ceramic. Journal of Hazardous Materials, 321: 449-455.

Liao C Z, Tang Y Y, Liu C S, et al., 2016. Double-Barrier mechanism for chromium immobilization: a quantitative study of crystallization and leachability. Journal of Hazardous Materials, 311: 246-253.

Lima T A R M, Brito N S, Peixoto J A, et al., 2015. The incorporation of chromium(III) into hydroxyapatite crystals. Materials Letters, 140: 187-191.

Liu C S, Chen M J, Li F B, et al., 2019a. Stabilization of Cd^{2+}/Cr^{3+} during aqueous Fe(II)-induced recrystallization of Al-substituted goethite. Soil Science Society of America Journal, 83(2): 483-491.

Liu C S, Zhu Z K, Li F B, et al., 2016a. Fe(II)-induced phase transformation of ferrihydrite: the inhibition effects and stabilization of divalent metal cations. Chemical Geology, 444: 110-119.

Liu J, Chen Q, Yang Y, et al., 2022. Coupled redox cycling of Fe and Mn in the environment: the complex interplay of solution species with Fe- and Mn-(oxyhydr)oxide crystallization and transformation. Earth-Science Reviews, 232: 104105.

Liu J F, Wang F, Liao Q L, et al., 2019b. Synthesis and characterization of phosphate-based glass-ceramics for nuclear waste immobilization: structure, thermal behavior, and chemical stability. Journal of Nuclear Materials, 513: 251-259.

Liu J, He L L, Chen S, et al., 2016b. Characterization of the dissolution of tooeleite under *Acidithiobacillus ferrooxidans* relevant to mineral trap for arsenic removal. Desalination and Water Treatment, 57(32): 15108-15114.

Liu J, Inoué S, Zhu R L, et al., 2021. Facet-specific oxidation of Mn(II) and heterogeneous growth of manganese (oxyhydr)oxides on hematite nanoparticles. Geochimica et Cosmochimica Acta, 307: 151-167.

Liu L H, Jia Z H, Tan W F, et al., 2018a. Abiotic photomineralization and transformation of iron oxide nanominerals in aqueous systems. Environmental Science: Nano, 5(5): 1169-1178.

Liu L W, Li W, Song W P, et al., 2018b. Remediation techniques for heavy metal-contaminated soils: principles and applicability. Science of the Total Environment, 633: 206-219.

Liu M W, Xu G R, Li G B, 2017a. Effect of the ratio of components on the characteristics of lightweight aggregate made from sewage sludge and river sediment. Process Safety and Environmental Protection, 105: 109-116.

Liu W H, Mei Y, Etschmann B, et al., 2017b. Arsenic in hydrothermal apatite: oxidation state, mechanism of uptake, and comparison between experiments and nature. Geochimica et Cosmochimica Acta, 196: 144-159.

Liu W, Hao J H, Elzinga E J, et al., 2020. Anoxic photogeochemical oxidation of manganese carbonate yields manganese oxide. Proceedings of the National Academy of Sciences of the United States of America, 117(37): 22698-22704.

Loiseau P, Caurant D, Majerus O, et al., 2003. Crystallization study of (TiO_2, ZrO_2)-rich SiO_2-Al_2O_3-CaO glasses Part II Surface and internal crystallization processes investigated by differential thermal analysis (DTA). Journal of Materials Science, 38(4): 853-864.

Lu A H, Li Y, Liu F F, et al., 2021. The photogeochemical cycle of Mn oxides on the Earth's surface. Mineralogical Magazine, 85(1): 22-38.

Lu F Y, Dong Z L, Zhang J M, et al., 2013. Tailoring the radiation tolerance of vanadate–phosphate fluorapatites by chemical composition control. RSC Advances, 3(35): 15178-15184.

Lu X R, Chen S Z, Shu X Y, et al., 2018. Immobilisation of nuclear waste by microwave sintering with a natural magmatic rock. Philosophical Magazine Letters, 98(4): 155-160.

Lu X W, Ning X N, Lee P H, et al., 2017. Transformation of hazardous lead into lead ferrite ceramics: crystal structures and their role in lead leaching. Journal of Hazardous Materials, 336: 139-145.

Lu X W, Shih K, 2011. Phase transformation and its role in stabilizing simulated lead-laden sludge in aluminum-rich ceramics. Water Research, 45(16): 5123-5129.

Lu X W, Shih K, 2012. Metal stabilization mechanism of incorporating lead-bearing sludge in kaolinite-based ceramics. Chemosphere, 86(8): 817-821.

Lukens W W, Magnani N, Tyliszczak T, et al., 2016. Incorporation of technetium into spinel ferrites. Environmental Science & Technology, 50(23): 13160-13168.

Luo C, Routh J, Dario M, et al., 2020. Distribution and mobilization of heavy metals at an acid mine drainage affected region in South China, a post-remediation study. Science of the Total Environment, 724: 138122.

Ma G J, Garbers-Craig A M, 2009. Stabilisation of Cr(VI) in stainless steel plant dust through sintering using silica-rich clay. Journal of Hazardous Materials, 169(1/2/3): 210-216.

Ma W, Tang Y Y, Wu P F, et al., 2019. Sewage sludge incineration ash for coimmobilization of lead, zinc and copper: Mechanisms of metal incorporation and competition. Waste Management, 99: 102-111.

Ma Y, Dong B B, Bai Y Y, et al., 2018. Remediation status and practices for contaminated sites in China: survey-based analysis. Environmental Science and Pollution Research International, 25(33): 33216-33224.

Madden A S, Hochella M F, Luxton T P, 2006. Insights for size-dependent reactivity of hematite nanomineral surfaces through Cu^{2+} sorption. Geochimica et Cosmochimica Acta, 70(16): 4095-4104.

Maejima Y, Makino T, Takano H, et al., 2007. Remediation of cadmium-contaminated paddy soils by washing with chemicals: effect of soil washing on cadmium uptake by soybean. Chemosphere, 67(4): 748-754.

Mahar A, Wang P, Ali A, et al., 2016. Challenges and opportunities in the phytoremediation of heavy metals contaminated soils: a review. Ecotoxicology and Environmental Safety, 126: 111-121.

Mahzuz H M A, Alam R, Alam M M, et al., 2009. Use of arsenic contaminated sludge in making ornamental bricks. International Journal of Environmental Science and Technology, 6(2): 291-298.

Majzlan J, Dachs E, Benisek A, et al., 2016. Thermodynamic properties of tooeleite, $Fe_6^{3+}(As^{3+}O_3)_4(SO_4)(OH)_4 \cdot 4H_2O$. Geochemistry, 76(3): 419-428.

Malhotra S K, Tehri S P, 1996. Development of bricks from granulated blast furnace slag. Construction and Building Materials, 10(3): 191-193.

Mallampati S R, Mitoma Y, Okuda T, et al., 2015. Dynamic immobilization of simulated radionuclide ^{133}Cs in soil by thermal treatment/vitrification with nanometallic Ca/CaO composites. Journal of Environmental Radioactivity, 139: 118-124.

Malviya R, Chaudhary R, 2006. Leaching behavior and immobilization of heavy metals in solidified/ stabilized products. Journal of Hazardous Materials, 137(1): 207-217.

Manceau A, Schlegel M L, Musso M, et al., 2000. Crystal chemistry of trace elements in natural and synthetic goethite. Geochimica et Cosmochimica Acta, 64(21): 3643-3661.

Mann M J, 1999. Full-scale and pilot-scale soil washing. Journal of Hazardous Materials, 66(1/2): 119-136.

Mao G Z, Shi T T, Zhang S, et al., 2018. Bibliometric analysis of insights into soil remediation. Journal of Soils and Sediments, 18(7): 2520-2534.

Mao L Q, Gao B Y, Deng N, et al., 2015. The role of temperature on Cr(VI) formation and reduction during heating of chromium-containing sludge in the presence of CaO. Chemosphere, 138: 197-204.

Mao L Q, Tang R Z, Wang Y C, et al., 2018. Stabilization of electroplating sludge with iron sludge by thermal treatment via incorporating heavy metals into spinel phase. Journal of Cleaner Production, 187: 616-624.

Maronezi V, Shinzato M C, 2023. Understanding the abiotic mechanisms for the removal of Cr(VI) through interactions with the components of an Oxisol and peat as part of a nature-based solution. Water, Air, & Soil Pollution, 234(2): 102.

Marques A P G C, Oliveira R S, Samardjieva K A, et al., 2008. EDDS and EDTA-enhanced zinc accumulation by *Solanum nigrum* inoculated with arbuscular mycorrhizal fungi grown in contaminated soil. Chemosphere, 70(6): 1002-1014.

Marshall T A, Morris K, Law G T W, et al., 2014. Incorporation and retention of 99-Tc(IV) in magnetite under high pH conditions. Environmental Science & Technology, 48(20): 11853-11862.

Martin C, Ribet I, Frugier P, et al., 2007. Alteration kinetics of the glass-ceramic zirconolite and role of the alteration film: comparison with the SON68 glass. Journal of Nuclear Materials, 366(1/2): 277-287.

Martin J M, Meybeck M, 1979. Elemental mass-balance of material carried by major world rivers. Marine Chemistry, 7(3): 173-206.

Martin S, 2005. Precipitation and dissolution of iron and manganese oxides//Grassian V H. Environmental Catalysis. Boca Raton: CRC Press.

Martin S, Zhu C, Rule J, et al., 2005. A high-resolution TEM-AEM, pH titration, and modeling study of Zn^{2+} coprecipitation with ferrihydrite. Geochimica et Cosmochimica Acta, 69(6): 1543-1553.

Matulová M, Duborská E, Matúš P, et al., 2022. Solid-water interface interaction of selenium with Fe(II)-bearing minerals and aqueous Fe(II) and S(-II) ions in the near-field of the radioactive waste disposal system. International Journal of Molecular Sciences, 24(1): 315.

Meagher R B, 2000. Phytoremediation of toxic elemental and organic pollutants. Current Opinion in Plant Biology, 3(2): 153-162.

Mendez M O, Maier R M, 2008. Phytostabilization of mine tailings in arid and semiarid environments: an emerging remediation technology. Environmental Health Perspectives, 116(3): 278-283.

Meng F Y, Bu H L, Fei Y H, et al., 2022. Effects of clay minerals on Fe^{2+}-induced phase transformation of ferrihydrite. Applied Geochemistry, 144: 105401.

Meuser H, 2013. Soil remediation and rehabilitation: treatment of contaminated and disturbed land. Dordrecht: Springer.

Mitchell J K, Soga K, 2005. Fundamentals of soil behavior. Hoboken: Wiley.

Moffett J W, Ho J, 1996. Oxidation of cobalt and manganese in seawater via a common microbially catalyzed pathway. Geochimica et Cosmochimica Acta, 60(18): 3415-3424.

Mohajerani A, Vajna J, Ellcock R, 2018. Chromated copper arsenate timber: a review of products, leachate studies and recycling. Journal of Cleaner Production, 179: 292-307.

Mohanty S K, Saiers J E, Ryan J N, 2014. Colloid-facilitated mobilization of metals by freeze-thaw cycles. Environmental Science & Technology, 48(2): 977-984.

Moore T J, Rightmire C M, Vempati R K, 2000. Ferrous iron treatment of soils contaminated with arsenic-containing wood-preserving solution. Journal of Soil Contamination, 9(4): 375-405.

Moutsatsou A, Gregou M, Matsas D, et al., 2006. Washing as a remediation technology applicable in soils heavily polluted by mining-metallurgical activities. Chemosphere, 63(10): 1632-1640.

Mulligan C N, Yong R N, Gibbs B F, 2001. Heavy metal removal from sediments by biosurfactants. Journal of Hazardous Materials, 85(1/2): 111-125.

Naidu R, Bolan N S, Kookana R S, et al., 1994. Ionic-strength and pH effects on the sorption of cadmium and the surface charge of soils. European Journal of Soil Science, 45(4): 419-429.

Naidu R, Kookana R S, Baskaran S, 1998. Pesticide dynamics in the tropical soil-plant ecosystem: potential impacts on soil and crop quality. Seeking Agricultural Produce Free of Pesticide Residues, 85: 171-183.

Naidu R, Kookana R S, Sumner M E, et al., 1997. Cadmium sorption and transport in variable charge soils: a review. Journal of Environmental Quality, 26(3): 602-617.

Namgung S, Chon C M, Lee G, 2018. Formation of diverse Mn oxides: a review of bio/geochemical processes of Mn oxidation. Geosciences Journal, 22(2): 373-381.

Namgung S, Lee G, 2021. Rhodochrosite oxidation by dissolved oxygen and the formation of Mn oxide product: the impact of goethite as a foreign solid substrate. Environmental Science & Technology, 55(21): 14436-14444.

Navarro A, Martínez F, 2010. The use of soil-flushing to remediate metal contamination in a smelting slag dumping area: column and pilot-scale experiments. Engineering Geology, 115(1/2): 16-27.

Nguyen Q D, Afroz S, Zhang Y D, et al., 2022. Autogenous and total shrinkage of limestone calcined clay cement (LC3) concretes. Construction and Building Materials, 314: 125720.

Nico P S, Stewart B D, Fendorf S, 2009. Incorporation of oxidized uranium into Fe (hydr)oxides during Fe(II) catalyzed remineralization. Environmental Science & Technology, 43(19): 7391-7396.

Nishimura T, Robins R G, 2008. Confirmation that tooeleite is a ferric arsenite sulfate hydrate, and is relevant to arsenic stabilisation. Minerals Engineering, 21(4): 246-251.

Notini L, Latta D E, Neumann A, et al., 2018. The role of defects in Fe(II)-goethite electron transfer. Environmental Science & Technology, 52(5): 2751-2759.

Nouairi J, Hajjaji W, Costa C S, et al., 2018. Study of Zn-Pb ore tailings and their potential in cement technology. Journal of African Earth Sciences, 139: 165-172.

Ogawa S, Sato T, Katoh M, 2018. Formation of a lead-insoluble phase, pyromorphite, by hydroxyapatite during lead migration through the water-unsaturated soils of different lead mobilities. Environmental Science and Pollution Research International, 25(8): 7662-7671.

Ogawa S, Sato T, Katoh M, 2020. Enhancing pyromorphite formation in lead-contaminated soils by improving soil physical parameters using hydroxyapatite treatment. Science of the Total Environment, 747: 141292.

Otondi E A, Nduko J M, Omwamba M, 2020. Physico-chemical properties of extruded cassava-*Chia* seed instant flour. Journal of Agriculture and Food Research, 2: 100058.

Padmavathiamma P K, Li L Y, 2007. Phytoremediation technology: hyper-accumulation metals in plants. Water, Air, and Soil Pollution, 184(1): 105-126.

Paikaray S, 2021. Environmental stability of schwertmannite: a review. Mine Water and the Environment, 40(3): 570-586.

Paikaray S, Peiffer S, 2015. Lepidocrocite formation kinetics from schwertmannite in Fe(II)-rich anoxic alkaline medium. Mine Water and the Environment, 34(2): 213-222.

Pakhomova A, Simonova D, Koemets I, et al., 2020. Polymorphism of feldspars above 10 GPa. Nature Communications, 11(1): 2721.

Palleiro L, Patinha C, Rodríguez-Blanco M L, et al., 2016. Metal fractionation in topsoils and bed sediments in the Mero River rural basin: bioavailability and relationship with soil and sediment properties. Catena, 144: 34-44.

Park J H, Bolan N, Megharaj M, et al., 2011. Comparative value of phosphate sources on the immobilization of lead, and leaching of lead and phosphorus in lead contaminated soils. Science of the Total Environment, 409(4): 853-860.

Parmar S, Singh V, 2015. Phytoremediation approaches for heavy metal pollution: a review. Journal of Plant Science & Research, 2(2): 139.

Pauletto P S, Dotto G L, Salau N P G, 2020. Diffusion mechanisms and effect of adsorbent geometry on heavy metal adsorption. Chemical Engineering Research and Design, 157: 182-194.

Pedersen H D, Postma D, Jakobsen R, 2006. Release of arsenic associated with the reduction and transformation of iron oxides. Geochimica et Cosmochimica Acta, 70(16): 4116-4129.

Perez J P H, Tobler D J, Thomas A N, et al., 2019. Adsorption and reduction of arsenate during the Fe^{2+}-induced transformation of ferrihydrite. ACS Earth and Space Chemistry, 3(6): 884-894.

Perin G, Craboledda L, Lucchese L, et al., 1985. Heavy metal speciation in the sediments of Northern Adriatic Sea. A new approach for environmental toxicity determination//Lekkas T D. Heavy metals in the environment. Edinburgh: CEP Consultants.

Piccoli P M, Candela P A, 2002. Apatite in igneous systems. Reviews in Mineralogy and Geochemistry, 48(1): 255-292.

Probstein R F, Hicks R E, 1993. Removal of contaminants from soils by electric fields. Science, 260(5107): 498-503.

Rahman Z, Jagadheeswari, Mohan A, et al., 2021. Electrokinetic remediation: an innovation for heavy metal contamination in the soil environment. Materials Today: Proceedings, 37: 2730-2734.

Rakovan J, Reeder R J, Elzinga E J, et al., 2002. Structural characterization of U(VI) in apatite by X-ray absorption spectroscopy. Environmental Science & Technology, 36(14): 3114-3117.

Ramesh A, Koziński J A, 2001. Rearrangements in metals environment of inorganic particles during combustion and solidification. Combustion and Flame, 125(1/2): 920-930.

Razzell W E, 1990. Chemical fixation, solidification of hazardous waste. Waste Management & Research, 8(2): 105-111.

Regenspurg S, Peiffer S, 2005. Arsenate and chromate incorporation in schwertmannite. Applied Geochemistry, 20(6): 1226-1239.

Ren W X, Geng Y, Ma Z X, et al., 2015. Reconsidering brownfield redevelopment strategy in China's old industrial zone: a health risk assessment of heavy metal contamination. Environmental Science and Pollution Research International, 22(4): 2765-2775.

Richter R B, Flachberger H, 2010. Soil washing and thermal desorption: reliable techniques for remediating materials contaminated with mercury. BHM Berg- und Hüttenmännische Monatshefte, 155(12): 571-577.

Russell B, Payne M, Ciacchi L C, 2009. Density functional theory study of Fe(II) adsorption and oxidation on goethite surfaces. Physical Review B, 79(16): 165101.

Saeed K A, Kassim K A, Nur H, et al., 2015. Strength of lime-cement stabilized tropical lateritic clay contaminated by heavy metals. KSCE Journal of Civil Engineering, 19(4): 887-892.

Sánchez España J, López Pamo E, Santofimia E, et al., 2005. Acid mine drainage in the Iberian Pyrite Belt (Odiel river watershed, Huelva, SW Spain): geochemistry, mineralogy and environmental implications. Applied Geochemistry, 20(7): 1320-1356.

Santelli C M, Webb S M, Dohnalkova A C, et al., 2011. Diversity of Mn oxides produced by Mn(II)-oxidizing fungi. Geochimica et Cosmochimica Acta, 75(10): 2762-2776.

Sarkar D, Makris K C, Vandanapu V, et al., 2007. Arsenic immobilization in soils amended with drinking-water treatment residuals. Environmental Pollution, 146(2): 414-419.

Sarwar N, Imran M, Shaheen M R, et al., 2017. Phytoremediation strategies for soils contaminated with heavy metals: modifications and future perspectives. Chemosphere, 171: 710-721.

Savage K S, Bird D K, O'Day P A, 2005. Arsenic speciation in synthetic jarosite. Chemical Geology, 215(1/2/3/4): 473-498.

Scales N, Dayal P, Aughterson R D, et al., 2022. Sodium zirconium phosphate-based glass-ceramics as potential wasteforms for the immobilization of nuclear wastes. Journal of the American Ceramic Society, 105(2): 901-912.

Schoepfer V A, Burton E D, 2021. Schwertmannite: a review of its occurrence, formation, structure, stability and interactions with oxyanions. Earth-Science Reviews, 221: 103811.

Schwertmann U, Cornell R M, 1991. Iron oxides in the laboratory: preparation and characterization. 2 ed. Weinheim: VCH.

Schwertmann U, Murad E, 1983. Effect of pH on the formation of goethite and hematite from ferrihydrite. Clays and Clay Minerals, 31(4): 277-284.

Sen Gupta S, Bhattacharyya K G, 2008. Immobilization of Pb(II), Cd(II) and Ni(II) ions on kaolinite and montmorillonite surfaces from aqueous medium. Journal of Environmental Management, 87(1): 46-58.

Sequeira S I H, Monteiro R C C, 2018. Sintering behaviour of a ZnO waste powder obtained as by-product from brass smelting. Ceramics International, 44(6): 6250-6256.

Sheng A X, Liu J, Li X X, et al., 2020. Labile Fe(III) from sorbed Fe(II) oxidation is the key intermediate in Fe(II)-catalyzed ferrihydrite transformation. Geochimica et Cosmochimica Acta, 272: 105-120.

Sheng A X, Liu J, Li X X, et al., 2021. Labile Fe(III) supersaturation controls nucleation and properties of product phases from Fe(II)-catalyzed ferrihydrite transformation. Geochimica et Cosmochimica Acta, 309: 272-285.

Shi M Q, Min X B, Ke Y, et al., 2021. Recent progress in understanding the mechanism of heavy metals retention by iron (oxyhydr)oxides. Science of the Total Environment, 752: 141930.

Shi Z M, Liu J H, Tang Z W, et al., 2020. Vermiremediation of organically contaminated soils: concepts, current status, and future perspectives. Applied Soil Ecology, 147: 103377.

Shih K, White T, Leckie J O, 2006a. Nickel stabilization efficiency of aluminate and ferrite spinels and their leaching behavior. Environmental Science & Technology, 40(17): 5520-5526.

Shih K, White T, Leckie J O, 2006b. Spinel formation for stabilizing simulated nickel-laden sludge with aluminum-rich ceramic precursors. Environmental Science & Technology, 40(16): 5077-5083.

Simate G S, Ndlovu S, 2014. Acid mine drainage: challenges and opportunities. Journal of Environmental

Chemical Engineering, 2(3): 1785-1803.

Singh B, Sherman D M, Gilkes R J, et al., 2000. Structural chemistry of Fe, Mn, and Ni in synthetic hematites as determined by extended X-ray absorption fine structure spectroscopy. Clays and Clay Minerals, 48(5): 521-527.

Singh S, Kang S H, Mulchandani A, et al., 2008. Bioremediation: environmental clean-up through pathway engineering. Current Opinion in Biotechnology, 19(5): 437-444.

Song B, Zeng G M, Gong J L, et al., 2017. Evaluation methods for assessing effectiveness of in situ remediation of soil and sediment contaminated with organic pollutants and heavy metals. Environment International, 105: 43-55.

Song Y N, Hou D Y, Zhang J L, et al., 2018. Environmental and socio-economic sustainability appraisal of contaminated land remediation strategies: a case study at a mega-site in China. Science of the Total Environment, 610: 391-401.

Southall S C, Micklethwaite S, Wilson S, et al., 2018. Changes in crystallinity and tracer-isotope distribution of goethite during Fe(II)-accelerated recrystallization. ACS Earth and Space Chemistry, 2(12): 1271-1282.

Spreadbury C J, Clavier K A, Lin A M, et al., 2021. A critical analysis of leaching and environmental risk assessment for reclaimed asphalt pavement management. Science of the Total Environment, 775: 145741.

Strauss R, Brümmer G W, Barrow N J, 1997. Effects of crystallinity of goethite: II. rates of sorption and desorption of phosphate. European Journal of Soil Science, 48(1): 101-114.

Su M H, Liao C Z, Chan T S, et al., 2018a. Incorporation of cadmium and nickel into ferrite spinel solid solution: X-ray diffraction and X-ray absorption fine structure analyses. Environmental Science & Technology, 52(2): 775-782.

Su M H, Liao C Z, Chuang K H, et al., 2015. Cadmium stabilization efficiency and leachability by $CdAl_4O_7$ monoclinic structure. Environmental Science & Technology, 49(24): 14452-14459.

Su M H, Tang J F, Liao C Z, et al., 2018b. Cadmium stabilization via silicates formation: efficiency, reaction routes and leaching behavior of products. Environmental Pollution, 239: 571-578.

Sun Y B, Xu Y, Xu Y M, et al., 2016. Reliability and stability of immobilization remediation of Cd polluted soils using sepiolite under pot and field trials. Environmental Pollution, 208: 739-746.

Sun Y, Zheng J C, Zou L Q, et al., 2011. Reducing volatilization of heavy metals in phosphate-pretreated municipal solid waste incineration fly ash by forming pyromorphite-like minerals. Waste Management, 31(2): 325-330.

Sunil B M, Nayak S, Shrihari S, 2006. Effect of pH on the geotechnical properties of laterite. Engineering Geology, 85(1/2): 197-203.

Sylvain B, Mikael M H, Florie M, et al., 2016. Phytostabilization of As, Sb and Pb by two willow species (*S. viminalis* and *S. purpurea*) on former mine technosols. Catena, 136: 44-52.

Tabelin C B, Sasaki R, Igarashi T, et al., 2017. Simultaneous leaching of arsenite, arsenate, selenite and selenate, and their migration in tunnel-excavated sedimentary rocks: I. column experiments under intermittent and unsaturated flow. Chemosphere, 186: 558-569.

Takamatsu R, Asakura K, Chun W J, et al., 2006. EXAFS studies about the sorption of cadmium ions on montmorillonite. Chemistry Letters, 35(2): 224-225.

Tamaura Y, Saturno M, Yamada K, et al., 1984. The transformation of γ-FeO(OH) to Fe_3O_4 and green rust II in an aqueous solution. Bulletin of the Chemical Society of Japan, 57(9): 2417-2421.

Tan X L, Hu J, Montavon G, et al., 2011. Sorption speciation of nickel(II) onto Ca-montmorillonite: batch, EXAFS techniques and modeling. Dalton Transactions, 40(41): 10953-10960.

Tang Y Y, Chui S S, Shih K, et al., 2011a. Copper stabilization *via* spinel formation during the sintering of simulated copper-laden sludge with aluminum-rich ceramic precursors. Environmental Science & Technology, 45(8): 3598-3604.

Tang Y Y, Shih K, 2015. Mechanisms of zinc incorporation in aluminosilicate crystalline structures and the leaching behaviour of product phases. Environmental Technology, 36(23): 2977-2986.

Tang Y Y, Shih K, Chan K, 2010. Copper aluminate spinel in the stabilization and detoxification of simulated copper-laden sludge. Chemosphere, 80(4): 375-380.

Tang Y Y, Shih K, Li M, et al., 2016. Zinc immobilization in simulated aluminum-rich waterworks sludge systems. Procedia Environmental Sciences, 31: 691-697.

Tang Y Y, Shih K, Wang Y C, et al., 2011b. Zinc stabilization efficiency of aluminate spinel structure and its leaching behavior. Environmental Science & Technology, 45(24): 10544-10550.

Tang Y Z, Zeiner C A, Santelli C M, et al., 2013. Fungal oxidative dissolution of the Mn(II)-bearing mineral rhodochrosite and the role of metabolites in manganese oxide formation. Environmental Microbiology, 15(4): 1063-1077.

Tanwar K S, Petitto S C, Ghose S K, et al., 2008. Structural study of Fe(II) adsorption on hematite ($1\bar{1}02$). Geochimica et Cosmochimica Acta, 72(14): 3311-3325.

Tarrago M, Garcia-Valles M, Martínez S, et al., 2018. Phosphorus solubility in basaltic glass: limitations for phosphorus immobilization in glass and glass-ceramics. Journal of Environmental Management, 220: 54-64.

Taylor H F W, 1997. Cement chemistry. 2 ed. London: Thomas Telford.

Taylor S D, Liu J, Zhang X, et al., 2019. Visualizing the iron atom exchange front in the Fe(II)-catalyzed recrystallization of goethite by atom probe tomography. Proceedings of the National Academy of Sciences of the United States of America, 116(8): 2866-2874.

Techer I, Lancelot J, Clauer N, et al., 2001. Alteration of a basaltic glass in an argillaceous medium: the Salagou dike of the Lodève Permian Basin (France). Analogy with an underground nuclear waste repository. Geochimica et Cosmochimica Acta, 65(7): 1071-1086.

Teefy D A, 1997. Remediation technologies screening matrix and reference guide: version III. Remediation Journal, 8(1): 115-121.

Tian L, Shi Z Q, Lu Y, et al., 2017. Kinetics of cation and oxyanion adsorption and desorption on ferrihydrite: roles of ferrihydrite binding sites and a unified model. Environmental Science & Technology, 51(18): 10605-10614.

Tianlik T, Nik Abdul Rahman N N, Mohammad S, et al., 2016. Risk assessment of metal contamination in soil and groundwater in Asia: a review of recent trends as well as existing environmental laws and regulations. Pedosphere, 26(4): 431-450.

Tiwari S, Kumari B, Singh S N, 2008. Evaluation of metal mobility/immobility in fly ash induced by bacterial strains isolated from the rhizospheric zone of *Typha latifolia* growing on fly ash dumps. Bioresource Technology, 99(5): 1305-1310.

Tong Q, Huo J C, Zhang X Q, et al., 2021. Study on structure and properties of La$_2$O$_3$-doped basaltic glasses for immobilizing simulated lanthanides. Materials, 14(16): 4709.

Torras J, Buj I, Rovira M, et al., 2011. Semi-dynamic leaching tests of nickel containing wastes stabilized/solidified with magnesium potassium phosphate cements. Journal of Hazardous Materials, 186(2/3): 1954-1960.

Trezza M A, Scian A N, 2000. Burning wastes as an industrial resource Their effect on Portland cement clinker. Cement and Concrete Research, 30(1): 137-144.

Tsai T T, Sah J, Kao C M, 2010. Application of iron electrode corrosion enhanced electrokinetic-Fenton oxidation to remediate diesel contaminated soils: a laboratory feasibility study. Journal of Hydrology, 380(1/2): 4-13.

Tseng C C, Wang Y J, Yang L, 2009. Accumulation of copper, lead, and zinc by in situ plants inoculated with AM fungi in multicontaminated soil. Communications in Soil Science and Plant Analysis, 40(21/22): 3367-3386.

Tyler G, 1978. Leaching rates of heavy metal ions in forest soil. Water, Air, and Soil Pollution, 9(2): 137-148.

Uddin M K, 2017. A review on the adsorption of heavy metals by clay minerals, with special focus on the past decade. Chemical Engineering Journal, 308: 438-462.

Unuabonah E I, Adebowale K O, Olu-Owolabi B I, et al., 2008. Adsorption of Pb(II) and Cd(II) from aqueous solutions onto sodium tetraborate-modified Kaolinite clay: equilibrium and thermodynamic studies. Hydrometallurgy, 93(1/2): 1-9.

Uraguchi S, Fujiwara T, 2012. Cadmium transport and tolerance in rice: perspectives for reducing grain cadmium accumulation. Rice, 5(1): 5.

Usman M, Byrne J M, Chaudhary A, et al., 2018. Magnetite and green rust: synthesis, properties, and environmental applications of mixed-valent iron minerals. Chemical Reviews, 118(7): 3251-3304.

Van der Sloot H A, 2002. Characterization of the leaching behaviour of concrete mortars and of cement-stabilized wastes with different waste loading for long term environmental assessment. Waste Management, 22(2): 181-186.

Vangronsveld J, Herzig R, Weyens N, et al., 2009. Phytoremediation of contaminated soils and groundwater: lessons from the field. Environmental Science and Pollution Research International, 16(7): 765-794.

Vespa M, Wieland E, Dähn R, et al., 2007. Determination of the elemental distribution and chemical speciation in highly heterogeneous cementitious materials using synchrotron-based micro-spectroscopic techniques. Cement and Concrete Research, 37(11): 1473-1482.

Vikesland P J, Valentine R L, 2002. Iron oxide surface-catalyzed oxidation of ferrous iron by monochloramine: implications of oxide type and carbonate on reactivity. Environmental Science & Technology, 36(3): 512-519.

Visentin C, da Silva Trentin A W, Braun A B, et al., 2019. Application of life cycle assessment as a tool for evaluating the sustainability of contaminated sites remediation: a systematic and bibliographic analysis. Science of the Total Environment, 672: 893-905.

Wan J, Zhang C, Zeng G M, et al., 2016. Synthesis and evaluation of a new class of stabilized nano-chlorapatite for Pb immobilization in sediment. Journal of Hazardous Materials, 320: 278-288.

Wang D Z, Jiang X, Rao W, et al., 2009. Kinetics of soil cadmium desorption under simulated acid rain.

Ecological Complexity, 6(4): 432-437.

Wang F, Liu J F, Wang Y L, et al., 2020a. Synthesis and characterization of iron phosphate based glass-ceramics containing sodium zirconium phosphate phase for nuclear waste immobilization. Journal of Nuclear Materials, 531: 151988.

Wang G H, Um W, Kim D S, et al., 2019a. ^{99}Tc immobilization from off-gas waste streams using nickel-doped iron spinel. Journal of Hazardous Materials, 364: 69-77.

Wang L W, Rinklebe J, Tack F M G, et al., 2021a. A review of green remediation strategies for heavy metal contaminated soil. Soil Use and Management, 37(4): 936-963.

Wang M L, Wu S J, Guo J N, et al., 2021b. Immobilization and migration of arsenic during the conversion of microbially induced calcium carbonate to hydroxylapatite. Journal of Hazardous Materials, 412: 125261.

Wang P, Sun Z H, Hu Y A, et al., 2019b. Leaching of heavy metals from abandoned mine tailings brought by precipitation and the associated environmental impact. Science of the Total Environment, 695: 133893.

Wang S Y, Kalkhajeh Y K, Qin Z R, et al., 2020b. Spatial distribution and assessment of the human health risks of heavy metals in a retired petrochemical industrial area, South China. Environmental Research, 188: 109661.

Wang Y H, Morin G, Ona-Nguema G, et al., 2014. Arsenic(III) and arsenic(V) speciation during transformation of lepidocrocite to magnetite. Environmental Science & Technology, 48(24): 14282-14290.

Wang Y L, Xu Y M, Liang X F, et al., 2020c. Leaching behavior and efficiency of cadmium in alkaline soil by adding two novel immobilization materials. Science of the Total Environment, 710: 135964.

Waychunas G A, Fuller C C, Davis J A, 2002. Surface complexation and precipitate geometry for aqueous Zn(II) sorption on ferrihydrite I: X-ray absorption extended fine structure spectroscopy analysis. Geochimica et Cosmochimica Acta, 66(7): 1119-1137.

Weatherill J S, Morris K, Bots P, et al., 2016. Ferrihydrite formation: the role of Fe$_{13}$ Keggin clusters. Environmental Science & Technology, 50(17): 9333-9342.

Wei H, Liu W, Zhang J E, et al., 2017. Effects of simulated acid rain on soil fauna community composition and their ecological niches. Environmental Pollution, 220: 460-468.

Wei X, Fang L C, Cai P, et al., 2011. Influence of extracellular polymeric substances (EPS) on Cd adsorption by bacteria. Environmental Pollution, 159(5): 1369-1374.

Wu C D, Fan C P, Xie Q J, 2012. Study on electrokinetic remediation of PBDEs contaminated soil. Advanced Materials Research, 518-523: 2829-2833.

Wu F C, Tseng R L, Juang R S, 2009. Characteristics of Elovich equation used for the analysis of adsorption kinetics in dye-chitosan systems. Chemical Engineering Journal, 150(2/3): 366-373.

Wu F, Tang Y Y, Lu X W, et al., 2019. Simultaneous immobilization of Zn(II) and Cr(III) in spinel crystals from beneficial utilization of waste brownfield-site soils. Clays and Clay Minerals, 67(4): 315-324.

Wu L, Xiao J Z, Wang X, et al., 2018. Crystalline phase, microstructure, and aqueous stability of zirconolite–barium borosilicate glass-ceramics for immobilization of simulated sulfate bearing high-level liquid waste. Journal of Nuclear Materials, 498: 241-248.

Xia Y X, Meng F L, Lv Z, et al., 2021. Develop spinel structure and quantify phase transformation for nickel stabilization in electroplating sludge. Waste Management, 131: 286-293.

Xiao H P, Chen Y, Li L, et al., 2017. Study on the volatilization behavior of heavy metals (As, Cd) during co-processing in furnaces and boilers. Environmental Engineering Science, 34(5): 333-342.

Xie J, Li F S, 2010. Overview of the current situation on brownfield remediation and redevelopment in China (English). Sustainable development-East Asia and Pacific Region discussion papers. Washington, DC: World Bank.

Xie S W, Wu F, Ning Z P, et al., 2021. Two-step calculation method to enable the ecological and human health risk assessment of remediated soil treated through thermal curing. Soil Ecology Letters, 3(3): 266-278.

Xu H Q, Zhang J E, Ouyang Y, et al., 2015. Effects of simulated acid rain on microbial characteristics in a lateritic red soil. Environmental Science and Pollution Research International, 22(22): 18260-18266.

Xu X W, Chen C, Wang P, et al., 2017. Control of arsenic mobilization in paddy soils by manganese and iron oxides. Environmental Pollution, 231: 37-47.

Yan J S, Frierdich A J, Catalano J G, 2022. Impact of Zn substitution on Fe(II)-induced ferrihydrite transformation pathways. Geochimica et Cosmochimica Acta, 320: 143-160.

Yan M, Zhou Z H, Zheng R D, et al., 2021. Low-temperature sintering behavior of fly ash from hazardous waste incinerator: Effect of temperature and oxygen on ash properties. Journal of Environmental Chemical Engineering, 9(3): 105261.

Yang Y L, Ma H R, Chen X P, et al., 2020. Effect of incineration temperature on chromium speciation in real chromium-rich tannery sludge under air atmosphere. Environmental Research, 183: 109159.

Ye L, Zhong W, Zhang M, et al., 2021. New mobilization pathway of antimonite: thiolation and oxidation by dissimilatory metal-reducing bacteria *via* elemental sulfur respiration. Environmental Science & Technology, 56(1): 652-659.

Ye Z H, Zhou J W, Liao P, et al., 2022. Metal (Fe, Cu, and As) transformation and association within secondary minerals in neutralized acid mine drainage characterized using X-ray absorption spectroscopy. Applied Geochemistry, 139: 105242.

Yin D X, Wang X, Peng B, et al., 2017. Effect of biochar and Fe-biochar on Cd and As mobility and transfer in soil-rice system. Chemosphere, 186: 928-937.

Ying T, Wei C, 2019. Soil microbiomes: a promising strategy for contaminated soil remediation: a review. Pedosphere, 29(3): 283-297.

Yong H, Lü Y J, Qian Z, 2008. Characterization of monazite glass-ceramics as wasteform for simulated α-HLLW. Journal of Nuclear Materials, 376(2): 201-206.

Yu Y, Wang H, Hu J H, 2021. Co-treatment of electroplating sludge, copper slag, and spent cathode carbon for recovering and solidifying heavy metals. Journal of Hazardous Materials, 417: 126020.

Zachara J M, Cowan C E, Resch C T, 1991. Sorption of divalent metals on calcite. Geochimica et Cosmochimica Acta, 55(6): 1549-1562.

Zarzycki P, Rosso K M, 2019. Energetics and the role of defects in Fe(II)-catalyzed goethite recrystallization from molecular simulations. ACS Earth and Space Chemistry, 3(2): 262-272.

Zhai H, Xue M Y, Du Z K, et al., 2019. Leaching behaviors and chemical fraction distribution of exogenous selenium in three agricultural soils through simulated rainfall. Ecotoxicology and Environmental Safety, 173: 393-400.

Zhang W K, Song S Q, Nath M, et al., 2021. Inhibition of Cr^{6+} by the formation of *in situ* Cr^{3+} containing solid-solution in Al_2O_3-CaO-Cr_2O_3-SiO_2 system. Ceramics International, 47(7): 9578-9584.

Zhang W X, 2003. Nanoscale iron particles for environmental remediation: an overview. Journal of Nanoparticle Research, 5(3): 323-332.

Zhang X F, Xia H P, Li Z A, et al., 2010. Potential of four forage grasses in remediation of Cd and Zn contaminated soils. Bioresource Technology, 101(6): 2063-2066.

Zhang X F, Zhang X H, Gao B, et al., 2014. Effect of cadmium on growth, photosynthesis, mineral nutrition and metal accumulation of an energy crop, king grass (*Pennisetum* americanum×P.purpureum). Biomass and Bioenergy, 67: 179-187.

Zhao R, Li Y, Chan C K, 2016. Synthesis of jarosite and vanadium jarosite analogues using microwave hydrothermal reaction and evaluation of composition-dependent electrochemical properties. The Journal of Physical Chemistry C, 120(18): 9702-9712.

Zhou J M, Liu Y Z, Bu H L, et al., 2022a. Effects of Fe(II)-induced transformation of scorodite on arsenic solubility. Journal of Hazardous Materials, 429: 128274.

Zhou Y, Liao C Z, Shih K, 2018. Combined Fe_2O_3 and $CaCO_3$ additives to enhance the immobilization of Pb in cathode ray tube funnel glass. ACS Sustainable Chemistry & Engineering, 6(3): 3669-3675.

Zhou Y, Liao C Z, Shih K, et al., 2022b. Incorporation of lead into pyromorphite: effect of anion replacement on lead stabilization. Waste Management, 143: 232-241.

Zhou Y, Liao C Z, Zhou Z Y, et al., 2019. Effectively immobilizing lead through a melanotekite structure using low-temperature glass-ceramic sintering. Dalton Transactions, 48(12): 3998-4006.